寿命表及其应用

蒋庆琅
(Chin Long Chiang) 著

方积乾 宇传华 译

中国统计出版社
China Statistics Press

图书在版编目(CIP)数据

寿命表及其应用 /(美)蒋庆琅著;方积乾,宇传华译.
—— 北京:中国统计出版社,2015.12
ISBN 978-7-5037-7660-1

Ⅰ.①寿… Ⅱ.①蒋… ②方… ③宇… Ⅲ.①生物统
计一研究 Ⅳ.①Q-332

中国版本图书馆 CIP 数据核字(2015)第 231077 号

寿命表及其应用

作 者/蒋庆琅 方积乾 宇传华
责任编辑/梁 超
封面设计/张 冰
出版发行/中国统计出版社
通信地址/北京市丰台区西三环南路甲 6 号 邮政编码/100073
电 话/邮购(010)63376909 书店(010)68783171
网 址/http://www.zgtjcbs.com
印 刷/河北天普润印刷厂
经 销/新华书店
开 本/710×1000mm 1/16
字 数/385 千字
印 张/16.5
版 别/2015 年 12 月第 1 版
版 次/2015 年 12 月第 1 次印刷
定 价/39.00 元

作者简介

蒋庆琅教授,加州大学伯克利分校(UC Berkeley)公共卫生学院荣誉退休教授,2014年4月1日在家中逝世,享年99岁。蒋教授是将统计学方法应用于健康保健领域的国际杰出生物统计学家。他在UC Berkeley任职40余年,曾任公共卫生学院生物统计主任,学校生物统计学交叉学科的共同主席。1987年退休时,学校因其卓越成就而授予"Berkeley Citation"的荣誉称号。退休后,他继续教书授课。

早在20世纪50年代,蒋先生就认为生物统计学不同于统计学,并将数学和统计学方法应用于健康和疾病领域。其主要贡献之一是变革了古老的寿命表,使之成为严格的统计学工具,用以评价不同省、国家和人群的卫生状况。基于他在随机过程方面的研究,蒋教授在生存分析和竞争风险方面同样做出了重大贡献。他与世界卫生组织、国立卫生研究院以及其他国家和国际组织一起,将统计方法应用于癌症、爱滋病等疾病的研究。他出版了5本书,其中3本书被翻译成中文,一本被翻译成日文。他曾经是许多大学的访问教授,其中有哈佛、耶鲁、埃默里、北京大学和伦敦大学等。蒋庆琅教授是美国统计学会、数理统计研究院和英国皇家统计学会的Fellow,也是世界卫生组织等许多国际组织的顾问。

他的老朋友,曾任牛津大学统计系主任和皇家统计学会会长的Peter Armitage说过:"作为生物统计学领袖,蒋庆琅在国内和国际生物统计学界具有稳固的领先地位。"

UC Berkeley生物统计现任领导Nicholas P. Jewell教授说:"庆琅不仅在Berkeley多年领导生物统计学,而且是20世纪后半叶美国在该领域发展的重要人物。""在我们这里以及在他极其受尊敬的出生地中国,他都是整整一代教师和学生的支持者和拥护者。他和他的亡妻 Jane 深受生物统计学界的爱戴。"

蒋先生的老朋友和老同事,前任生物统计主任 Steve Selvin 教授说,"他在寿命表和生存分析方面做了许多领先时代的工作。他的贡献受到高度赞扬,因为是创新性应用,为健康资料开辟了崭新的远景";"在当时,绝对是开创性的。"

1914 年 11 月 12 日,蒋庆琅出生于中国浙江宁波。在北京清华大学读了一年之后,由于日本侵略中国和第二次世界大战,他和他的同学们被迫逃离北京;在三所大学合并成西南联大后,1940 年他获得经济学本科学位,虽然他发现自己真实的兴趣在于统计学。他在大学里遇到后来的妻子,于 1945 年结婚;次年到达美国,进入 UC Berkeley,1948 年和 1953 年先后获得统计学硕士和博士学位。在现代统计学奠基人之一 Jerzy Neyman 教授帮助下,他开始了教书生涯,历时 40 余年。

蒋教授慷慨合群,平易近人,和蔼可亲。学生时代,他本人在没钱完成学业可能离开美国的重要关头,得到过 800 元助学金;为了回馈这一礼物,他后来建立了蒋庆琅助学基金,当高水平生物统计研究生(尤其是博士生)最需要时,支持他们。

译者的话

在原作者蒋庆琅先生鼓励下，本书的中文版于 1984 年问世。时隔 30 年，缘何再次出版？首先，寿命表是生物统计学的经典内容。早在 17 世纪，John Graunt 搜集死亡方面的数据，编制了寿命表，创建了人口统计这一学科；19 世纪，英国出生和死亡注册局医学统计官 William Farr 进一步改进了寿命表方法；20 世纪，本书作者蒋庆琅以现代统计学和随机过程的观点系统研究了古老寿命表的原理，使之成为生物统计学的重要组成部分，并以世界卫生组织顾问的身份推动了寿命表在国际范围的应用。第二，此书生动地示范了生物统计学研究的方法学。从寿命表的编制上升为统计理论；从横断面资料的汇总，拓展到医学随访研究；从单纯的生—死过程发展出涵盖生存和疾病阶段的新型寿命表；最终更展现一系列创新型应用。方法学脉络如此清晰，值得生物统计学和数理统计学研究者借鉴。第三，此书是一本极好的教材。内容由浅入深，叙述循循善诱，从预备知识到现代应用，既有"自包"性，且具实用价值。1982 年，蒋庆琅先生曾应邀在中国卫生部和世界卫生组织联合举办的师资培训班上讲授本书的英文版，此后不久，许多内容便融入了国内医学统计学和卫生统计学课本，直至如今。鉴于以上原因，中国统计出版社陈悟朝主任高瞻远瞩，鼓励我们在绝版 30 载之时，将这本经典著作奉献给新一代读者。可以预计，其受欢迎程度不减当年。新版稿件的电子版是熟读本书的宇传华教授带领其在武汉大学公共卫生学院的博士生王震坤、王瑾瑶，硕士生崔芳芳、曾倩和北卡罗来纳大学教堂山分校本科见习生夏曜轩同学共同制作完成的；其中，宇教授将自编的 Excel 计算程序取代了原书的 Fortran 程序，以方便读者。出版社梁超及其同事精心勘误和编辑之余,还帮助我们制作了附录。对于以上诸多朋友的无私援助,我们深深地致谢。蒋先生当年着实为中文版而兴奋过;这次重新出版将告慰先生于天堂 —— 国人永远喜爱他和他的著作!

方积乾

中山大学公共卫生学院

2015 年 11 月

中译本序

　　生物统计学在最近 30 年来经历了很大进展和演变，虽然这门学科已在 19 世纪末期建立，但主要的活动只限于资料的收集和整理。近年来，数学、概率和数理统计逐渐应用到生物统计学各项课题研究之中。其结果，生物统计学已有很深的理论基础，卓然成为统计学的一个重要门类。

　　虽然生物统计学的范围很广，其中主要的还是寿命表。第一，寿命表已有理论基础；第二，寿命表有广大的应用，人口统计、生存研究、医学随访等都以寿命表作为基本研究方法，寿命表已经成为一门统计研究方法，称为"寿命表研究方法"。

　　1982 年夏季我在北京医学院教课时，曾用本书的英文本作教科书。在课堂中的学者是来自中国 30 多个省市的大学或医学院的教师，济济一堂，足见中国教育界对寿命表的重视。他们不但对寿命表内容有深刻的认识，对它的应用亦很有经验。他们都表示有出版中译本的需要。鉴于寿命表对科学和社会研究的重要，希望本书不但对中国生物统计学有影响，而且对数理统计、人口统计等学科亦有点贡献。

　　最后我谢谢本书的译者方积乾先生，谢谢华东师范大学魏宗舒教授和本书的编辑、出版工作者，由于他们的大力帮忙，使本书得以顺利出版。

蒋庆琅

1988 年 4 月

于 California 大学，Berkeley

序

　　20 世纪 70 年代中期,世界卫生组织在联合国人口活动基金的资助下,着手编写了侧重于公共卫生、医学研究、统计学和人口学等广泛专业领域的系列教材。在这个系列中,首先出版的是《死亡率分析手册》(*Manual of Mortality Analysis*),该书主要介绍了各国人口统计局常用的基本方法。与此同时,世界卫生组织有幸得到了应用随机方法研究死亡过程的杰出权威专家蒋庆琅教授的帮助,出版了一本介绍人口死亡率分析中较高级方法的专著《寿命表和死亡率分析》(*Life Table and Mortality Analysis*),作为上述手册的补充。像第一本书一样,后者出版后不久即告售罄。鉴于该书如此受欢迎,世界卫生组织请蒋教授将他的书修订后出第二版。然而,在修订过程中很快发现,仅仅修订实在难以满足人们的迫切需求:希望把数学的精美和清晰的讲解相结合,也适合于高等数学不怎么熟悉的读者阅读。《寿命表及其应用》(*The Life Table and Its Application*)就是根据上述要求所作的尝试。它基本上是一本全新的书。书中不仅把教学实践中发现的某些缺陷作了修正,而且也增加了这一快速发展领域的新成果。蒋教授以其丰富的经验阐述了寿命表方法在许多社会科学和医学科学中的广泛应用。这本新书既有牢固理论基础又有实际应用经验,是一本理论与实践相结合的好书。它不但可作为教材,也适用于自学,特别适用于那些想了解最新发展并用之于日常工作的人们。

H. Hansluwka 博士

主任统计师

全球流行病监测和卫生状况评估组

日内瓦,世界卫生组织

1982 年 8 月 5 日

前　言

　　经典的寿命表最初是应用于保险科学,作为寿命的随机分析,亦应用于人口学,进行人口变迁研究。相应的数学方法已先后发展起来。Gompertz(1825)和Makeham(1860)导出了"死亡定律",以简化养老金和保险金的计算;Euler(1760)所引进的稳定人口的概念已成为人口规划的基础;Lotka(1929)提出了用自然增长的固有速率来度量人口的发展。20世纪初,美国政府部门开始将寿命表方法应用于生命统计和人口调查,以概括现时人口的死亡经历。虽然这些工作在继续进行着,但是寿命表在一个很长的时期里一直处于正规的统计学门类之外。50年代之前,人们对寿命表这一分析工具的潜能缺乏足够的认识。

　　20世纪50年代初期,由于卫生统计学家在医学随访方面的工作,寿命表才开始受到生物统计学家的重视。正是由于概率和统计理论的发展,才有可能以纯随机的观点来处理寿命表,并为这一主题提供理论基础。现在,我们可以利用寿命表作生存分析,并对寿命表有关指标和所研究人口死亡模型的其他参数进行统计推断。"寿命表分析"已经成为严格而完整的统计学方法。事实上,寿命表分析在统计学领域里是自成一格的,假定拥有一批记录个体生存经历的样本,便可获得一系列有关期望寿命的样本估计值($\hat{e}_0, \hat{e}_1, \cdots$)、一系列有关的概率估计($\hat{q}_0, \hat{q}_1, \cdots$)和($\hat{p}_{01}, \hat{p}_{02}, \cdots$),这些样本值都是相应的数学期望和概率的最佳估计。

　　在生存分析新进展中考虑了许多慢性病的阶段性,病情从轻度阶段经过中度阶段发展到严重阶段,乃至死亡。死亡率随疾病的阶段而不同。疾病过程往往是不可逆的,但病人可能在任何一个阶段死去。引入阶段的概念,我们发现一种新的寿命表,其中年龄区间不是预先确定的,它具有变异性,实为随机变量。这种新的寿命表可应用于许多研究领域,只要阶段的概念有所定义,结局不一定是死亡。本书的最后一章将介绍这种新的寿命表,并通过关于人类生殖分析的生育表来说明其应用。

　　本书的目标是以统计学观点来阐述寿命表方法的理论和应用。有关理论分析的章节必然涉及一些数学内容,但本书的其余部分并不要求读者已经懂得统计学。为了提供若干基础知识,便于参考,本书有三章预备知识:第一章是概率初步,第二章是统计学基本概念,第三章是正态分布和统计推断。由于寿命表常常涉及大样本,对于寿命表中的生物统计函数,可以借助中心极限定理利用正态分布和 χ^2 检验作统计估计和假设检验。

死亡率和率的校正与寿命表关系密切,分别见于第四、五两章。第六、七两章分别介绍完全寿命表和简略寿命表,分开叙述只是为了方便和完备,难免会有重复。第八章关于寿命表函数的统计推断主要是以第三章的统计方法为基础。第九章有两个内容:定群寿命表和寿命表的若干应用。后者不限于定群寿命表,尤其是第 5 节中的胎儿寿命表和第 7 节中的家庭生活周期。

对于第十章寿命表的理论,一些乐于运用统计理论的数理统计工作者以及与寿命表密切有关的保险科学和人口学工作者一定会感兴趣;但是,一些旨在应用寿命表的读者初读时可以略去这一章。第十一章涉及医学随访研究,给出了估计存活概率的若干公式,可惜没有适当的数据来说明每个公式的应用。然而,蒙加州卫生部协助,以频数形式提供了某种肿瘤患者生存经历的数据。最后一章就是为前述新的寿命表而写的,其中给出了这种寿命表的理论基础和一个关于人类生殖分析的应用。

本书可作卫生统计学一个学期或一个学季的教材,不妨采用下列章节:
第一、二、三、四、五、七、八、九、十、十一、十二章(第 6 节)。

本书也可用作流行病学、人口学、生物统计学、保险科学等有关课程的参考书。

我衷心感谢许多朋友,正由于他们的鼓励和帮助,本书才得以出版。感谢联合国世界卫生组织的 H. Hansluwka,他首先提议我写出《寿命表和死亡率分析》一书;感谢 B. J. Vanden Berg,她和我共同讨论了胎儿和婴儿死亡率问题,并且她同意引用我们合作的生育分析作为第十二章的一个示例;感谢 O. Langhauser,她帮助完成了全部统计表和计算;感谢 J. Hughes,他读了本书的早期版本;感谢我的儿子 Robert,他编写了计算机程序;感谢我的加州大学伯克利的学生们,他们"校阅"了手稿。最后,我深深地感谢 B. Hutohings,她有效而熟练地处理了有关手稿的一切事务性工作。

蒋庆琅

1983 年 3 月

于 California 大学,Berkeley

目　　录

第1章 概率初步

1. 引言

透彻地理解概率的含义是对死亡资料作正确分析的基础。概率论作为有力的分析工具已越来越多地应用于生命统计和寿命表的分析。生命资料的研究不再限于一些表格的描述和数值的说明;人们还可对整个人口总体的死亡和生存的模式作出统计推断。虽然概率是一个数学概念,直观上却饶有兴趣。许多自然现象可以用概率的规律来描述,日常事物的发生也可看成遵从一定的概率模式,即使像事故这样的自发事件也能以一定程度的准确性作出事前的预测。B. Gompertz 于 1825 年提出,后由 W. M. Makeham 于 1860 年修正的死亡定律,目前已在公共卫生学、人口统计学、保险精算学等领域中用以研究人的生存和死亡规律。为此,作为本书的开端,有必要介绍概率的基本概念、有关的公式和实例。

2. 基本概念

2.1 概率的组成部分 概率这个概念包括三个组成部分:(a)一个随机试验,(b)这个试验可能出现的种种结果,以及(c)关心的一个事件。一个随机试验有许多可能的结果,但是在试验之前不能确定哪一个结果会出现。这样,在讨论概率时,人们心目中就必须有一个要考虑的随机试验和一个所关心的事件。

2.2 概率的定义 事件 A 发生的概率(简称"A 的概率")定义为发生事件 A 的所有结果的数目与可能结果的总数之比。

假定一个随机试验有 n 个机会均等的可能结果,而其中事件 A 发生的结果有 $n(A)$ 个。那么,事件 A 的概率定义为

$$\Pr\{A\} = \frac{n(A)}{n} \tag{1.2.1}$$

这样,一个随机试验中事件 A 的概率便是事件 A 发生的可能性的一种度量。

2.3　示例　下面的几个例子有助于阐明概率的概念。

例1　把一个均匀的硬币投掷一次,正面朝上的概率是多少? 这里随机试验是"把一个均匀的硬币投掷一次";可能的结果是正面朝上和反面朝上。记事件 A 为"硬币正面朝上"。机会均等的可能结果有 $n=2$ 个,出现正面结果的数目为 $n(A)=1$。因此,概率是

$$\Pr\{A\}=\frac{n(A)}{n}=\frac{1}{2}$$

例2　把一个完好的骰子投掷一次,有6个机会均等的可能结果。记事件 A 为"3点朝上"。这里 $n=6$,而 $n(A)=1$;因此,

$$\Pr\{A\}=\frac{n(A)}{n}=\frac{1}{6}$$

记事件 B 为"偶数点朝上"。因为当2点、4点或6点朝上时,事件 B 都发生,所以,$n(B)=3$。B 的概率就是

$$\Pr\{B\}=\frac{n(B)}{n}=\frac{3}{6}=\frac{1}{2}$$

例3　一份名单上写有39个女子和81个男子的名字,从这份写有120个人名的单子上随机地点出一个名字。记事件 F 为"点出一个女子的名字",事件 M 为"点出一个男子的名字",相应的概率就是

$$\Pr\{F\}=\frac{n(F)}{n}=\frac{39}{120}=\frac{13}{40}\quad \text{和} \quad \Pr\{M\}=\frac{n(M)}{n}=\frac{81}{120}=\frac{27}{40}$$

它们的和是

$$\Pr\{F\}+\Pr\{M\}=\frac{13}{40}+\frac{27}{40}=1$$

例4　一份包括100个名字的名单,其中活人的名字 $n(S)=98$ 个,死人的名字 $n(D)=2$ 个。从这份名单上随机地点一个名字,它恰好是活人的名字这一事件的概率为

$$\Pr\{S\}=\frac{n(S)}{n}=\frac{98}{100}=0.98$$

它恰是死者的名字这一事件的概率为

$$\Pr\{D\}=\frac{n(D)}{n}=\frac{2}{100}=0.02$$

显然,两个概率之和为1:

$$\Pr\{S\}+\Pr\{D\}=0.98+0.02=1$$

2.4　概率的值　由定义可见,一个事件的概率是一个理想化的比值(或相

对频率）。所以，概率只能在 0 与 1 之间取值，即对于任何事件 A，总有

$$0 \leqslant \Pr\{A\} \leqslant 1 \tag{1.2.2}$$

2.5 必然事件和不可能事件 在一个试验中必定发生的事件就是必然事件。若 I 是一个必然事件，则

$$\Pr\{I\} = 1 \tag{1.2.3}$$

在一个试验中永不发生的事件是不可能事件。若 $\varnothing$ 是一个不可能事件，则

$$\Pr\{\varnothing\} = 0 \tag{1.2.4}$$

2.6 事件的补（或否定） 例 3 中当且仅当事件 M（男子的名字）不发生时，事件 F（女子的名字）才发生，在这个意义上，事件 F 是事件 M 的补事件。同样，例 4 中的事件 S（活人）是事件 D（死人）的补事件。关于一个事件的补事件，还可通过一些例子来说明。我们用记号 $\bar{A}$ 表示事件 A 的补事件。

表 1.1　事件及其补举例

例	A	$\bar{A}$
一个婴儿的性别	男	女
掷一个硬币	正面	反面
掷一个骰子	3 点	除了 3 点以外的任何情形
掷一个骰子	偶数点	奇数点
生存分析	生存	死亡

若事件 $\bar{A}$ 是事件 A 的补事件，则事件 A 是事件 $\bar{A}$ 的补事件。这两个事件称为互补的。

在一个随机试验中，根据 A 或 $\bar{A}$ 的出现，全部结果可以分成两组，从而

$$n = n(A) + n(\bar{A})$$

根据定义，在一个随机试验中 $\bar{A}$ 的概率为

$$\Pr\{\bar{A}\} = \frac{n(\bar{A})}{n}$$

所以，不论什么样的事件 A，显然有

$$\Pr\{A\} + \Pr\{\bar{A}\} = \frac{n(A)}{n} + \frac{n(\bar{A})}{n} = 1 \tag{1.2.5}$$

或

$$\Pr\{\bar{A}\} = 1 - \Pr\{A\} \qquad (1.2.5a)$$

用文字来表述,就是 A 之补事件的概率等于 A 的概率之补。

例 3 中,事件 F 的概率和事件 M 的概率有关系式

$$\Pr\{F\} = 1 - \Pr\{M\} \quad \text{或} \quad \frac{13}{40} = 1 - \frac{27}{40}$$

3. 两个或多个事件——乘法定理

为了简单起见,我们从单个事件引入了概率的基本概念。现在讨论关于两个或多个事件的概率。

3.1 复合事件(A 与 B) 给定事件 A 和事件 B,若这两个事件都发生,我们就说复合事件(A 与 B)发生(或记为 $A \times B$,或 $A \bigcap B$,或简记为 AB)。

例 5 考虑 800 名新生婴儿,按性别和先天性异常来划分。记 $A =$ 异常,$\bar{A} =$ 正常,$B =$ 男婴,$\bar{B} =$ 女婴。下面的表 1.2 反映了这些婴儿的性别和先天性异常的分布。

表 1.2　800 个婴儿性别和先天性异常的分布 (假想的资料)

先天性异常	性别		边缘行和
	男 B	女 $\bar{B}$	
异常 A	70	50	120
	$n(AB)$	$n(A\bar{B})$	$n(A)$
正常 $\bar{A}$	330	350	680
	$n(\bar{A}B)$	$n(\bar{A}\bar{B})$	$n(\bar{A})$
边缘列和	400	400	800
	$n(B)$	$n(\bar{B})$	n

假定从这组婴儿中随机地选出一个,这个婴儿恰是先天性异常的男婴这一事件的概率是多少?这里,复合事件是 AB,其概率为

$$\Pr\{AB\} = \frac{n(AB)}{n} = \frac{70}{800} \qquad (1.3.1)$$

其他可能的复合事件还有

$A\bar{B} =$ 先天性异常的女婴,$\bar{A}B =$ 正常的男婴,$\bar{A}\bar{B} =$ 正常的女婴

概率 $\Pr\{A\bar{B}\}$,$\Pr\{\bar{A}B\}$ 和 $\Pr\{\bar{A}\bar{B}\}$ 也可由上表算出。

3.2　条件概率　在 A 已经发生这一给定的条件下，B 的条件概率记为 $\Pr\{B\,|\,A\}$，其中 B 与 A 之间的竖线"|"表示"给定"，而"|"右边的事件是条件。条件概率由下式给出：

$$\Pr\{B\,|\,A\}=\frac{\Pr\{AB\}}{\Pr\{A\}} \tag{1.3.2}$$

由于

$$\Pr\{AB\}=\frac{n(AB)}{n}\quad\text{和}\quad\Pr\{A\}=\frac{n(A)}{n}$$

我们有

$$\Pr\{B\,|\,A\}=\frac{n(AB)/n}{n(A)/n}=\frac{n(AB)}{n(A)} \tag{1.3.3}$$

就前面的例子来说，$\Pr\{B\,|\,A\}$ 就是从异常的婴儿中随机地取一个，这一个恰是男婴的概率。因为有 $n(A)=120$ 个异常的婴儿，其中有 $n(AB)=70$ 个男婴，我们有

$$\Pr\{B\,|\,A\}=\frac{n(AB)}{n(A)}=\frac{70}{120}$$

或者，利用 $\Pr\{AB\}=\dfrac{n(AB)}{n}=\dfrac{70}{800}$　和　$\Pr\{A\}=\dfrac{n(A)}{n}=\dfrac{120}{800}$

而有

$$\Pr\{B\,|\,A\}=\frac{\Pr\{AB\}}{\Pr\{A\}}=\frac{70/800}{120/800}=\frac{70}{120}$$

我们得到了同样的结果。

供读者的练习题　利用上述例子计算并解释下列条件概率：$\Pr\{A\,|\,B\}$，$\Pr\{B\,|\,\bar{A}\}$，$\Pr\{\bar{A}\,|\,B\}$，$\Pr\{\bar{B}\,|\,A\}$，$\Pr\{A\,|\,\bar{B}\}$，$\Pr\{\bar{A}\,|\,\bar{B}\}$ 和 $\Pr\{\bar{B}\,|\,\bar{A}\}$。

3.3　独立　若给定 B 时 A 的条件概率等于 A 的（绝对）概率，我们就称事件 A 独立于事件 B。公式为

$$\Pr\{A\,|\,B\}=\Pr\{A\} \tag{1.3.4}$$

这意味着 A 发生的可能性不受 B 发生的影响，显然，若 A 独立于 B，则 A 也独立于 $\bar{B}$，即

$$\Pr\{A\,|\,B\}=\Pr\{A\}=\Pr\{A\,|\,\bar{B}\} \tag{1.3.5}$$

为了确定事件 A 是否独立于事件 B，我们分别计算

$$\Pr\{A\,|\,B\}\quad\text{和}\quad\Pr\{A\}$$

若这两个数值相等，我们就说 A 独立于 B。

令 A＝先天性异常，B＝男婴。若

$$\Pr\{异常|男婴\}=\Pr\{异常\}$$

则

$$\Pr\{异常|女婴\}=\Pr\{异常\}$$

并且我们说先天性异常独立于婴儿的性别。

在§3.1 的例 5 中，

$$\Pr\{A\,|\,B\}=\frac{70}{400}\quad 和 \quad \Pr\{A\}=\frac{120}{800}$$

因为 70/400 不等于 120/800，所以按照本例所给的信息[①]，先天性异常并不独立于婴儿的性别。

3.4 乘法定理 事件 AB 的概率等于 A 的概率和给定 A 时 B 的条件概率之乘积，或

$$\Pr\{AB\}=\Pr\{A\}\times\Pr\{B\,|\,A\} \tag{1.3.6}$$

证明 $\Pr\{AB\}=\dfrac{n(AB)}{n}=\dfrac{n(A)}{n}\times\dfrac{n(AB)}{n(A)}=\Pr\{A\}\times\Pr\{B\,|\,A\}$

例如，在例 5 的表 2 中，我们看到

$$\Pr\{AB\}=\frac{70}{800}$$

$$\Pr\{A\}\times\Pr\{B\,|\,A\}=\frac{120}{800}\times\frac{70}{120}=\frac{70}{800}$$

从而

$$\Pr\{AB\}=\Pr\{A\}\times\Pr\{B\,|\,A\}$$

由于事件 AB 与事件 BA 相同，乘法定理的另一个公式是

$$\Pr\{AB\}=\Pr\{B\}\times\Pr\{A\,|\,B\} \tag{1.3.7}$$

3 个和 4 个事件的乘法定理有公式

$$\Pr\{ABC\}=\Pr\{A\}\times\Pr\{B\,|\,A\}\times\Pr\{C\,|\,AB\} \tag{1.3.8}$$

$$\Pr\{ABCD\}=\Pr\{A\}\times\Pr\{B\,|\,A\}\times\Pr\{C\,|\,AB\}\times\Pr\{D\,|\,ABC\} \tag{1.3.9}$$

这可以通过反复代入(1.3.6)式来证明。例如

$$\Pr\{ABC\}=\Pr\{A\}\Pr\{BC\,|\,A\}=\Pr\{A\}\Pr\{B\,|\,A\}\Pr\{C\,|\,AB\}$$

3.5 独立事件的乘法定理 若诸事件是独立的，则乘法定理的公式变成

$$\Pr\{AB\}=\Pr\{A\}\times\Pr\{B\} \tag{1.3.10}$$

$$\Pr\{ABC\}=\Pr\{A\}\times\Pr\{B\}\times\Pr\{C\} \tag{1.3.11}$$

---

① 见关于差异的 χ^2 检验（第 3 章，第 4 节，第 48 页）。

$$\Pr\{ABCD\} = \Pr\{A\} \times \Pr\{B\} \times \Pr\{C\} \times \Pr\{D\} \qquad (1.3.12)$$

例如,若 B 独立于 A,则 $\Pr\{B \mid A\} = \Pr\{B\}$;公式(1.3.6)就简化为(1.3.10)。

3.6 涉及必然事件或不可能事件的乘法定理 若 I 是一个必然事件,A 不是一个不可能事件,则

$$\Pr\{AI\} = \Pr\{A\} \qquad (1.3.13)$$

若 $\varnothing$ 是一个不可能事件,则

$$\Pr\{A\varnothing\} = 0 \qquad (1.3.14)$$

3.7 关于(两两)独立的一个定理 若 B 独立于 A,则 A 也独立于 B,而且称 A 与 B 为独立事件。这个定理可叙述为:若 $\Pr\{B \mid A\} = \Pr\{B\}$,则

$$\Pr\{A \mid B\} = \Pr\{A\}$$

证明 若 $\Pr\{A\} = 0$ 或 $\Pr\{B\} = 0$,则定理显然。今设两者均不为零。按照公式(1.3.6)和(1.3.7),

$$\Pr\{AB\} = \Pr\{A\} \times \Pr\{B \mid A\} \ \text{和} \ \Pr\{AB\} = \Pr\{B\} \times \Pr\{A \mid B\}$$

从而

$$\Pr\{A\} \times \Pr\{B \mid A\} = \Pr\{B\} \times \Pr\{A \mid B\} \qquad (1.3.15)$$

若 B 独立于 A,则 $\Pr\{B \mid A\} = \Pr\{B\}$;(1.3.15)式就变成

$$\Pr\{A\} \times \Pr\{B\} = \Pr\{B\} \times \Pr\{A \mid B\}$$

从而

$$\Pr\{A\} = \Pr\{A \mid B\}$$

反之,若 B 不独立于 A,则 A 也不独立于 B。

§3.1 的例 5 中,

$$\Pr\{B \mid A\} = \frac{70}{120}, \ \Pr\{B\} = \frac{400}{800} \ \text{和} \ \Pr\{B \mid A\} \neq \Pr\{B\}$$

所以,B 不独立于 A,而

$$\Pr\{A \mid B\} = \frac{70}{400}, \ \Pr\{A\} = \frac{120}{800} \ \text{和} \ \Pr\{A \mid B\} \neq \Pr\{A\}$$

所以,A 也不独立于 B。

4. 两个或多个事件——加法定理

4.1 复合事件(A 或 B) 复合事件(A 或 B)表示或者 A,或者 B,或者 AB。若 A 发生或 B 发生或 AB 发生,(A 或 B)就发生。

4.2 互不相容 若一个事件的发生意味着另一事件必不发生,我们就称这两个事件互不相容;换言之,在同一个试验中,它们不能同时发生。若 A 与 B 是互不相容事件,则 $n(AB) = 0$ 和 $\Pr\{AB\} = 0$。显然,任一事件和它的补事

件是互不相容的,因为 $n(A\bar{A})=0$。

4.3　加法定理　事件(A 或 B)的概率可以用 $\Pr\{A\}$,$\Pr\{B\}$ 和 $\Pr\{AB\}$ 表示如下:

$$\Pr\{A \text{ 或 } B\} = \Pr\{A\} + \Pr\{B\} - \Pr\{AB\} \tag{1.4.1}$$

证明　事件(A 或 B)何时发生? 我们把试验的可能结果划分为四类: ①AB,A 和 B 都发生;② $A\bar{B}$,A 发生而 B 不发生;③ $\bar{A}B$,A 不发生而 B 发生;④ $\bar{A}\bar{B}$,A 和 B 都不发生。这样,事件(A 或 B)发生于前三类之中:

表 1.3　一个 2×2 列联表

	B	$\bar{B}$	边缘行和
A	$n(AB)$	$n(A\bar{B})$	$n(A)$
$\bar{A}$	$n(\bar{A}B)$	$n(\bar{A}\bar{B})$	$n(\bar{A})$
边缘列和	$n(B)$	$n(\bar{B})$	n

(A 或 B)的概率为

$$\Pr\{A \text{ 或 } B\} = \frac{n(AB) + n(A\bar{B}) + n(\bar{A}B)}{n} \tag{1.4.2}$$

由上表可见　　$n(AB) = n(A) - n(A\bar{B})$ 和 $n(\bar{A}B) = n(B) - n(AB)$

因此,　　　　$\Pr\{A \text{ 或 } B\} = \frac{n(A) + n(B) - n(AB)}{n}$

把分数写开,我们有

$$\Pr\{A \text{ 或 } B\} = \frac{n(A)}{n} + \frac{n(B)}{n} - \frac{n(AB)}{n}$$

或

$$\Pr\{A \text{ 或 } B\} = \Pr\{A\} + \Pr\{B\} - \Pr\{AB\} \tag{1.4.3}$$

例 6　令 $A=$异常,$B=$男婴。$\Pr\{A \text{ 或 } B\}$ 是异常女婴或正常男婴或异常男婴的概率。利用例5,我们发现

$$\Pr\{A \text{ 或 } B\} = \Pr\{A\} + \Pr\{B\} - \Pr\{AB\} = \frac{120}{800} + \frac{400}{800} - \frac{70}{800} = \frac{450}{800}$$

3 个和 4 个事件的加法定理,公式是

$$\Pr\{A \text{ 或 } B \text{ 或 } C\} = \Pr\{A\} + \Pr\{B\} + \Pr\{C\}$$
$$- \Pr\{AB\} - \Pr\{BC\} - \Pr\{AC\}$$
$$+ \Pr\{ABC\} \tag{1.4.4}$$

$$\mathrm{Pr}\{A \text{ 或 } B \text{ 或 } C \text{ 或 } D\}$$
$$=\mathrm{Pr}\{A\}+\mathrm{Pr}\{B\}+\mathrm{Pr}\{C\}+\mathrm{Pr}\{D\}$$
$$-\mathrm{Pr}\{AB\}-\mathrm{Pr}\{AC\}-\mathrm{Pr}\{AD\}-\mathrm{Pr}\{BC\}-\mathrm{Pr}\{BD\}-\mathrm{Pr}\{CD\}$$
$$+\mathrm{Pr}\{ABC\}+\mathrm{Pr}\{ABD\}+\mathrm{Pr}\{ACD\}+\mathrm{Pr}\{BCD\}$$
$$-\mathrm{Pr}\{ABCD\} \tag{1.4.5}$$

这些公式有时称为包含—排斥公式。

4.4　互不相容事件的加法定理　当诸事件互不相容时,加法定理的公式变成

$$\mathrm{Pr}\{A \text{ 或 } B\}=\mathrm{Pr}\{A\}+\mathrm{Pr}\{B\} \tag{1.4.6}$$
$$\mathrm{Pr}\{A \text{ 或 } B \text{ 或 } C\}=\mathrm{Pr}\{A\}+\mathrm{Pr}\{B\}+\mathrm{Pr}\{C\} \tag{1.4.7}$$
$$\mathrm{Pr}\{A \text{ 或 } B \text{ 或 } C \text{ 或 } D\}=\mathrm{Pr}\{A\}+\mathrm{Pr}\{B\}+\mathrm{Pr}\{C\}+\mathrm{Pr}\{D\} \tag{1.4.8}$$

例如,若事件 A 与 B 互不相容,则 $\mathrm{Pr}\{AB\}=0$,公式(1.4.3)简化为 (1.4.6)式。

5. 关于加法和乘法定理的注记

5.1　加法和乘法定理小结　加法定理和乘法定理看起来很简单,然而在概率计算中却必不可少。下表是为了有助于这两个定理的应用而编制的。

表 1.4　加法和乘法定理的使用

	乘法定理	加法定理
何时用	A 与 B	A 或 B
定理	$\mathrm{Pr}\{AB\}=\mathrm{Pr}\{A\}\times\mathrm{Pr}\{B\mid A\}$	$\mathrm{Pr}\{A \text{ 或 } B\}=\mathrm{Pr}\{A\}+\mathrm{Pr}\{B\}-\mathrm{Pr}\{AB\}$
事件是否	独立?	互不相容?
定理的特殊形式	若独立,则 $\mathrm{Pr}\{AB\}=\mathrm{Pr}\{A\}\times\mathrm{Pr}\{B\}$	若互不相容,则 $\mathrm{Pr}\{A \text{ 或 } B\}=\mathrm{Pr}\{A\}+\mathrm{Pr}\{B\}$

5.2　分配律　在同时需用加法和乘法定理作概率计算时,可以使用类似于算术中的规则,只是把"A 与 B"对应于乘法,"A 或 B"对应于加法。算术中最常用的运算规则之一是分配律:$a(b+c)=(a\times b)+(a\times c)$。例如:

$$2(3+4)=(2\times 3)+(2\times 4)$$

在概率问题中,它变成

$$\mathrm{Pr}\{A(B \text{ 或 } C)\}=\mathrm{Pr}\{AB \text{ 或 } AC\} \tag{1.5.1}$$

更复杂的例子是

$$(2+3)(4+5)=(2\times 4)+(2\times 5)+(3\times 4)+(3\times 5)$$

和

$$\Pr\{(A \text{ 或 } B)(C \text{ 或 } D)\}=\Pr\{AC \text{ 或 } AD \text{ 或 } BC \text{ 或 } BD\} \quad (1.5.2)$$

再次利用例 5,我们有

$$\Pr\{A(B \text{ 或 } \bar{B})\}=\Pr\{AB \text{ 或 } A\bar{B}\}=\Pr\{AB\}+\Pr\{A\bar{B}\}=\frac{70}{800}+\frac{50}{800}=\frac{120}{800}$$

$$(1.5.3)$$

这里,$(B \text{ 或 } \bar{B})=I$ 是一个必然事件,所以

$$\Pr\{A(B \text{ 或 } \bar{B})\}=\Pr\{AI\}=\Pr\{A\}=\frac{120}{800}$$

从而验证了分配律。

5.3 补事件的乘积与乘积的补事件　诸如 $AB,ABC(A\times B,A\times B\times C)$ 之类的复合事件也称为事件的乘积。然而,事件乘积的补事件与补事件的乘积不同。例如,在两个事件的情形,乘积的补事件是 $\overline{A\times B}$,而补事件的乘积是 $(\bar{A}\times\bar{B})$,当且仅当事件 $A\times B$ 不发生时,$\overline{A\times B}$ 才发生;当且仅当 $\bar{A}$ 和 $\bar{B}$ 都发生时,$\bar{A}\times\bar{B}$ 才发生。相应的概率为

$$\Pr\{\overline{A\times B}\}=1-\Pr\{A\times B\}=1-\frac{n(AB)}{n} \quad (1.5.4)$$

和

$$\Pr\{\bar{A}\times\bar{B}\}=\frac{n(\bar{A}\bar{B})}{n} \quad (1.5.5)$$

顺便提一句,(1.5.4)中第一式表示乘积的补事件之概率等于乘积的概率之补。

例 5 中,我们有

$$\Pr\{\overline{A\times B}\}=\Pr\{\text{非异常男婴}\}=1-\Pr\{\text{异常男婴}\}$$

$$=1-\Pr\{A\times B\}=1-\frac{70}{800}=\frac{730}{800}$$

和

$$\Pr\{\bar{A}\times\bar{B}\}=\Pr\{\text{正常女婴}\}=\frac{350}{800}$$

$\overline{A\times B}$ 和 $\bar{A}\times\bar{B}$ 这两个事件之间的区别是显而易见的。

6. 概率的误用——示例

6.1 条件概率中事件的次序　在实际问题中应用条件概率时,人们必须

明确事件发生的次序。若事件 B 的发生先于事件 D,那么条件概率 $\Pr\{D|B\}$ 是有意义的,但条件概率 $\Pr\{B|D\}$ 就可能无意义。例如,在不同性别婴儿死亡率的研究中,一个新生婴儿的性别是男 (B) 还是女 $(\bar{B})$ 早在确定生存 (S) 还是死亡 (D) 之前已经得知。条件概率

$$\Pr\{D|B\} = \Pr\{\text{一个男婴将在第一年里死亡}\}$$

$$\Pr\{S|\bar{B}\} = \Pr\{\text{一个女婴将在第一年里生存}\}$$

以及 $\Pr\{S|B\}$ 和 $\Pr\{D|\bar{B}\}$ 都是有意义且有用的测度。但是在这类问题中,条件概率 $\Pr\{B|D\}$ 或 $\Pr\{\bar{B}|D\}$ 就没有意义。下面的例子将阐明这一点。

例 7　在美国的一家县医院里,一年中登记了 1950 个新生儿,其中 1000 是男性,950 个是女性。第一年里,18 个男婴和 13 个女婴死亡,这些婴儿的生存状况小结于表 1.5 中。

表 1.5　第一年中婴儿性别和生存的分布

性别	第一年的生存情形		合　计
	生存 (S)	死亡 (D)	
男婴	982	18	1000
(B)	$n(BS)$	$n(BD)$	$n(B)$
女婴	937	13	950
$(\bar{B})$	$n(\bar{B}S)$	$n(\bar{B}D)$	$n(\bar{B})$
合　计	1519	431	1950
	$n(S)$	$n(D)$	n

若新生儿遵从这个婴儿组的生存经历,则一个男婴在第一年里生存的概率为

$$\Pr\{S|B\} = \frac{n(BS)}{n(B)} = \frac{982}{1000}$$

而一个女婴在第一年里生存的概率为

$$\Pr\{S|\bar{B}\} = \frac{n(\bar{B}S)}{n(\bar{B})} = \frac{937}{950}$$

一个男婴在第一年内死亡的概率为

$$\Pr\{D|B\} = \frac{18}{1000}$$

而一个女婴在第一年里死亡的概率为

$$\Pr\{D\,|\,\bar{B}\} = \frac{13}{950}$$

这样,在第一年里男婴死亡的机会多于女婴。另一方面,条件概率 $\Pr\{B\,|\,D\}$,$\Pr\{\bar{B}\,|\,D\}$,$\Pr\{B\,|\,S\}$ 和 $\Pr\{\bar{B}\,|\,S\}$ 都没有意义。

下一节将进一步讨论当事件按次序发生时的条件概率。

6.2 前瞻性研究与回顾性研究

例 8 吸烟与肺癌。为了确定吸烟和肺癌发病率之间的联系,进行了一项关于 1465 名癌症患者和 1465 名非癌症患者吸烟习惯的(回顾性)研究,其结果如下:

表 1.6 2930 名患者疾病状况和吸烟习惯的分布

疾病组	吸烟(S)	不吸烟($\bar{S}$)	合　计
癌症患者(C)	1418 $n(CS)$ a	47 $n(C\bar{S})$ b	1465 $n(C)$
非癌患者($\bar{C}$)	1345 $n(\bar{C}S)$ c	120 $n(\bar{C}\bar{S})$ d	1465 $n(\bar{C})$
合　计	2763	167	2930

来源:取自 Doll, R and Hill, A; A study of the etiology of carcinoma of the lung, *Brit. Med. J.* 2, p1271 (1952)。

基于上述信息,我们计算条件概率

$$\Pr\{S\,|\,C\} = \Pr\{\text{一个癌症患者是吸烟的}\} = \frac{n(CS)}{n(C)} = \frac{1418}{1465} = 0.97$$

$$\Pr\{S\,|\,\bar{C}\} = \Pr\{\text{一个非癌症患者是吸烟的}\} = \frac{n(\bar{C}S)}{n(\bar{C})} = \frac{1345}{1465} = 0.92$$

所以一个癌症患者是吸烟者的可能性高于一个非癌症患者。然而,直接从上述资料计算如下的概率是不对的:

$$\Pr\{C\,|\,S\} = \Pr\{\text{一个吸烟者将患癌症}\}$$

和
$$\Pr\{C\,|\,\bar{S}\} = \Pr\{\text{一个不吸烟者将患癌症}\}$$

不当心的话,在这个例子中我们会得出 $\Pr\{C\,|\,S\} = 1418/2763 = 0.51$ 和 $\Pr\{C\,|\,\bar{S}\} = 47/167 = 0.28$。这些计算是明显错误的。概率 $\Pr\{C\,|\,S\}$ 和 $\Pr\{C\,|\,\bar{S}\}$ 必须用前瞻性研究方法从吸烟者和不吸烟者的发病率来导出。然而,这样的前

瞻性研究方法又是不切实际的,因为癌症的发生需要一个长时间。对此,我们常用另一种方法(参阅 Cornfield, 1951)。

由(1.3.15)式我们看到两个条件概率 $\Pr\{S\,|\,C\}$ 和 $\Pr\{C\,|\,S\}$ 有如下联系:

$$\Pr\{C\}\Pr\{S\,|\,C\} = \Pr\{S\}\Pr\{C\,|\,S\}$$

类似地,

$$\Pr\{C\}\Pr\{\bar{S}\,|\,C\} = \Pr\{\bar{S}\}\Pr\{C\,|\,\bar{S}\}$$

由这些公式我们得到另两个条件概率,以反映吸烟对肺癌发生的影响:

$$\Pr\{C\,|\,S\} = \frac{\Pr\{C\}\Pr\{S\,|\,C\}}{\Pr\{S\}}$$

$$\Pr\{C\,|\,\bar{S}\} = \frac{\Pr\{C\}\Pr\{\bar{S}\,|\,C\}}{\Pr\{\bar{S}\}} \tag{1.6.1}$$

可是,计算(1.6.1)中的概率还需要概率 $\Pr\{C\}$ 。

6.3 相对风险 在研究某因素(如吸烟)对一种疾病(如肺癌)的发病率的影响时,常采用相对风险这个量。相对风险是关于危险性的一种度量,它将经受一种因素时得病的可能性与不经受该因素时得该种病的可能性进行比较。以吸烟和肺癌为例,相对风险为

$$相对风险 = \frac{\Pr\{C\,|\,S\}}{\Pr\{C\,|\,\bar{S}\}} \tag{1.6.2}$$

因此,相对风险反映了该因素对得病机会的影响。

在回顾性研究中,相对风险是很有用的。由上述吸烟与肺癌的例子我们已经看到,若没有关于一般人群中癌症的发病率,单凭回顾性研究是得不到条件概率 $\Pr\{C\,|\,S\}$ 和 $\Pr\{C\,|\,\bar{S}\}$ 的。然而,相对风险不需要这样的附加知识。(1.6.1)式的两个公式中都有概率 $\Pr\{C\}$,当把(1.6.1)代入(1.6.2)式时,它就被约掉了。

$$相对风险 = \frac{\Pr\{S\,|\,C\}\Pr\{\bar{S}\}}{\Pr\{S\}\Pr\{\bar{S}\,|\,C\}} \tag{1.6.3}$$

假定对照组(非癌患者)反映一般人群,病人组(癌症患者)反映有关病人的全部,那么,(1.6.3)式右侧的概率可以从一项回顾性研究中估计出来。

$$\Pr\{S\} = \Pr\{S\,|\,\bar{C}\} = \frac{n(\bar{C}S)}{n(\bar{C})}, \quad \Pr\{\bar{S}\} = \Pr\{\bar{S}\,|\,\bar{C}\} = \frac{n(\bar{C}\bar{S})}{n(\bar{C})}$$

$$\Pr\{S\,|\,C\} = \frac{n(CS)}{n(C)}, \quad \Pr\{\bar{S}\,|\,C\} = \frac{n(C\bar{S})}{n(C)} \tag{1.6.4}$$

将(1.6.4)式中的概率代入(1.6.3)式,可以导出一个量,通常称为优势比(odds ratio)。

$$优势比 = \frac{n(CS) \times n(\bar{C}\bar{S})}{n(C\bar{S}) \times n(\bar{C}S)} \qquad (1.6.5)$$

如果像表 1.6 那样规定 $n(CS) = a$,$n(C\bar{S}) = b$,$n(\bar{C}S) = c$ 和 $n(\bar{C}\bar{S}) = d$,则 (1.6.5) 可改写为

$$优势比 = \frac{a \times d}{b \times c} \qquad (1.6.6)$$

这是经常出现在文献中的一个公式。必须指出,使用上述公式的正确性是以对照组反映一般人群这一假设为根据的。如果这一假设不成,则不能将(1.6.4)代入(1.6.3),所以(1.6.5),(1.6.6)不再有效。

在上述例子中,

$$优势比 = \frac{1418 \times 120}{47 \times 1345} = 2.7$$

6.4 给定 B 时 A 的概率与给定 A 时 B 的概率 条件概率 $\Pr\{B|A\}$ 显然和条件概率 $\Pr\{A|B\}$ 不同。在 3.1 节例 5 中,先天异常者是男婴的概率由下式计算:

$$\Pr\{B|A\} = \frac{n(AB)}{n(A)} = \frac{70}{120}$$

而一个男婴是先天异常的概率由下式计算:

$$\Pr\{A|B\} = \frac{n(AB)}{n(B)} = \frac{70}{400}$$

虽然这两个条件概率的区别是明显的,但经验不足的人容易混淆。

例 9 有一篇文章报告了对美国加利福尼亚州 San Mateo 县自 1961 年至 1965 年间 400 名自杀者的研究。作者写道:"……这一组自杀者中 66% 是男子……两种性别中,约 50% 的自杀者已婚……寡妇占女性自杀者的 15%,鳏夫只占男性自杀者的 5%,这表明男子较能忍受丧偶的痛苦……"换言之,作者认为

$$\Pr\{一个鳏夫自杀\} < \Pr\{一个寡妇自杀\}$$

这里,鳏夫是丧偶的男子,而寡妇是丧偶的女子。

在 $n = 400$ 名自杀者中,我们发现 264($= 400 \times 0.66$)名男性自杀者和 136 ($= 400 \times 0.34$)名女性自杀者。在男性自杀者中,13($= 264 \times 0.05$)名丧偶,而在女性自杀者中,20($= 136 \times 0.15$)名丧偶。利用这些计算,我们把数据重写

在下面的表里：

表 1.7 美国加利福尼亚州 San Mateo 县自杀者的性别和丧偶情形

自杀者性别	丧偶（W）	非丧偶（$\bar{W}$）	合　计
男性（M）	13 $n(MW)$	251 $n(M\bar{W})$	264 $n(M)$
女性（F）	20 $n(FW)$	116 $n(F\bar{W})$	136 $n(F)$
合　计	33 $n(W)$	367 $n(\bar{W})$	400 n

为了证实他的论点，该作者应按下列公式计算所需要的概率：

$$\text{Pr}\{\text{一个鳏夫自杀}\} = \frac{\text{自杀的鳏夫人数}}{\text{鳏夫的人数}}$$

和

$$\text{Pr}\{\text{一个寡妇自杀}\} = \frac{\text{自杀的寡妇人数}}{\text{寡妇的人数}}$$

根据 1960 年的调查资料，在 San Mateo 县有 15166 个寡妇，3227 个鳏夫。寡妇约有鳏夫的 5 倍之多。但是寡妇中只有 20 名自杀者，而鳏夫中却有 13 名自杀者。因此，在 San Mateo 县，两个概率之比为

$$\text{Pr}\{\text{一个鳏夫自杀}\} : \text{Pr}\{\text{一个寡妇自杀}\} = \frac{12}{3227} : \frac{20}{15116} = 3 : 1$$

这样，鳏夫自杀的概率约 3 倍于寡妇自杀的概率。所以原作者的结论"……男子较能忍受丧偶的痛苦"是错误的。

7. 取自寿命表的一个例子

表 1.8 取自 1975 年美国人口的寿命表。第（1）列表示以岁为单位的年龄区间。第（2）列是在每一年龄区间开始时活着的（寿命表）人口数。该列表明，在恰好 0 岁时活着的（寿命表）人口有 100000（即出生的人口数），其中 98400 人 1 周岁时还活着（即过了第一次生日），98100 人 5 周岁时还活着，等等。最后有 25000 人 85 周岁时还活着。第（3）列的每一个数是在相应的年龄区间内死去的（寿命表）人口数。在 0 岁时活着的 100000 人口中有 1600 人在年龄区间(0,1)内死去，300 人在 1 岁至 5 岁期间死去，等等。而 25000 人死于 85 岁以上。

表 1.8 100000 名活产儿逐年的生存和死亡人数

年龄区间（岁）x_i 至 x_{i+1} (1)	x_i 岁时活着的人数 l_i (2)	在区间 (x_i, x_{i+1}) 内死亡的人数 d_i (3)	年龄区间（岁）x_i 至 x_{i+1} (1)	x_i 岁时活着的人数 l_i (2)	在区间 (x_i, x_{i+1}) 内死亡的人数 d_i (3)
0～1	100000	1600	45～50	92700	2300
1～5	98400	300	50～55	90400	3500
5～10	98100	200	55～60	86900	5000
10～15	97900	200	60～65	81900	7200
15～20	97700	500	65～70	74700	9000
20～25	97200	700	70～75	65700	12000
25～30	96500	600	75～80	53700	14300
30～55	95900	700	80～85	39400	14400
35～40	95200	1000	85+	25000	25000
40～45	94200	1500			

来源：取自 1975 年美国寿命表。

我们考虑一个新生儿，他遵从 1975 年美国人口死亡经历的规律。这个新生儿在其第一次生日时还活着的概率有多大？这里"随机试验"是孩子第一年的生命；可能的结果是生存和死亡；感兴趣的事件是新生儿在其第一次生日时还活着。因为 $l_0 = 100000$ 个新生儿，$l_1 = 98400$ 个实际生存者，所以，一个新生儿一周岁时还活着的概率为

$$\frac{\text{1 周岁时还活着的人数}}{\text{0 岁时活着的人数}} = \frac{l_1}{l_0} = \frac{98400}{100000} = 0.9840$$

类似地，一个新生儿在其第 5 个生日还活着的概率为 98100/100000 = 0.981，在第 10 个生日还活着的概率为 97900/100000 = 0.979。

求死亡概率时，我们以相应的死亡人数作为上述公式的分子，于是有

$$\Pr\{\text{一个新生儿死于第一年内}\} = \frac{1600}{100000} = 0.016$$

$$\Pr\{\text{一个新生儿死于年龄区间}(1,5)\} = \frac{300}{100000} = 0.003$$

注记：上例中的事件是个复合事件。因为一个（活产）新生儿在遭到死于区间 (1,5) 的危险之前，必须首先能活到 1 岁，我们可以这样来解释这个事例：

{一个新生儿死于年龄区间(1,5)}

={一个新生儿活到 1 周岁和死于区间(1,5)}

利用乘法公式(1.3.6),我们得到了和前面相同的数值:

Pr{一个新生儿死于年龄区间(1,5)}

$$=\frac{300}{100000}=0.003$$

=Pr{一个新生儿活到 1 周岁}×Pr{一个 1 周岁的孩子死于区间(1,5)}

$$=\frac{l_1}{l_0} \times \frac{d_1}{l_1} = \frac{98400}{100000} \times \frac{300}{98400} = \frac{300}{100000}$$

7.1 条件概率 前面讨论的概率 Pr{一个 1 周岁的孩子死于区间(1,5)} 是一个条件概率,条件是"一个孩子 1 周岁时活着",或者更明确地说来,

Pr{一个孩子死于年龄区间(1,5) | 该孩子 1 周岁时活着}

$$=\frac{死于年龄区间(1,5)\ 的人数}{1\ 周岁时活着的人数} = \frac{300}{98400} = 0.00305$$

一个 5 岁的孩子死于区间(5,10)的概率也是一个条件概率:

Pr{一个孩子死于年龄区间(5,10) | 该孩子 5 周岁时活着}

$$=\frac{死于年龄区间(5,10)\ 的人数}{5\ 周岁时活着的人数} = \frac{200}{98100} = 0.00204$$

这些条件概率都是以年龄区间开始时活着的人数为基础来计算的,通常称为年龄别死亡概率。此外,还可以有其他的条件概率,例如

Pr{一个 25 岁的人在 50 岁时还活着}

$$=\frac{50\ 岁时活着的人数}{25\ 岁时活着的人数} = \frac{90400}{96500} = 0.93679$$

Pr{一个 25 岁的人死于 50 岁之前}

$$=\frac{死于 25 岁与 50 岁之间的人数}{25\ 岁时活着的人数} = \frac{96500-90400}{96500} = 0.06321$$

这里的 6100 也可由死于区间 25~50 的人数来确定:

$$6100 = 600 + 700 + 1000 + 1500 + 2300$$

因为一个 25 岁的人不是活到 50 岁便是死于 50 岁之前,所以,相应的两个概率之和必定是 1,0.93679 + 0.06321 = 1。

对于一个 20 岁的人有相应的概率:

$$Pr\{一个 20 岁的人在 45 岁时仍活着\} = \frac{92700}{97200} = 0.95370$$

$$Pr\{一个 20 岁的人死于 45 岁之前\} = 1 - 0.95370 = 0.04630$$

7.2　包括二个或多个人的复合事件的概率　令 M 为一个 25 岁的男子在 50 岁时仍活着的事件,而 $\bar{M}$ 为他死于 50 岁之前的事件;令 F 为一个 20 岁的女子 45 岁时还活着的事件,而 $\bar{F}$ 为她死于 45 岁之前的事件。如果这两个人遵从表 1.8 中的生存或死亡的概率,并且他们的生存与否是彼此独立的,那么,我们可以利用乘法定理来计算下列概率:

$$\Pr\{\text{这两个人都活了 25 年}\}=\Pr\{M\times F\}=\Pr\{M\}\times\Pr\{F\}$$
$$=0.93679\times0.95370=0.89342$$

$$\Pr\{\text{这两个人都在 25 年内死去}\}=\Pr\{\bar{M}\times\bar{F}\}=\Pr\{\bar{M}\}\times\Pr\{\bar{F}\}$$
$$=0.06321\times0.04630=0.00293$$

$$\Pr\{\text{25 年后男子还活着,女子已死去}\}=\Pr\{M\times\bar{F}\}=\Pr\{M\}\times\Pr\{\bar{F}\}$$
$$=0.93679\times0.04630=0.04337$$

$$\Pr\{\text{25 年后男子已死去,女子还活着}\}=\Pr\{\bar{M}\times F\}=\Pr\{\bar{M}\}\times\Pr\{F\}$$
$$=0.06321\times0.95370=0.06028$$

因为 25 年后要么这一男一女都活着,要么两者之一死亡,要么两者都死亡,所以,上述概率之和为 1, $0.89342+0.00293+0.04337+0.06028=1$。

假定一对夫妇有一个新生儿,同样遵从上述寿命表中的生存和死亡概率。令 B 是孩子 25 岁时仍活着这一事件,那么,到孩子 25 岁生日时三个人都活着的概率是多少呢? 利用乘法定理和关于独立的假设,我们发现所求的概率为

$$\Pr\{M\times F\times B\}=\Pr\{M\}\times\Pr\{F\}\times\Pr\{B\}$$
$$=0.93679\times0.95370\times0.96500=0.86215$$

供读者的练习题　解释和计算概率:

$$\Pr\{\bar{M}\times F\times B\},\ \Pr\{M\times\bar{F}\times B\},\ \Pr\{(M\text{ 或 }F)\times B\},\ \Pr\{\overline{(M\times F)}\times B\}$$

要求读者对其他的年龄和不同的时间间隔也计算类似的概率,以熟悉公式。

7.3　解除婚约的概率　上述概率可以用来计算联合人寿保险费或解除婚约的可能性。例如,若丈夫是 25 岁,他的妻子是 20 岁,则他们 25 年内由于死亡而解除婚约的概率可以计算如下:

$$\Pr\{\text{25 年内由于死亡而解除婚约}\}$$
$$=\Pr\{\text{25 年内他们中的一个死亡或两者都死亡}\}$$
$$=\Pr\{(M\times\bar{F})\text{ 或}(\bar{M}\times F)\text{ 或}(\bar{M}\times\bar{F})\}$$

这里的三个事件 $(M\times\bar{F})$,$(\bar{M}\times F)$ 和 $(\bar{M}\times\bar{F})$ 是互不相容的。应用加法定理,上述概率为

$$\Pr\{(M \times \bar{F})\} + \Pr\{(\bar{M} \times F)\} + \Pr\{(\bar{M} \times \bar{F})\}$$
$$= 0.04337 + 0.06028 + 0.00293 = 0.10658$$

由此,他们解除婚约的概率高于 10%。另一方面,

$$\Pr\{25 \text{ 年内他们没有因死亡而解除婚约}\}$$
$$= \Pr\{25 \text{ 年后二人都活着}\}$$
$$= \Pr\{M \times F\} = 0.89342$$

显然,这两个概率是互补的,即

$$0.10658 + 0.89342 = 1$$

7.4　法国保险公司的一份死亡率表　Émile Borel 在他的《Les Probabilités et la Vie》一书中讨论了有关生存、死亡、疾病和事故的概率。他还由《Annuaire du Bureau des Longitudes》复制了若干表格来说明应用于保险公司的概率计算。表 1.9 就是从这些表中得来的。我们建议读者利用表 1.9 中的资料去计算 7.3 节中的全部概率。

表 1.9　法国保险公司领年金者(1985)

年龄区间 (岁) x_i 至 x_{i+1} (1)	x_i 岁时活 着的人数 l_i (2)	在区间 (x_i, x_{i+1}) 内死亡的人数 d_i (3)	年龄区间 (岁) x_i 至 x_{i+1} (1)	x_i 岁时活 着的人数 l_i (2)	在区间 (x_i, x_{i+1}) 内死亡的人数 d_i (3)
0～1	100000	3602	45～50	68578	3696
1～5	96398	7122	50～55	64882	4519
5～10	89276	2608	55～60	60363	5703
10～15	86668	1723	60～65	54660	7275
15～20	84945	2529	65～70	47385	9093
20～25	82416	2737	70～75	38292	10660
25～30	79679	2511	75～80	27632	11016
30～55	77168	2617	80～85	16616	9168
35～40	74551	2817	85+	7448	7448
40～45	71734	3156			

来源:Émile Borel (1934), *Les Probabilités et la Vie*. Presses Universitaires de France.

8. 习题

1. 利用表 1.2 中的数据计算并解释概率 $\Pr\{A\bar{B}\}$,$\Pr\{\bar{A}B\}$ 和 $\Pr\{\bar{A}\bar{B}\}$。

2. 利用表 1.2 中的数据计算并解释条件概率 $\Pr\{A \mid B\}$，$\Pr\{B \mid \bar{A}\}$，$\Pr\{\bar{A} \mid B\}$，$\Pr\{\bar{B} \mid A\}$，$\Pr\{A \mid \bar{B}\}$，$\Pr\{\bar{A} \mid \bar{B}\}$ 和 $\Pr\{\bar{B} \mid \bar{A}\}$。

3. 证明若 $\bar{B}$ 独立于 A，则 A 独立于 $\bar{B}$。

4. 对事件 AB 的乘法定理，已在 3.4 节中证明了(1.3.6)式。利用类似的办法证明下列公式：

$$\Pr\{ABC\} = \Pr\{A\} \times \Pr\{B \mid A\} \times \Pr\{C \mid AB\} \tag{1.3.8}$$

$$\Pr\{ABCD\} = \Pr\{A\} \times \Pr\{B \mid A\} \times \Pr\{C \mid AB\} \times \Pr\{D \mid ABC\}$$

$$\tag{1.3.9}$$

5. 分别证明关于 3 个和 4 个事件加法定理的(1.4.4)和(1.4.5)式。

6. 利用表 1.8 中的数据计算并解释下列概率：

$\Pr\{\bar{M} \times F \times B\}$，$\Pr\{M \times \bar{F} \times B\}$，$\Pr\{(M \text{ 或 } F) \times B\}$ 和 $\Pr\{(\overline{M \times F}) \times B\}$

7. 对 30 岁的丈夫和 25 岁的妻子利用表 1.8 中的数据计算他们在 25 年内因死亡而解除婚约的概率以及 30 年内的这一概率。

8. 利用表 1.9 的资料计算概率：

(1) 1 岁的孩子 10 岁时尚活着的概率；

(2) 20 岁的人 45 岁时尚活着的概率；

(3) 20 岁的人死于年龄区间(40，45)或(50，55)内的概率。

9. 利用表 1.9 的资料计算并解释下列概率：

(1) $\Pr\{(M \times \bar{F}) \text{ 或 } (\bar{M} \times F) \text{ 或 } (\bar{M} \times \bar{F})\}$；

(2) $\Pr\{\bar{M} \times F \times B\}$，$\Pr\{M \times \bar{F} \times B\}$，$\Pr\{(M \text{ 或 } F) \times B\}$，$\Pr\{(\overline{M \times F}) \times B\}$，$\Pr\{\overline{M \times F \times B}\}$ 和 $\Pr\{M \text{ 或 } F \times B\}$。

10. 某团体有 90 个成员，其中有 50 个律师，50 个惯于说谎者，每个成员至少是两种人中的一种。如果随机地选出一个成员，其既是律师又是惯于说谎者的概率是多少？其是律师而不是说谎者的概率是多少？一个律师不是说谎者的概率是多少？

11. 某旅馆有一排 10 个空着的房间，服务员随机地将客人安排到这些房间里。现有 2 个客人来到，问他们正好住进彼此相邻房间的概率是多少？

12. 某项试验包括先掷一个均匀的硬币，然后从两个瓮的一个中摸球。第一个瓮里有 3 个白球和 2 个黑球，第二个瓮里有 4 个白球和 3 个黑球。

(1) 如果硬币正面朝上就从第一个瓮里摸球；如果硬币正面朝下，就从第二个瓮里摸球。求被摸出的是白球的概率；

(2)如果将所有的球都合并到一个瓮里,从中摸出一个白球的概率是多少?

(3)以上两个概率相等吗? 试解释。

13. 当事件 A 独立于事件 B 并且事件 A 独立于事件 C 时,事件 A 不一定独立于复合事件 BC。试用一个反例说明这一点。

14. 从 1 到 n 的 n 个正整数连乘(记作 $n!$)称为"n 阶乘"。

(1)证明 n 个不同对象可以有 $n!$ 种不同的排列方式;

(2)排列 3 个字母 DNA,排列 4 个字母 TGIF,数一数各有多少种不同的排列方式;

(3)证明从 n 个不同对象中任意取出 k 个进行排列(考虑次序),可以有 $n!/(n-k)!$ 种不同的排列方式。

15. 证明从 n 个不同对象中任意取出 k 个,形成一个组(不考虑次序),可以有

$$\binom{n}{k} = \frac{n!}{k!\,(n-k)!}$$

种不同的组合方式。

16. 某家庭有 5 个孩子:3 个女孩,2 个男孩。随机地唤出 3 个孩子,其中没有女孩的概率是多少? 一个女孩? 2 个女孩? 3 个女孩?

17. 第 16 题中,假定一次唤出一个孩子,待这个孩子回家之后再唤出下一个(有返回的抽样)。试计算三次唤出 k 个女孩的概率,$k=0,1,2,3$。

18. 从三个瓮里相继摸球,第 i 个瓮里白球的比例是 p_i,黑球的比例是 q_i,$i=1,2,3$。从第 1 个瓮内摸出 1 个球。如果这是个白球,就接着从第 2 个瓮里摸。如果从第 2 个瓮里摸出的是白球,就接着从第 3 个瓮里摸球。接连 3 个都是白球的概率是多少? 接连 3 个中,前 2 个是白球而第 3 个是黑球,这种结局的概率是多少?

19. 加州大学伯克利分校的公共卫生楼有 5 层,假定某天早晨电梯从地下室载着 3 位乘客上升,每个人以同等的机会在 5 层中的任一层离开电梯,计算

(1)Pr{3 位乘客在同一层离去};

(2)Pr{3 位乘客中有 2 位在同一层离去};

(3)Pr{3 位乘客在互不相同的层离去}。

20. A 先生有 4 个均匀硬币,B 先生有 3 个均匀硬币,他们同时掷出自己的硬币。

(1)求 A 先生掷得 k 个正面朝上的概率,$k=0,1,2,3,4$;

(2)求 B 先生掷得 k 个正面朝上的概率,$k=0,1,2,3$;

(3)求 A 先生掷得正面朝上的个数比 B 先生多的概率;比 B 先生少的概率;两位掷得正面朝上的个数相同的概率。

第2章　统计学基本概念

1. 引言

任何统计学课题都是研究变量的观察值。例如,在一个人群的死亡分析中,人们观察该人群中每个人的性别、年龄以及死亡原因,并记录、列表和分析这些资料。这里,性别、年龄和死亡原因是变量,因为对不同的人它们取不同的值。性别取两个不同的值,男和女,我们称性别为二值变量;死亡原因取多个值,是一个分类变量;而人的年龄则是一个连续变量。二值变量是分类变量的特例,只有两个类别。如果一个变量是有等级的或有次序的,我们就说它是有序变量。例如,酒按其质量分等级,学生按学业成绩排名次,城市按人口数目论级别,国家按期望寿命评次序等等。

一般,就取值而言,我们只考虑两类变量:连续变量和离散变量。连续变量在一个区间内可能取任何数值,而离散变量则在一些散在的数值中取值。显然,离散变量包括二值变量、分类变量。连续变量都是有序变量,但离散变量就不一定是有序变量。另一方面,由于测量尺度的限制,每一个连续变量都以离散的单位表示:人的体重以公斤表示,身高以厘米表示,年龄以岁或以年龄区间表示。最好的例子是丰富人类生活的音乐,每一个音阶只用12个音符来表示。为了避免繁琐,在理解统计学分析方法时只考虑离散变量就可以了。

变量的观察值常以数表示,这样才能作统计分析。若一个变量的值不是数值,像分类变量那样,我们可以记录在每一个类别中观察到的次数。例如,一个人的性别不是数值,但是在只由一个人构成的小组中,女子的数目却是数值,若这个人是女的,其取值为1;若是男的,其取值为0。

2. 随机变量

一个变量,离散的或连续的,往往以不同的概率取不同的数值。例如,某人在某年中生存的可能性大于死亡的可能性;某人的死因是心脏病的可能性甚于流行性感冒。把概率与变量的值联系起来考虑,我们就得到一个随机变量。明

确地说,一个随机变量有如下两个性质:

(1)它在一些数值中取值;

(2)对于它所取的值,有一个对应的概率。

这只是概率的概念与统计学互相关联的第一个例子。在统计学中处处要用到概率。

例1　掷一次硬币,设正面朝上的概率为 p,背面朝上的概率为 q,$p+q=1$。设 X 为正面朝上的次数。这里 X 可以取两个值

$$X=\begin{cases}0, & \text{当背面朝上时}\\1, & \text{当正面朝上时}\end{cases}$$

对应的概率为

$$\Pr\{X=0\}=q \quad \text{和} \quad \Pr\{X=1\}=p$$

且 $\qquad \Pr\{X=0\}+\Pr\{X=1\}=p+q=1$

若硬币是均匀的,则 $p=q=1/2$,并有

$$\Pr\{X=0\}=1/2 \quad \text{和} \quad \Pr\{X=1\}=1/2$$

例2　一个硬币掷两次,可能的结果是

$$TT,TH,HT,HH$$

其中 H 表示正面朝上,T 表示背面朝上。设 Y 是正面朝上的次数,它的取值是 $0,1$ 和 2,相应的概率是

$$\Pr\{Y=0\}=\Pr\{TT\}=q^2$$
$$\Pr\{Y=1\}=\Pr\{TH \text{ 或 } HT\}=2pq$$
$$\Pr\{Y=2\}=\Pr\{HH\}=p^2$$

它们的和也等于1:

$$q^2+2pq+p^2=1$$

例3　设有一个包括 60 名男子和 40 名女子的总体,用有返回的抽样①方法抽取 $n=3$ 个人。设 Z 是该样本中女子的数目。Z 是一个随机变量,取值 0,$1,2$ 和 3,概率是

$$\Pr\{Z=0\}=(0.6)^3=0.216$$
$$\Pr\{Z=1\}=3(0.4)(0.6)^2=0.432$$
$$\Pr\{Z=2\}=3(0.4)^2(0.6)=0.288$$

---

①　通常有两种抽样方法:有返回抽样和无返回抽样。有返回抽样时,在抽取下一个样品前,样本中所有个体都要回到总体中;而无返回抽样时,样本中的个体都不回到总体中。当总体容量很大时,这两种抽样方法之间的差别不大。

$$\Pr\{Z=3\}=(0.4)^3=0.064$$

这些概率之和等于1。

一个随机变量所有的值连同对应的概率构成的集合称为该随机变量的概率分布,表 2.1 给出了三个随机变量 X,Y 和 Z 的概率分布。

表 2.1 概率分布举例

随机变量	值	概率分布
X	$(0,1)$	(q, p)
Y	$(0,1,2)$	$(q^2, 2qp, p^2)$
Z	$(0,1,2,3)$	$(0.216, 0.432, 0.288, 0.064)$

随机变量的重要性在于用概率分布为它的不确定性提供精确的度量。以例 3 而论,虽然样本中女子的数目是不确定的,但是各种数目的概率是知道的,样本中没有女子的概率是 0.216;有一个女子的概率是 0.432;有两个女子的概率是 0.288;有三个女子的概率是 0.064。利用概率分布我们还可以确定随机变量的平均值。在现在这个例子中,若取了许多样本,每个样本的个体数是 n =3,那么,具有不同女子数目的各样本的比例近似于对应的概率。约 21.6% 的样本中没有女子,43.3% 的样本中有一个女子,28.8% 的样本中有二个女子,6.4% 的样本中有三个女子。在一个样本中,女子数目的平均数是

$$0\times(0.216)+1\times(0.432)+2\times(0.288)+3\times(0.064)=1.2$$

$$(2.2.1)$$

1.2 这个数是 0,1,2 和 3 的加权平均数,称为随机变量 Z 的期望。下面给出正式定义。

2.1 随机变量的期望(均数、期望值) 随机变量 X 的期望,记为 $E(X)$,是 X 所取各个值的加权平均数,以对应的概率作为权重。公式是

$$E(X)=\sum_k k\Pr\{X=k\} \qquad (2.2.2)$$

其中,对 k 的所有可能值求和。可见,随机变量的期望只不过是随机变量的平均值。

常量的期望等于常量本身。若 c 是一个常量,则 $E(c)=c$。

例 1 中,X 的期望是

$$E(X)=0\times\Pr\{X=0\}+1\times\Pr\{X=1\}=0\times q+1\times p=p$$

例 2 中,Y 的期望是

$$E(Y) = 0 \times \Pr\{Y=0\} + 1 \times \Pr\{Y=1\} + 2 \times \Pr\{Y=2\}$$
$$= 0 \times q^2 + 1 \times 2pq + 2 \times p^2 = 2p$$

例 3 中，Z 的期望已在(2.2.1)式计算过了。

定理 1(期望的法则)   随机变量的线性组合的期望(均数)等于随机变量期望的线性组合。令 a, b, c 为常数，X 和 Y 为随机变量。则

$$E(a + bX + cY) = a + bE(X) + cE(Y) \qquad (2.2.3)$$

(2.2.3)式可推广到任意多个随机变量的线性组合。

设 X 和 Y 分别是例 1 和例 2 中的随机变量。根据定理 1，$X+Y$ 的期望由下式给出：

$$E(X+Y) = E(X) + E(Y) \qquad (2.2.4)$$

将 $E(X) = p$ 和 $E(Y) = 2p$ 代入(2.2.4)式，得出

$$E(X+Y) = p + 2p = 3p$$

因为 $X+Y$ 是掷硬币三次中正面朝上的(总)次数，所以 $E(X+Y) = 3p$ 是意料之中的。

2.1.1   样本频率和样本均数的期望   通常我们用样本频率来估计总体概率，用样本均数来估计总体均数。它们有一个重要的优良性，讨论如下。

样本频率的期望   设有一个人口总体，女子和男子的概率为 p 和 $q(=1-p)$，以有返回抽样得到一个包括 n 个人的样本。设 X_i 是样本中第 i 个个体的女子数目，$i = 1, \cdots, n$。显然，若第 i 个个体是男子，X_i 取值为 0，若第 i 个个体是女子，X_i 取值为 1；期望 $E(X_i) = p$ (参见例 1)。$(X_1 + \cdots + X_n)$ 是样本中女子的总数，而

$$\hat{p} = \frac{1}{n}(X_1 + \cdots + X_n) \qquad (2.2.5)$$

是样本中女子的频率。利用(2.2.3)的法则，我们得到和的期望

$$E(X_1 + \cdots + X_n) = np \qquad (2.2.6)$$

以及样本频率的期望

$$E(\hat{p}) = p \qquad (2.2.7)$$

因而，样本频率的期望等于总体概率。为此，我们说样本频率是总体概率的一个无偏估计。

再次利用(2.2.3)式的法则，我们可以证明，两个样本频率之差的期望等于两个总体概率之差：

$$E(\hat{p}_1 - \hat{p}_2) = p_1 - p_2 \qquad (2.2.8)$$

样本均数的期望   取自随机变量 X 的 n 个观察值 $(X_1, \cdots, X_n)$ 构成一个

样本，X 的期望（总体均数）$E(X) = \mu$。样本均数为

$$\bar{X} = \frac{1}{n}X_1 + \frac{1}{n}X_2 + \cdots + \frac{1}{n}X_n \qquad (2.2.9)$$

利用(2.2.3)式，我们计算 $\bar{X}$ 的期望，

$$E(\bar{X}) = \frac{1}{n}E(X_1) + \frac{1}{n}E(X_2) + \cdots \frac{1}{n}E(X_n) = \mu \qquad (2.2.10)$$

这表明，样本均数的期望等于总体均数。为此，我们说样本均数是总体均数的一个无偏估计。

由(2.2.3)式的法则可得，两个样本均数之差的期望等于两个总体均数之差，

$$E(\bar{X}_1 - \bar{X}_2) = \mu_1 - \mu_2 \qquad (2.2.11)$$

2.2　随机变量的方差和标准差　　随机变量的期望（均数）是该随机变量概率分布的中心趋向的度量。方差却是随机变量变异性的度量。随机变量的期望和方差在描述一个概率分布时都是基本的。例如，正态分布完全由它的期望和方差决定。不仅如此，在对总体的一个数值作统计推断时，关于随机变量方差的知识更是不可缺少。

随机变量 X 的方差，记为 σ_X^2 或 $\mathrm{Var}(X)$，是 X 与其均数的偏差平方后的加权平均。公式是

$$\sigma_X^2 = \sum_k \left[k - E(X) \right]^2 \mathrm{Pr}\{X = k\} \qquad (2.2.12)$$

随机变量的标准差就是方差的平方根，即 σ_X。

常量的方差等于 0，因为常量没有变异。若 c 是一个常量，则

$$\sigma_c^2 = 0$$

例 1 中，随机变量 X 取值 0 和 1，$E(X) = p$。根据(2.2.12)式，X 的方差为

$$\sigma_X^2 = (0-p)^2 \mathrm{Pr}\{X=0\} + (1-p)^2 \mathrm{Pr}\{X=1\}$$
$$= (0-p)^2 q + (1-p)^2 p = pq \qquad (2.2.13)$$

而标准差是

$$\sigma_X = \sqrt{pq}$$

例 2 中，随机变量 Y 取值 0，1 和 2，$E(Y) = 2p$。利用(2.2.12)式，我们计算 Y 的方差：

$$\sigma_Y^2 = (0-2p)^2 q^2 + (1-2p)^2 2pq + (2-2p)^2 p^2$$

因为

$$(1-2p)^2 = (q-p)^2 = q^2 - 2pq + p^2$$
$$(2-2p)^2 = 4q^2$$

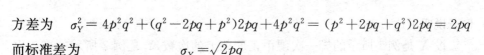

方差为 $\qquad \sigma_Y^2 = 4p^2q^2 + (q^2 - 2pq + p^2)2pq + 4p^2q^2 = (p^2 + 2pq + q^2)2pq = 2pq$

而标准差为 $\qquad\qquad \sigma_Y = \sqrt{2pq}$

例 3 中，Z 的期望是 $E(Z) = 1.2$。表 2.2 反映了 Z 的方差计算。根据 (2.2.12)式，$\sigma_Z^2 = 0.72$，从而 Z 的标准差是 $\sigma_Z = \sqrt{0.72} = 0.849$。

表 2.2　一个随机变量的方差计算

Z 的值 k	$\Pr\{Z = k\}$	$[k - E(Z)]^2$	$[k - E(Z)]^2 \times \Pr\{Z = k\}$
0	0.216	1.44	0.31104
1	0.432	0.04	0.01728
2	0.288	0.64	0.18432
3	0.064	3.24	0.20736
合　计	1.000	—	0.72000

供读者的练习题　掷硬币 4 次，令 W 为正面朝上的次数，试求：(1)W 所有可能的值；(2)对应的概率；(3)期望 $E(W)$；(4)方差 σ_W^2；(5)标准差 σ_W。

定义　两个随机变量独立　若对所有的 i 和 j，均有

$$\Pr\{X = i \text{ 和 } Y = j\} = \Pr\{X = i\} \times \Pr\{Y = j\}$$

就称随机变量 X 和 Y 是独立分布的随机变量(注意这与独立事件的定义的相似性)。

设 X 是掷 1 次硬币，正面朝上的次数，Y 是掷 2 次硬币，正面朝上的次数，则 X 和 Y 是独立的随机变量。例如，概率

$$\Pr\{X = 0 \text{ 和 } Y = 0\} = \Pr\{X = 0\} \times \Pr\{Y = 0\} = q \times q^2 = q^3$$

供读者的练习题　对上面的例子求概率 $\Pr\{X = i \text{ 和 } Y = j\}$，$i = 0, 1; j = 0, 1, 2$，并利用这些概率计算 $X + Y$ 的期望和方差。

定理 2(方差的法则)　独立随机变量 X 和 Y 的线性函数的方差是

$$Var(a + bX + cY) = b^2 Var(X) + c^2 Var(Y) \qquad (2.2.14)$$

例如，当 $a = 0, b = c = 1$ 时，我们有随机变量之和的方差

$$Var(X + Y) = Var(X) + Var(Y) \qquad (2.2.15)$$

当 $a = 0, b = 1, c = -1$ 时，我们有两个随机变量之差的方差

$$Var(X - Y) = Var(X) + Var(Y) \qquad (2.2.16)$$

(2.2.15)式和(2.2.16)式表明 $X + Y$ 的方差等于 $X - Y$ 的方差。这个看来不合理的结果事实上却是正确的。$X - Y$ 与 $X + Y$ 有着同样的变异性。下面的

例子说明了这一点。

设 X 是例1所示的掷一次硬币正面朝上的次数,Y 是例2所示的掷二次硬币正面朝上的次数。$X+Y$ 取值 $0,1,2$ 和 3,期望 $E(X+Y)=3p$;$X-Y$ 取值 $-2,-1,0$ 和 1,$E(X-Y)=-p$。表2.3和表2.4说明 $X+Y$ 和 $X-Y$ 的方差都等于 $3pq$。

表 2.3　$X+Y$ 的方差计算,其中 $E(X+Y)=3p$

$X+Y$ 的值 k	X 的值和 Y 的值	$\Pr\{X+Y=k\}$	$[k-E(X+Y)]^2\Pr\{X+Y=k\}$
0	($X=0$ 和 $Y=0$)	q^3	$(0-3p)^2q^3$
1	($X=0$ 和 $Y=1$) 或($X=1$ 和 $Y=0$)	$q(2pq)+pq^2$	$(1-3p)^2\,3pq^2$
2	($X=0$ 和 $Y=2$) 或($X=1$ 和 $Y=1$)	$qp^2+p(2pq)$	$(2-3p)^2\,3p^2q$
3	($X=1$ 和 $Y=2$)	p^3	$(3-3p)^2p^3$
合　计		1	$\sigma^2_{X+Y}=3pq$

表 2.4　$X-Y$ 的方差计算,其中 $E(X-Y)=-p$

$X-Y$ 的值 k	X 的值和 Y 的值	$\Pr\{X-Y=k\}$	$[k-E(X-Y)]^2\Pr\{X-Y=k\}$
-2	($X=0$ 和 $Y=2$)	qp^2	$(-2+p)^2qp^2$
-1	($X=0$ 和 $Y=1$) 或($X=1$ 和 $Y=2$)	$q(2pq)+p^3$	$(-1+p)^2(2pq^2+p^3)$
0	($X=0$ 和 $Y=0$) 或($X=1$ 和 $Y=1$)	$q^3+p(2pq)$	$(0+p)^2(q^3+2p^2q)$
1	($X=1$ 和 $Y=0$)	pq^2	$(1+p)^2pq^2$
合　计		1	$\sigma^2_{X-Y}=3pq$

供读者的练习题　设 X 和 Y 就是前面讨论的随机变量。计算下列线性函数的期望和方差:(1)$Y-X$;(2)$2X+Y$;(3)$2X-Y$;(4)$Y-2X$;(5)$X+2Y$;(6)$X-2Y$;(7)$2Y-X$。这些方差中哪些是相等的? 试解释之。

2.2.1　样本频率和样本均数的方差　在2.1节关于随机变量期望的讨论中,我们提到了样本频率是总体概率的一个无偏估计,样本均数是总体均数的一个无偏估计。一个估计的"优良性"也可用该估计的方差(或标准差)来鉴定。现在我们要推导关于这些估计的方差的公式。

样本频率的方差　设 X_i 是例 1 所示的二值随机变量,其方差等于 pq(参阅(2.2.13)式),$i=1,\cdots,n$。利用(2.2.14)中的法则,我们得到 $(X_1+\cdots+X_n)$ 的方差

$$Var(X_1+\cdots+X_n)=npq \tag{2.2.17}$$

而样本频率 $\hat{p}=\dfrac{1}{n}(X_1+\cdots+X_n)$ 的方差

$$Var(\hat{p})=\left(\frac{1}{n}\right)^2 npq=\frac{1}{n}pq \tag{2.2.18}$$

由此得到,样本频率的标准差为

$$\sigma_{\hat{p}}=\sqrt{pq/n} \tag{2.2.19}$$

注记:一个估计的标准差,诸如样本频率和样本均数等的标准差,也称为该估计的标准误(S. E.)。在本书中,我们将混用这两个术语。这里,

$$\text{S. E. }(\hat{p})=\sqrt{pq/n}$$

样本均数的方差　假定随机变量 X 有方差 σ^2。将样本均数 $\bar{X}$ 写为

$$\bar{X}=\frac{1}{n}X_1+\cdots+\frac{1}{n}X_n$$

我们应用(2.2.14)的法则,求得样本均数 $\bar{X}$ 的方差为

$$\sigma_{\bar{X}}^2=\left(\frac{1}{n}\right)^2\sigma^2+\cdots+\left(\frac{1}{n}\right)^2\sigma^2=\sigma^2/n \tag{2.2.20}$$

从而得到样本均数的标准误为

$$\text{S. E.}(\bar{X})=\sigma/\sqrt{n} \tag{2.2.21}$$

公式(2.2.18)和(2.2.20)表明,样本频率(或样本均数)的方差等于 X 的方差被样本量 n 除。当样本量 n 增加时,样本频率(或样本均数)的方差就减少。由此,大样本的频率(或均数)比起小样本的频率(或均数)来,其变异要小些。总之,样本量越大,用样本频率(或样本均数)作为总体概率(或总体均数)的估计就越准确。

两个样本频率之差 $\hat{p}_1-\hat{p}_2$ 的方差　从总体 1 和总体 2 分别取出样本量为 n_1 和 n_2 的两个样本,考虑两个频率 $\hat{p}_1$ 和 $\hat{p}_2$。根据(2.2.16)式,差 $\hat{p}_1-\hat{p}_2$ 的方差

$$Var(\hat{p}_1-\hat{p}_2)=Var(\hat{p}_1)+Var(\hat{p}_2) \tag{2.2.22}$$

把(2.2.18)式代入(2.2.22)式就得到差的方差为

$$Var(\hat{p}_1 - \hat{p}_2) = \frac{p_1 q_1}{n_1} + \frac{p_2 q_2}{n_2} \qquad (2.2.23)$$

差的标准误为

$$S.E.(\hat{p}_1 - \hat{p}_2) = \sqrt{\frac{p_1 q_1}{n_1} + \frac{p_2 q_2}{n_2}} \qquad (2.2.24)$$

两个样本均数之差 $\bar{X}_1 - \bar{X}_2$ 的方差 从方差分别为 σ_1^2 和 σ_2^2 的总体 1 和总体 2 各取出样本量为 n_1 和 n_2 的两个样本,设样本均数为 $\bar{X}_1$ 和 $\bar{X}_2$。按照 (2.2.16)式,差的方差为

$$Var(\bar{X}_1 - \bar{X}_2) = Var(\bar{X}_1) + Var(\bar{X}_2) \qquad (2.2.25)$$

把(2.2.20)式代入(2.2.25)式,得到

$$Var(\bar{X}_1 - \bar{X}_2) = \frac{\sigma_1^2}{n_1} + \frac{\sigma_2^2}{n_2} \qquad (2.2.26)$$

从而得到均数之差的标准误为

$$S.E.(\bar{X}_1 - \bar{X}_2) = \sqrt{\frac{\sigma_1^2}{n_1} + \frac{\sigma_2^2}{n_2}} \qquad (2.2.27)$$

当两个总体方差相等时,记 $\sigma_1^2 = \sigma_2^2 = \sigma^2$,我们有

$$Var(\bar{X}_1 - \bar{X}_2) = \sigma^2 \left(\frac{1}{n_1} + \frac{1}{n_2} \right) \qquad (2.2.28)$$

和 $$S.E.(\bar{X}_1 - \bar{X}_2) = \sigma \sqrt{\frac{1}{n_1} + \frac{1}{n_2}} \qquad (2.2.29)$$

公式(2.2.18)到(2.2.29)将经常应用于本书后面各章的讨论中。

3. 二项分布

在统计分析中最简单的变量是二值变量。一个人的性别、一年内生存或死亡、死于癌症或死于其他原因等等,都是很好的例子。相应的随机变量就是二值随机变量。因为这类随机变量在研究死亡率和寿命表时很重要,所以,在这里我们将详细讨论二项分布。

定义 二项分布随机变量是多次(n 次)独立重复试验中"成功"的次数。每次试验的结果不是成功便是失败;每次试验中"成功"的概率是一个常数。

在上一节的例 1 中,X 是 $n=1$ 次试验(掷硬币)中成功(正面朝上)的次数,而例 2 中 Y 是 $n=2$ 次试验(掷硬币)中成功(正面朝上)的次数。在每次试验中,正面朝上的概率 p 是常数,所以,X 和 Y 都是二项分布随机变量的例子。

例 3 中,在 $n=3$ 的一个样本中女子的数目也是一个二项分布随机变量。我们曾经算过,相应的概率分布为

$$\Pr\{Z=0\}=(0.6)^3, \qquad\qquad \Pr\{Z=1\}=3(0.4)(0.6)^2$$

$$\Pr\{Z=2\}=3(0.4)^2(0.6), \qquad \Pr\{Z=3\}=(0.4)^3$$

系数 $(1,3,3,1)$ 反映了对应的事件(在一个样本中有 $0,1,2$ 或 3 个女子)能以多少种方式出现。

3.1 概率分布 设 X 是成功概率为 p 的 n 次独立试验的一个二项分布随机变量。X 在 $0,1,\cdots,n$ 中取值,对应的概率为

$$\Pr\{X=k\}=\frac{n!}{k!\ (n-k)!}p^k q^{n-k}, \quad k=0,1,\cdots,n \qquad (2.3.1)$$

其中 $n!$(n 阶乘)表示从 1 到 n 的自然数依次相乘的积,$n!=n(n-1)\cdots 2\cdot 1$。乘积 $p^k q^{n-k}$ 是指定的 k 个试验成功,其余 $n-k$ 个试验失败的概率。例如,前 k 个试验成功(S),后 $n-k$ 个试验失败(F),可记为序列($S\cdots SFF\cdots F$)。组合因子(或二项系数)

$$\frac{n!}{k!\ (n-k)!} \qquad (2.3.2)$$

是 n 次试验中所能出现的 k 次成功,$n-k$ 次失败这种结局的数目。利用二项函数 $(p+q)^n$ 的展开式,得到

$$\sum_{k=0}^{n}\frac{n!}{k!\ (n-k)!}p^k q^{n-k}=(p+q)^n=1 \qquad (2.3.3)$$

即概率之和为 1

$$\sum_{k=0}^{n}\Pr\{X=k\}=1$$

二项分布随机变量的期望和方差已在第 2 节中计算过,即

$$E(X)=np \qquad (2.2.6)$$

和 $$Var(X)=npq \qquad (2.2.17)$$

供读者的练习题 利用 (2.3.1) 中的概率计算 X 的期望 $E(X)$ 和方差 $Var(X)$。

Pascal 塔[①] 我们已在例 1,例 2 和例 3 中分别看到了二项系数 $(1,1)$,$(1,2,1)$ 和 $(1,3,3,1)$。例如,当 $n=3$ 时,对 $k=0,1,2$ 和 3,相应的系数为

———————————

① 在我国有人称之为杨辉三角。——译者注。

$$\frac{3!}{0! \ 3!} = 1, \qquad \frac{3!}{1! \ 2!} = 3, \qquad \frac{3!}{2! \ 1!} = 3, \qquad \frac{3!}{3! \ 0!} = 1$$

对于不同的 n 值,二项系数是按图 2.1 宝塔形中所表现出的一种巧妙方式联系起来的。

| n | $\dfrac{n!}{k!(n-k)!}$ |

n									
0					1				
1				1		1			
2			1		2		1		
3		1		3		3		1	
4	1		4		6		4		1
5	1	5		10		10		5	1
6	1	6	15		20		15	6	1
⋮	⋰	⋰		⋰		⋰		⋰	
	0	1	2	3	4	5	6	⋯	k

图 2.1 二项系数的 Pascal 塔

水平轴上的标号 (k) 要沿斜向读出,塔中的每个数字是上一行相邻两个数字的和。对于每个 n,同一行上的 $(n+1)$ 个数字就是相应的二项系数,这 $(n+1)$ 个数之和等于 2^n,例如,$1+3+3+1=2^3$。这个塔是法国数学家 Blaise Pascal(1623~1662)的贡献,在著作《Traité du triangle arithmétique》中 Pascal 为概率计算奠定了基础。

3.2 二项概率 p(或 q) 研究二项分布的重要性并不在于(2.3.1)式中的概率计算,也不在于期望或方差的计算,而是在观察的基础上就未知的概率作推断。我们可以利用这方面的知识来估计概率或比较两个或多个总体的概率。

有两个不同场合会出现二项分布随机变量:第一个场合是试验。掷硬币是引用得最多的试验(参阅第 2 节中的例 1 和例 2)。人们在一年中的生命经历也是一个二项"试验",其中,每个人在一年中的生命经历构成一次试验,可能的结果是生存或死亡。为了利用二项分布的理论来研究死亡问题,我们必须遵守定义中的条件,并且要求同一组中的个体有相似的生存概率。为此,通常我们总是按年龄、性别和人口统计方面的一些变量来分组。这样,同一组中人们的死亡经历就可以用来对生存概率或死亡概率作统计推断。

第二个场合是抽样。从一个具有某种特征的个体概率为 p 的二值总体中抽取样本(参阅第 2 节例 3)。当总体很大时,即使采用无返回抽样,样本中具有该特征的个体数目也是一个二项随机变量。上述特征可以是女性,可以是先天异常的婴儿,也可以是某种原因的死亡等等。在这类情况下,都可以利用二项分布的理论就相应的概率作统计推断。

二项分布的概念是简单的,可是其概率分布的公式却有点复杂。在应用二项理论对有关概率 p 作统计推断时,我们至少需要处理一个累积概率,形如

$$\Pr\{X \geqslant k\} = \sum_{j=k}^{n} \frac{n!}{j!\,(n-j)!} p^j q^{n-j}$$

当 n 很大时,它包含很多项;当对两个或多个概率作推断时,相应的公式将更复杂,其意义就更不显见了。为了着重理解统计推断而不必去解释复杂公式的含义,我们需要探索一下二项分布的近似。最常用的是正态近似。当死亡分析的目的是就死亡概率作统计推断或对死亡率作比较时,被研究的人群实际上是一个样本。因为被研究的通常总是较大的人群,所以,二项分布近似于正态分布,其理论根据是中心极限定理。下一章我们将提到这个定理。那里推导出的公式是简单明了的,统计学意义也容易理解。本书将采用正态分布作统计推断。

4. 习题

1. 证明表 2.4 最后一列之和等于 $3pq$。

2. 由表 2.3 的概率分布求期望 $E(X+Y)$,以及由表 2.4 的概率分布求期望 $E(X-Y)$。

3. 设 X 是掷一次硬币正面朝上的次数,Y 是掷二次硬币正面朝上的次数。计算下列线性函数的期望和方差:(1) $Y-X$;(2) $2X+Y$;(3) $2X-Y$;(4) $Y-2X$;(5) $X+2Y$;(6) $X-2Y$ 和(7) $2Y-X$。

4. 对 $n=4$ 验证(2.3.3)式。

5. 由(2.3.1)式的概率分布计算期望 $E(X)$ 和方差 $Var(X)$。

6. 一个班有 10 个学生,6 男 4 女。用有返回抽样的办法从这个班里抽取 $n=5$ 个学生的样本。设 X 为这个样本中女生的数目。

(1)对 $k=0,1,\cdots,5$,求概率 $\Pr\{X=k\}$;

(2)由(1)中的概率分布求期望 $E(X)$ 和方差 $Var(X)$。

7.(续)在第 6 题中,若这个班有 100 个学生,60 男 40 女,用有返回抽样办法抽取 $n=5$ 个学生的样本。试对 $k=0,1,\cdots,5$,求概率 $\Pr\{X=k\}$,并求 $E(X)$ 和 $Var(X)$。

8.(续)若第 6 题改用无返回抽样,试解之。

9.(续)若第 7 题改用无返回抽样,试解之。

10.(续)在解答了第 6,7,8 和 9 题之后,请你思考总体的大小对 X 的概率分布以及对 $E(X)$、$Var(X)$ 的影响。

11. 证明表 2.3 最后一列四项之和等于 $3pq$。

12. 一个总体包含 N 个人,其中 m 个男性,$N-m$ 个女性,从这个总体中以有返回的抽样方式获得一个含有 n 个人的样本,设 X 是该样本中男人的数目。

(1)求概率 $\Pr\{X=k\}$;

(2)证明 $\sum\limits_{k=0}^{n}\Pr\{X=k\}=1$;

(3)求 X 的期望和方差。

13. 若样本是以无返回抽样方式得到的,再做第 12 题。

14. 随机变量的方差常由下式计算:

$$\sigma_Z^2=E(Z^2)-[E(Z)]^2 \tag{A}$$

而不常用

$$\sigma_Z^2=E[Z-E(Z)]^2 \tag{B}$$

或

$$\sigma_Z^2=\sum_k[Z-E(Z)]^2\Pr\{Z=k\} \tag{C}$$

(1)证明上述三式是等价的;

(2)利用公式(A)计算表 2.2 中 Z 的方差。

15. 设随机变量 Z 服从表 2.2 中的概率分布,计算随机变量 $W=2Z$ 的期望和方差。

16. 设 Z_1 和 Z_2 是两个互相独立的随机变量,都具有表 2.2 中给出的分布,计算随机变量 $V=Z_1+Z_2$ 的期望和方差。V 的期望和方差等于第 15 题中 W 的期望和方差吗? 试解释之。

第3章　正态分布和统计推断

1. 正态分布

正态分布是连续随机变量的一个对称于均数的概率分布。其取值范围在负无穷大和正无穷大之间,这个分布可以用一条钟形曲线来描写,如图 3.1 所示。曲线之下横轴之上的面积等于 1。因为一个连续变量可以取无穷多个值,所以它取一个特定值的概率将极小,更确切地说,这概率等于 0。于是,在处理正态随机变量时,我们只说它的取值小于一个特定数或大于一个特定数或在某一区间内的概率。例如,一个正态随机变量 X 的取值小于一个数 x_1 的概率可用 x_1 点左侧曲线之下、横轴之上的一块面积来表示。X 的取值大于 x_2 的概率可用 x_2 点右侧曲线之下、横轴之上的面积来表示。X 的取值大于 x_1 而小于 x_2 的概率可用介于 x_1 与 x_2 两点之间曲线之下、横轴之上的一块面积来表示(见图 3.1)。

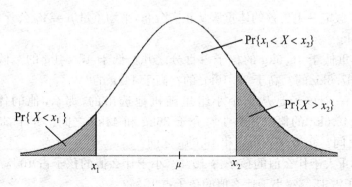

图 3.1　正态分布

一个正态分布精确的图形取决于该分布的均数和标准差的数值。均数为 0、标准差为 1 的正态分布称为标准正态分布。因为任何正态分布都可以通过移动坐标原点和改变尺度转化为标准正态分布,所以在作统计推断时,标准正态分布是最重要的一个分布。假定 X 是均数为 μ 和标准差为 σ 的一个正态随

机变量,则

$$Z = \frac{X - \mu}{\sigma} \qquad (3.1.1)$$

是均数为 0、标准差为 1 的标准正态随机变量。

供读者的练习题 利用第 2 章中期望和方差的法则证明(3.1.1)式中的标准正态随机变量 Z 的均数为 0,方差为 1。

标准正态随机变量的值和相应的概率已制成表,我们复制放在本章之末的表 3.8。这个表给出了 Z 值左侧曲线下面积。例如,对 $Z = 1.96$,人们可查出

$$\Pr\{Z < 1.96\} = 0.975$$

对于给定的概率,例如 0.95,相应的值是 $Z = 1.65$,

$$\Pr\{Z < 1.65\} = 0.95$$

图 3.2 反映了 Z 的值和对应概率之间的关系。

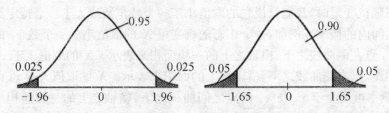

图 3.2 Z 值和对应概率之间的关系

例 1 假定一组男孩的体重服从正态分布,平均重量 $\mu = 40$ 公斤(kg),标准差 $\sigma = 4\text{kg}$。

(1)体重低于 46.6kg 的孩子占百分之几? 低于 47.84kg 的? 低于 36kg 的? 高于 37.6kg 的? 高于 32.16kg 的? 高于 44kg 的?

(2)若一个孩子是从这个小组里随机地选出的,那么,他的体重介于 33.4kg 和 46.6kg 的概率是多少? 介于 36kg 和 44kg 之间? 介于 33.4kg 和 47.84kg 之间? 介于 32.16kg 和 46.6kg 之间?

(3)体重大于什么值的孩子占 10%? 小于什么值的孩子占 10%? 大于什么值的孩子占 15%? 小于什么值的孩子占 15%?

(4)找出与 40kg 等距离的两个数值,使得 90%孩子的体重介于这两个数值之间。另找两个值,使 80%孩子的体重介于其间。再找两个值,使 95%孩子的体重介于其间。

解 设 X 是一个男孩的重量。(1)的第一部分要求的是概率

$$\Pr\{X < 46.6\} \qquad (a)$$

将 X 转化为标准正态随机变量，

$$\Pr\left\{\frac{X-\mu}{\sigma} < \frac{46.6-40}{4}\right\} \qquad (b)$$

或

$$\Pr\{Z < 1.65\} = 0.95 \qquad (c)$$

后面这个概率是查阅正态分布表得来的。因此，95％的孩子体重小于 46.6kg。

对(2)的第一部分，我们需要求概率

$$\Pr\{33.4 < X < 46.6\} \qquad (a)$$

将 X 转化为标准正态随机变量，

$$\Pr\left\{\frac{33.4-40}{4} < \frac{X-\mu}{\sigma} < \frac{46.6-40}{4}\right\} \qquad (b)$$

查阅正态分布表，我们得到

$$\Pr\{-1.65 < Z < 1.65\} = 0.90 \qquad (c)$$

因此，被选出的孩子体重介于 33.4kg 和 46.6kg 之间的概率为 0.90。

在(3)中，概率是给定的，需要确定的是相应的重量 x。即

$$\Pr\{X > x\} = 0.10 \qquad (a)$$

将 X 标准化，得

$$\Pr\left\{\frac{X-\mu}{\sigma} > \frac{x-40}{4}\right\} = 0.10$$

或

$$\Pr\left\{Z > \frac{x-40}{4}\right\} = 0.10 \qquad (b)$$

查阅正态分布表，我们得到

$$\Pr\{Z > 1.28\} = 0.10 \qquad (c)$$

比较(b)和(c)，得方程

$$\frac{x-40}{4} = 1.28$$

解出所求值

$$x = 45.1\text{kg}$$

(4)的第一部分也需要由给定的概率来确定 X 的值，即

$$\Pr\{40-c < X < 40+c\} = 0.90 \qquad (a)$$

将 X 转化为标准正态随机变量，给出

$$\Pr\left\{\frac{-c}{4} < \frac{X-\mu}{\sigma} < \frac{c}{4}\right\} = 0.90 \qquad (b)$$

或

$$\Pr\left\{\frac{-c}{4} < Z < \frac{c}{4}\right\} = 0.90$$

由正态分布表,我们有

$$\Pr\{-1.65 < Z < 1.65\} = 0.90 \tag{c}$$

因此,
$$\frac{c}{4} = 1.65$$

或
$$c = 6.6\text{kg}$$

所求的两个重量便是 $40-6.6=33.4$kg 和 $40+6.6=46.6$kg。

上述例子反映了两类问题。第一类问题是由给定的随机变量的值来求概率,第二类问题是由给定的概率来确定随机变量 X 的数值。这两类概括了大部分有关正态分布的问题。求解这些问题包括三个步骤:(a)用概率的术语叙述问题;(b)把随机变量 X 标准化;(c)查标准正态分布表。

1.1 中心极限定理 中心极限定理对统计学理论的发展曾有深远的影响。它也是将统计方法应用于许多科研领域的基础。

定理 1 设 $X_1, \cdots, X_n$ 是随机变量 X 的 n 个独立观察值构成的一个样本,X 有均数 μ,方差 σ^2。设

$$\bar{X} = \frac{X_1 + \cdots + X_n}{n} \tag{3.1.2}$$

为样本均数。对于大样本量 n,标准化随机变量

$$Z = \frac{\bar{X} - \mu}{\sigma / \sqrt{n}} \tag{3.1.3}$$

近似地服从均数为 0、方差为 1 的正态分布。

因为样本均数的标准差(参见第 2 章(2.2.21)式)为

$$\sigma_{\bar{x}} = \sigma / \sqrt{n}$$

(3.1.3)式中的标准化随机变量 Z 可以写为

$$Z = \frac{\bar{X} - \mu}{\sigma_{\bar{x}}} \tag{3.1.4}$$

例 2 一组新兵平均身高 $\mu=170$cm,标准差 $\sigma=20$cm。(1)$n=16$ 个新兵的样本均数超过 175cm 的概率是多少?(2)低于 162.5cm 的概率是多少?(3)介于 165cm 和 177.5cm 之间的概率是多少?

解 (1)设 $\bar{X}$ 是样本均数;其标准差为 $\sigma_{\bar{x}} = \sigma/\sqrt{n} = 20/\sqrt{16} = 5$。我们需要确定概率

$$\Pr\{\bar{X} > 175\}$$

将 $\bar{X}$ 标准化,给出

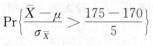

或 $$\Pr\{Z > 1\}$$

由正态分布表我们查出 $\Pr\{Z > 1\} = 0.16$。因此,样本的平均身高超过 175cm 的概率为 0.16。

例3 例 2 中,找出与均数等距离的两个点,使得 $n = 16$ 个新兵的样本均数介于这两个值之间的概率为 (1) 0.95;(2) 0.90;(3) 0.80。

解 (1)设这两个值是 $170-c$ 和 $170+c$,由概率

$$\Pr\{170 - c < \bar{X} < 170 + c\} = 0.95 \qquad \text{(a)}$$

来确定 c,将 $\bar{X}$ 标准化,得

$$\Pr\left\{\frac{-c}{20/\sqrt{16}} < \frac{\bar{X} - \mu}{\sigma/\sqrt{n}} < \frac{c}{20/\sqrt{16}}\right\} = 0.95 \qquad \text{(b)}$$

由正态分布表,我们求得

$$\Pr\{-1.96 < Z < 1.96\} = 0.95 \qquad \text{(c)}$$

比较(b)和(c),给出方程

$$\frac{c}{20/\sqrt{16}} = 1.96 \text{ 或 } c = 9.8$$

因此,所求的两个值是 $170 - 9.8 = 160.2$cm 和 $170 + 9.8 = 179.8$cm。

例4 在上例中,如果样本均数介于 165cm 和 175cm 之间的概率是 0.95,问样本量是多少?这里需要确定的未知数是样本量 n。首先写出

$$\Pr\{165 < \bar{X} < 175\} = 0.95 \qquad \text{(a)}$$

将 $\bar{X}$ 标准化,得到

$$\Pr\left\{\frac{165 - 170}{20/\sqrt{n}} < \frac{\bar{X} - \mu}{\sigma/\sqrt{n}} < \frac{175 - 170}{20/\sqrt{n}}\right\} = 0.95 \qquad \text{(b)}$$

查正态分布表,

$$\Pr\{-1.96 < Z < 1.96\} = 0.95$$

我们得方程

$$\frac{175 - 170}{20/\sqrt{n}} = 1.96$$

从而得 $$n = 62$$

中心极限定理可以应用于任何随机变量的分布。若 X 是取值 0 和 1 的二

值随机变量,那么按照这个定理,对于较大的 n,标准化的样本频率

$$Z = \frac{\hat{p} - p}{\sqrt{pq/n}} \qquad (3.1.5)$$

的分布近似于均数为 0、方差为 1 的正态分布。

例 5 一个人口统计部门的资料中,20% 的死因是慢性心脏病,现从中抽取 $n = 100$ 份死亡证书构成一个样本。求这个样本中 25% 以上的死因是慢性心脏病的概率,即求

$$\Pr\{\hat{p} > 0.25\}$$

将 $\hat{p}$ 标准化,即得

$$\Pr\left\{\frac{\hat{p} - p}{\sqrt{pq/n}} > \frac{0.25 - 0.20}{\sqrt{0.20 \times 0.80/100}}\right\} = \Pr\{Z > 1.25\} = 0.106$$

最后一步是由正态分布表查得的。

中心极限定理也可应用于两个样本均数之差和两个频率之差。将 $(\bar{X}_1 - \bar{X}_2)$ 标准化,有

$$Z = \frac{(\bar{X}_1 - \bar{X}_2) - (\mu_1 - \mu_2)}{\text{S. E.}(\bar{X}_1 - \bar{X}_2)} \qquad (3.1.6)$$

当样本量 n_1 和 n_2 适当大时,Z 的分布近似于均数为 0、方差为 1 的标准正态分布。Z 的分母是 $(\bar{X}_1 - \bar{X}_2)$ 的标准误,若方差 $\sigma_1^2 = \sigma_2^2 = \sigma^2$,则

$$\text{S. E.}(\bar{X}_1 - \bar{X}_2) = \sigma\sqrt{\frac{1}{n_1} + \frac{1}{n_2}} \qquad (3.1.7)$$

将 $(\hat{p}_1 - \hat{p}_2)$ 标准化,有

$$Z = \frac{(\hat{p}_1 - \hat{p}_2) - (p_1 - p_2)}{\text{S. E.}(\hat{p}_1 - \hat{p}_2)} \qquad (3.1.8)$$

当样本量 n_1 和 n_2 充分大时,这个 Z 的分布也近似于均数为 0、方差为 1 的标准正态分布。这时分母是 $(\hat{p}_1 - \hat{p}_2)$ 的标准差,如第 2 章中的 (2.2.24) 式所示,

$$\text{S. E.}(\hat{p}_1 - \hat{p}_2) = \sqrt{\frac{p_1 q_1}{n_1} + \frac{p_2 q_2}{n_2}} \qquad (3.1.9)$$

必须注意,(3.1.3)、(3.1.5)、(3.1.6) 和 (3.1.8) 中的每一个标准化随机变量都是随机变量与均数之差以标准误来表示的。例如,(3.1.8) 式的右端是 $(\hat{p}_1 - \hat{p}_2)$ 与其期望 $(p_1 - p_2)$ 之差以标准误 $\text{S. E.}(\hat{p}_1 - \hat{p}_2)$ 为单位时的值。这些标准化随机变量都是对总体均数或总体概率作统计推断的基本公式。

2. 统计推断——区间估计

作总体均数或总体概率的统计推断包括两类:估计和假设检验。基本理论比较复杂,但应用到我们的问题中却比较简单。

2.1　区间估计——置信区间　我们已在第 2 章中看到,样本均数 $\bar{X}$ 是总体均数 μ 的无偏估计。由于 $\bar{X}$ 只取单个值,这样的估计称单值估计或点估计。显然,一个样本均数极不可能等于总体均数,它因样本的不同而不同。而且,$\bar{X}$ 有变异,其标准误 $S.E.(\bar{X})$ 就是这种变异的度量。如此看来,样本均数就不像初看时那样吸引人了。其他的任何点估计也都这样。为了克服这个困难,人们提出了区间估计的概念。置信区间把点估计和它的标准误结合起来。明确地说,我们围绕 $\bar{X}$ 定出一个区间 $(\bar{X}-c,\bar{X}+c)$,而声称它包含总体均数 μ。因为总体均数是未知的,我们不能完全确信区间 $(\bar{X}-c,\bar{X}+c)$ 一定包含 μ 这一点。但是我们将以一定程度相信区间 $(\bar{X}-c,\bar{X}+c)$ 将包含 μ。当这个区间的长度增加时,令人相信的程度也增加,置信程度和区间长度间的确切联系可以利用中心极限定理来建立。

考虑一个样本,样本量为 n,样本均数 $\bar{X}$ 和样本标准差 S 分别是总体均数 μ 和总体标准差 σ 的点估计。需要基于这个样本资料来找出总体均数的 95% 置信区间。就是说,要找区间 $(\bar{X}-c,\bar{X}+c)$ 使得 $\Pr\{\bar{X}-c<\mu<\bar{X}+c\}=0.95$。由正态分布表,查出两数 -1.96 和 $+1.96$,满足

$$\Pr\{-1.96<Z<1.96\}=0.95 \tag{3.2.1}$$

回想 (3.1.3) 式并利用中心极限定理,我们可以将括号内的不等式写为

$$-1.96<\frac{\bar{X}-\mu}{S/\sqrt{n}}<1.96 \tag{3.2.2}$$

其中,样本标准差

$$S=\sqrt{\frac{1}{n-1}\sum_{i=1}^{n}(X_i-\bar{X})^2}$$

被我们用来代替未知的总体标准差。我们常常这样做,当然,样本标准差不同于总体标准差,略微减弱了置信程度。但另一方面,这也是较好的变通,因为样本标准差是总体标准差的一个无偏估计。将 (3.2.2) 式改写一下便得所求的区间

$$\bar{X} - 1.96S/\sqrt{n} < \mu < \bar{X} + 1.96S/\sqrt{n} \qquad (3.2.3)$$

$\bar{X} - 1.96S/\sqrt{n}$ 和 $\bar{X} + 1.96S/\sqrt{n}$ 分别称为置信下限和置信上限。从下限到上限之间的区间就是所要求的置信区间。95% 称为置信系数,它是我们说"区间 $(\bar{X} - 1.96S/\sqrt{n}, \bar{X} + 1.96S/\sqrt{n})$ 包含 μ"这句话可信程度的度量。

对给定的一个样本,"区间 $(\bar{X} - 1.96S/\sqrt{n}, \bar{X} + 1.96S/\sqrt{n})$ 包含 μ"这句话可能对,也可能错。然而,如果我们取了许许多多样本,样本量都是 n,我们对每个样本都说这样的一句话,那么将有 95% 次,这话是说对了。实际上,我们只是取一个样本,只说一次这样的话,所以,我们有 0.95 的把握来相信这句话是对的。

置信系数通常记为 $1-\alpha$,正态变量的百分位点是 $Z_{\alpha/2}$ 和 $Z_{1-\alpha/2}$。当 $1-\alpha = 0.95$ 时,$Z_{\alpha/2} = -1.96$ 和 $Z_{1-\alpha/2} = 1.96$。当 $1-\alpha = 0.90$ 时,$Z_{\alpha/2} = -1.65$,$Z_{1-\alpha/2} = 1.65$。总体均数的 90% 置信区间为

$$\bar{X} - 1.65S/\sqrt{n} < \mu < \bar{X} + 1.65S/\sqrt{n} \qquad (3.2.4)$$

例6 求军队新兵的总体平均身高 μ 的 95% 置信区间,$n = 400$ 个新兵的样本平均身高为 173cm,样本标准差为 $S = 20$ cm。将观察到的样本值代入 (3.2.3)式,给出下限和上限

$$\bar{X} - 1.96S/\sqrt{n} = 173 - 1.96\frac{20}{\sqrt{400}} = 171\text{cm}$$

和
$$\bar{X} + 1.96S/\sqrt{n} = 173 + 1.96\frac{20}{\sqrt{400}} = 175\text{cm}$$

所以,我们说从 171cm 到 175cm 的区间里包含了总体平均身高 μ,这句话可信的程度是 95%。

上述讨论也能应用于总体概率的区间估计、两个总体均数之差的区间估计和两个总体概率之差的区间估计。

总体概率 p 的 95% 置信区间是

$$\hat{p} - 1.96\sqrt{\frac{\hat{p}\hat{q}}{n}} < p < \hat{p} + 1.96\sqrt{\frac{\hat{p}\hat{q}}{n}} \qquad (3.2.5)$$

而对两个总体均数之差,则有

$$(\bar{X}_1 - \bar{X}_2) - 1.96S_c\sqrt{\frac{1}{n_1} + \frac{1}{n_2}} < \mu_1 - \mu_2 < (\bar{X}_1 - \bar{X}_2) + 1.96S_c\sqrt{\frac{1}{n_1} + \frac{1}{n_2}}$$

$$(3.2.6)$$

其中，
$$S_c = \sqrt{\frac{(n_1-1)S_1^2 + (n_2-1)S_2^2}{n_1 + n_2 - 2}}$$

为样本 1 和样本 2 合并在一起的样本标准差，它是 (3.1.7) 式中 X_1 和 X_2 的公共标准差 σ 的一个估计。最后，两个总体概率之差的 95% 置信区间为

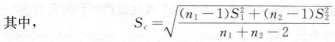

$$(\hat{p}_1 - \hat{p}_2) - 1.96\sqrt{\frac{\hat{p}_1\hat{q}_1}{n_1} + \frac{\hat{p}_2\hat{q}_2}{n_2}} < p_1 - p_2 < (\hat{p}_1 - \hat{p}_2) + 1.96\sqrt{\frac{\hat{p}_1\hat{q}_1}{n_1} + \frac{\hat{p}_2\hat{q}_2}{n_2}}$$

$$(3.2.7)$$

3. 统计推断——假设检验

假设检验用于许多科学研究工作，其目的是证实考虑中的某种理论（或假说）。一位生物化学家可能希望确定一种新的化验对诊断癌症的敏感性；一位人口统计学家可能要比较不同国家中人们的寿命。在死亡分析中，有人可能对一个阶段内生存的趋势感兴趣。统计假设检验就是为了这类目的而设计出来的一种方法。

3.1　检验关于两个概率的假设　假定我们进行一项研究，通过新旧药物 D_1 和 D_2 的比较来估计新药 D_1 在缓解枯草热（花粉热）症状方面的效果。一组 n_1 个病人接受新药 D_1，另一组 n_2 个病人接受旧药 D_2。在这两个组中，显出药效的病人频率分别为 $\hat{p}_1$ 和 $\hat{p}_2$，$\hat{p}_1 > \hat{p}_2$。关于新药的效果我们能说些什么？新药比旧药有所改进吗？这些问题可以用统计假设检验来解答。设 p_1 是服用新药的患者感觉有效的概率，p_2 是服用旧药的患者感觉有效的概率。要检验的假设，或称原假设，是两种药物效果相当，即 $H_0 : p_1 = p_2$；其备择假设是新药比旧药好，即 $H_1 : p_1 > p_2$。

为了利用样本信息来检验假设，我们将样本频率的差 $\hat{p}_1 - \hat{p}_2$ 和它的期望 $E(\hat{p}_1 - \hat{p}_2) = p_1 - p_2$ 作比较。若假设 $H_0 : p_1 = p_2$（或 $p_1 - p_2 = 0$）是对的，则样本差 $\hat{p}_1 - \hat{p}_2$ 就不会比零大许多。如果 $\hat{p}_1 - \hat{p}_2$ 居然显著地大于 0，假设 H_0 就很可能是错的，必须拒绝。$\hat{p}_1 - \hat{p}_2$ 的统计学意义可检验如下：先以标准误为单位来表示偏差 $(\hat{p}_1 - \hat{p}_2) - 0$，

$$\frac{(\hat{p}_1 - \hat{p}_2) - 0}{S.E.(\hat{p}_1 - \hat{p}_2)} \tag{3.3.1}$$

计算概率

$$\Pr\left\{ Z > \frac{(\hat{p}_1 - \hat{p}_2) - 0}{S.E.(\hat{p}_1 - \hat{p}_2)} \right\} \tag{3.3.2}$$

这是在 H_0 为真的情况下,两个样本频率之差将等于或超过观察到的差值 $\hat{p}_1 - \hat{p}_2$ 的概率。如果这个概率很小,即

$$\Pr\left\{Z > \frac{(\hat{p}_1 - \hat{p}_2) - 0}{\text{S. E.} (\hat{p}_1 - \hat{p}_2)}\right\} \leqslant 0.05 \tag{3.3.3}$$

那么,观察到的差值 $\hat{p}_1 - \hat{p}_2$ 就有统计学意义,从而拒绝 H_0。

在差值 $\hat{p}_1 - \hat{p}_2$ 和标准误已知的实际问题中,可以先计算(3.3.2)式中的概率,从而采取适当的行动:拒绝或接受 H_0。(3.3.2)中的概率常常被称为"P值",所以,若"P 值"小,例如小于 0.05,就拒绝 H_0。对典型的概率值,诸如 0.05,我们称之为检验水准(size of test),下面还将讨论。

(3.3.1)式中的标准差在计算的时候与(3.1.9)式、(3.2.7)式略有不同,需做一些解释。在假设 $H_0: p_1 = p_2 = p$ 成立时,这个公共的 p 可以用两个样本的信息合并在一起来估计。在 $(n_1 + n_2)$ 个患者合并成的一个大组之中,显出药效的总共有 $n_1\hat{p}_1 + n_2\hat{p}_2$ 个人,相应的样本频率就是

$$\hat{p} = \frac{n_1\hat{p}_1 + n_2\hat{p}_2}{n_1 + n_2} \tag{3.3.4}$$

将这个 $\hat{p}$ 作为 $\hat{p}_1$ 和 $\hat{p}_2$ 共同的估计值,差的标准误就估计为

$$\text{S. E.} (\hat{p}_1 - \hat{p}_2) = \sqrt{\frac{\hat{p}\hat{q}}{n_1} + \frac{\hat{p}\hat{q}}{n_2}} = \sqrt{\hat{p}\hat{q}\left(\frac{1}{n_1} + \frac{1}{n_2}\right)} \tag{3.3.5}$$

人们情愿用这个公式,因为(3.3.4)式中 $\hat{p}$ 的估计建立在一个大样本(即 $n_1 + n_2$)之上,其变异较小。

假定在枯草热的例子中,$n_1 = 200$,$n_2 = 200$,$\hat{p}_1 = 0.85$ 和 $\hat{p}_2 = 0.75$。我们求得

$$\hat{p}_1 - \hat{p}_2 = 0.85 - 0.75 = 0.10$$

$$\hat{p} = \frac{200 \times 0.85 + 200 \times 0.75}{200 + 200} = 0.80$$

而标准误为

$$\text{S. E.} (\hat{p}_1 - \hat{p}_2) = \sqrt{0.80 \times 0.20\left(\frac{1}{200} + \frac{1}{200}\right)} = 0.04$$

将这些值代入(3.3.2)式,得概率

$$\Pr\left\{Z > \frac{0.10}{0.04}\right\}$$

或

$$\Pr\{Z > 2.5\} = 0.006$$

因为这个概率 0.006 远小于 0.05 或 0.01,我们就拒绝假设 $H_0: p_1 = p_2$,而接受备择假设 $H_1: p_1 > p_2$,结论是:新药比旧药有效。

注记 1　(3.3.1)式中的检验统计量(test statatistic)称为 Z-得分（Z-score）。　检验统计量的值可以直接用于假设检验。因为

$$\Pr\{Z > 1.65\} = 0.05$$

公式(3.3.3)等价于

$$\frac{\hat{p}_1 - \hat{p}_2}{\text{S.E.} (\hat{p}_1 - \hat{p}_2)} > 1.65$$

因此,如果(3.3.1)式中的检验统计量超过 1.65,就拒绝 H_0。这样一来,在检验一个统计假设时,我们既可以根据(3.3.2)式中的概率值,也可以根据(3.3.1)式中统计量的值,来决定是否拒绝原假设 H_0,结果是一样的。

注记 2　检验水准和统计量的临界值。　人们借以和(3.3.2)式中的概率作比较的典型值,诸如 0.05 等,称为检验水准,记为 α。这个检验水准是原假设 H_0 实际为真而遭到拒绝的概率,或说"第一类"错误的概率。拒绝一个实际为真的假设(犯第一类错误)的后果越严重,相应的概率 α 就应当越小。通常采用 $\alpha = 0.05, 0.01, 0.001$。(3.3.1)中的统计量是检验一个统计假设的基本工具,根据统计量的值也可决定我们的行动。统计量的临界值和检验水准之间的关系已见于(3.3.3)式。对每一个检验水准,存在着统计量的一个对应值,称为临界值。例如,对检验水准 $\alpha = 0.05, 0.01$ 和 0.001,临界值分别为 $Z_{1-\alpha} = 1.65, 2.33$ 和 3.09。

注记 3　拒绝假设和检验水准。　实践中常有这样的情形,在某个检验水准可以拒绝原假设 H_0,而在另一个水准却不能拒绝。例如,若统计量的值为 1.75(或(3.3.3)式中的概率为 0.04),在 5％检验水准上可拒绝 H_0,但在 1％水准上却不能拒绝。因此,只有给定检验水准或(3.3.2)式中的概率,才能谈得上是否拒绝一个原假设。诸如"在 5％检验水准上拒绝 H_0",这样的说法才是有意义的。

注记 4　单侧检验和双侧检验。　在上面的例 3 中要检验假设 $H_0: p_1 = p_2$,而备择假设 $H_1: p_1 > p_2$。若差 $\hat{p}_1 - \hat{p}_2$ 太大或概率

$$\Pr\left\{Z > \frac{\hat{p}_1 - \hat{p}_2}{\text{S.E.} (\hat{p}_1 - \hat{p}_2)}\right\} \tag{3.3.2}$$

太小,就拒绝 H_0。因为我们只用一侧(上侧)正态曲线来决定我们的行动,所以这个检验称为单侧检验。备择假设 $H_1: p_1 > p_2$ 称为单侧备择假设。

当备择假设是 $H_2: p_1 < p_2$ 时，若 $\hat{p}_1 - \hat{p}_2$ 太小或概率

$$\Pr\left\{ Z < \frac{\hat{p}_1 - \hat{p}_2}{S.E.(\hat{p}_1 - \hat{p}_2)} \right\} \tag{3.3.6}$$

太小，就拒绝 H_0。因为这里利用了正态曲线的下侧，所以，备择假设 H_2 也是单侧的，这个检验也是单侧的。

如果与原假设 $H_0: p_1 = p_2$ 相对立的假设是 $H_3: p_1 \neq p_2$，如果 $\hat{p}_1 - \hat{p}_2$ 太大或太小，就拒绝 H_0，或者，如果概率

$$\Pr\left\{ Z < \frac{\hat{p}_1 - \hat{p}_2}{S.E.(\hat{p}_1 - \hat{p}_2)} \text{ 或 } Z > \frac{\hat{p}_1 - \hat{p}_2}{S.E.(\hat{p}_1 - \hat{p}_2)} \right\} \tag{3.3.7}$$

太小，也拒绝 H_0。这里的检验是双侧检验，统计量有两个临界值。例如，对检验水准 $\alpha = 0.05$，统计量的临界值为 -1.96 和 $+1.96$。

在实践中，选择对立假设 $H_1: p_1 > p_2$、$H_2: p_1 < p_2$ 或 $H_3: p_1 \neq p_2$ 取决于问题本身的性质。通常的做法是把人们希望证实的结论包括在备择假设中。如果有证据表明 p_1 不会小于 p_2，而希望证实在解除枯草热症状方面新药比旧药好，那么备择假设才可以是 $H_1: p_1 > p_2$。

小结 上述假设检验的方法小结于下：

(1)假设的类型：关于两个概率的假设检验。

(2)欲检验的假设(或原假设)是 $H_0: p_1 = p_2$。

(3)备择假设是 $H_1: p_1 > p_2$。

(4)检验统计量：

$$Z = \frac{(\hat{p}_1 - \hat{p}_2) - 0}{S.E.(\hat{p}_1 - \hat{p}_2)}$$

(5)决策的规则：若统计量的数值太大，例如大于 $Z_{1-\alpha} = 1.65$，拒绝 H_0。或者，若(3.3.2)式中的概率太小，例如小于 $\alpha = 0.05$，拒绝 H_0。

3.2 单个均数和总体均数的假设检验——概要 在上节中我们给出了假设检验的基本思想。只要简单地改变一下检验统计量，它们就可以用来检验关于单个概率、单个总体均数或两个总体均数等的假设。例如，在单个总体均数 μ 的假设检验中，原假设指定 μ 的数值，$H_0: \mu = \mu_0$，相应的检验统计量是

$$Z = \frac{\bar{X} - \mu_0}{S.E.(\bar{X})} \tag{3.3.8}$$

其他步骤完全和上一段相同。为了避免重复而又便利读者，表 3.1 给出了检验水准 $\alpha = 0.05, 0.01, 0.001$ 时 Z 的各种临界值，表 3.2 给出了四种假设检验

的小结。

表 3.1　检验水准和临界值

检验水准	Z 的临界值			
α	$Z_{\alpha/2}$	Z_{α}	$Z_{1-\alpha}$	$Z_{1-\alpha/2}$
0.05	-1.96	-1.65	1.65	1.96
0.01	-2.58	-2.33	2.38	2.58
0.001	-3.30	-3.09	3.00	3.30

表 3.2　小结：假设检验

假设的类型	被检验的假设（原假设）	对立假设	检验统计量	决策规则：拒绝 H_0，若检验统计量的数值满足：
（Ⅰ）关于单个总体均数	$H_0: \mu = \mu_0$	$H_1: \mu > \mu_0$ $H_1: \mu < \mu_0$ $H_1: \mu \neq \mu_0$	$Z = \dfrac{\bar{X} - \mu}{S/\sqrt{n}}$	$Z > Z_{1-\alpha}$ $Z < Z_{\alpha}$ $Z > Z_{1-\alpha/2}$ 或 $Z < Z_{\alpha/2}$
（Ⅱ）关于两个总体均数	$H_0: \mu_1 = \mu_2$	$H_1: \mu_1 > \mu_2$	$Z = \dfrac{(\bar{X}_1 - \bar{X}_2) - 0}{S_c\sqrt{\dfrac{1}{n_1} + \dfrac{1}{n_2}}}$	$Z > Z_{1-\alpha}$
	其中 S_c 是两样本合并在一起估计的样本标准差			
（Ⅲ）关于单个总体概率	$H_0: p = p_0$	$H_1: p > p_0$	$Z = \dfrac{\hat{p} - p_0}{\sqrt{p_0 q_0/n}}$	$Z > Z_{1-\alpha}$
（Ⅳ）关于两个总体概率	$H_0: p_1 = p_2$	$H_1: p_1 > p_2$	$Z = \dfrac{(\hat{p}_1 - \hat{p}_2) - 0}{\sqrt{\hat{p}\hat{q}\left(\dfrac{1}{n_1} + \dfrac{1}{n_2}\right)}}$	$Z > Z_{1-\alpha}$
	其中 $\hat{p}$ 是两样本合并在一起估计的样本比例			

4. χ^2 检验

χ^2 检验是最常用的统计检验之一。一般说，用以检验有关随机变量分布的假设，而不是检验分布的参数（μ 或 σ）。可以考虑的假设有：

（a）离散变量的分布——一个家庭里患麻疹的孩子数服从二项分布；

（b）连续变量的分布——军队里新兵的身高服从正态分布；

（c）两个或多个随机变量互相独立——血型的分布独立于民族血统。

资料总是频数分布的形式。被检验的假设提示了期望频数的计算。检验统计量的基础是期望频数和相应的观察频数的比较。下面我们将以两个变量独立性假设的检验来阐明 χ^2 检验的内容。

两个分类变量 X 和 Y 的联合频数分布常列成一个如表 3.3 所示的双向列联表，其中 n_{ij} 是频数。每一个期望频数是相应边缘和的乘积被总样本量 N 除。例如，期望频数 E_{12} 由下式计算：

$$E_{12} = \frac{m_1 n_2}{N}$$

一般地，

$$E_{ij} = \frac{m_i n_j}{N}, \qquad i = 1, \cdots, r; \ j = 1, \cdots, c \qquad (3.4.1)$$

这里 r（"行"）是 X 的类别数，c（"列"）是 Y 的类别数。检验统计量是

$$\chi^2 = \frac{(n_{11} - E_{11})^2}{E_{11}} + \cdots + \frac{(n_{rc} - E_{rc})^2}{E_{rc}} \qquad (3.4.2)$$

若关于独立的假设为真，这个统计量将服从自由度 $(r-1)(c-1)$ 的 χ^2 分布。χ^2 的大小主要取决于差 $(n_{ij} - E_{ij})$。如果 χ^2 值太大，就拒绝假设。

表 3.3　变量 X 和 Y 的联合频数分布

变量 X 的类别	变量 Y 的类别				边缘行和
	1	2	$\cdots$	c	
1	$n_{11}(E_{11})$	$n_{12}(E_{12})$	$\cdots$	$n_{1c}(E_{1c})$	m_1
2	$n_{21}(E_{21})$	$n_{22}(E_{22})$	$\cdots$	$n_{2c}(E_{2c})$	m_2
$\vdots$	$\vdots$	$\vdots$		$\vdots$	$\vdots$
r	$n_{r1}(E_{r1})$	$n_{r2}(E_{r2})$	$\cdots$	$n_{rc}(E_{rc})$	m_r
边缘列和	n_1	n_2	$\cdots$	n_c	N

例 7　现已知道，人类的血型分布因民族血统而异。例如，较之欧洲人，中国人 B 型血较普遍，美国人 A 型血明显地多。在 P. L. Carpenter 的著作《病毒学和血清学》一书中详细讨论了这个问题，表 3.4 的资料取自这本书。原假设是血型的分布独立于民族血统。在这个假设之下，任一个国家内人们的血型（O，A，B，AB）的比例都是

$$\left(\frac{940}{2500}, \frac{910}{2500}, \frac{490}{2500}, \frac{160}{2500} \right)$$

将这个比例应用到每一个国家去,给出对应的期望频数,就是表中写在括号里的数字。例如,在 1000 个美国人中,有 O 型血的期望人数就是

$$1000\left(\frac{940}{2500}\right)=376$$

χ^2 值为

$$\chi^2=\frac{(450-376)^2}{376}+\cdots+\frac{(20-32)^2}{32}=333$$

这里,χ^2 有 $(3-1)\times(4-1)=6$ 个自由度。在 $\alpha=0.01$ 的检验水准上,临界值是 $\chi^2_{0.99}=16.81$。观察到的 χ^2 值是具有统计学意义的。因此,这三个国家的血型分布是不同的。随便看一下这个表格就会证实这样的印象,即 B 型血在中国人中间较普遍,A 型血在美国人和挪威人中间较普遍,而 O 型血在美国人中间较之在中国人和挪威人中间都普遍。

表 3.4　在三个人口总体——美国人、中国人和挪威人中血型的分布

血型	美国人	中国人	挪威人	边缘行和
O	450(376)	300(376)	190(188)	940
A	410(364)	250(364)	250(182)	910
B	100(196)	350(196)	40(98)	490
AB	40(64)	100(64)	20(32)	160
边缘列和	1000	1000	500	2500

双向列联表的一个重要的特殊情形是两个变量都是二值变量的情形,$r=2$ 和 $c=2$。结果是一个 2×2 表,或四格表。四格表资料的 χ^2 检验可用来研究一种前提因素(吸烟)对某种病情(肺癌)的影响,也可用来分析对比研究中处理的效应等等。表 3.5 是一个典型的四格表。χ^2 的公式常可写为

$$\chi^2=\frac{(n_{11}n_{22}-n_{12}n_{21})^2N}{m_1m_2n_1n_2} \tag{3.4.3}$$

它和 $r=2,c=2$ 时的(3.4.2)式等价。

表 3.5　四格表

X 的类别	Y 的类别		行和
	1	2	
1	n_{11}	n_{12}	m_1
2	n_{21}	n_{22}	m_2
列和	n_1	n_2	N

注记 5 χ^2 检验和正态检验的关系。 当 X 和 Y 是二值变量时,把 $X=1$ 和 $X=2$ 看作两个总体,变量 Y 独立于变量 X 的假设等价于在这两个总体中 $Y=1$ 的概率 p_1 和 p_2 相等的假设,即 $H_0: p_1 = p_2$。p_1 和 p_2 的估计值是

$$\hat{p}_1 = \frac{n_{11}}{n_1} \quad \text{和} \quad \hat{p}_2 = \frac{n_{12}}{n_2} \tag{3.4.4}$$

在假设 $H_0: p_1 = p_2 = p$ 之下,p 的估计是

$$\hat{p} = \frac{m_1}{N} \tag{3.4.5}$$

检验统计量已见于(3.3.1)和(3.3.5)式,即

$$Z = \frac{(\hat{p}_1 - \hat{p}_2) - 0}{\sqrt{\hat{p}\hat{q}\left(\frac{1}{n_1} + \frac{1}{n_2}\right)}} \tag{3.4.6}$$

显然,(3.4.3)式中的 χ^2 统计量和(3.4.6)式中的 Z 统计量之间存在一个确定的关系。这就是

$$Z^2 = \chi^2 \tag{3.4.7}$$

标准正态随机变量的平方服从自由度为 1 的 χ^2 分布。

下面的例子从数值上说明了这两个检验的等价性。

例 8 在 3.1 节中我们曾讨论了比较两种药物 D_1 和 D_2 的一个例子。那时的原假设是两种药物等效,或 $H_0: p_1 = p_2$。在观察值 $\hat{p}_1 = 0.85$,$\hat{p}_2 = 0.75$,S. E. $(\hat{p}_1 - \hat{p}_2) = 0.04$ 的基础上,检验统计量为

$$Z = \frac{(\hat{p}_1 - \hat{p}_2) - 0}{\text{S. E.} (\hat{p}_1 - \hat{p}_2)} = \frac{0.10}{0.04} = 2.5$$

越过了临界值 $Z = 1.96$。这两个药物是不等效的。

现在我们利用 χ^2 检验来研究这个问题。资料写成下面的四格表形式。要检验的原假设是病人的反应独立于药物的类别,备择假设是反应因药物而不同。利用(3.4.3)式我们求得

表 3.6 药物 D_1 和 D_2 的反应

反应	药物		行和
	D_1	D_2	
有效	170(160)	150(160)	320
无效	30(40)	50(40)	80
列和	200	200	400

$$\chi^2 = \frac{(170 \times 50 - 150 \times 30)^2 400}{320 \times 80 \times 200 \times 200} = 6.25$$

6.25 是 2.5 的平方,遵从(3.4.7)式中的关系。因为 6.25 超过了临界值 $\chi^2_{0.95}$ =3.84,原假设被拒绝。两种药物不等效。

注记 6 χ^2 检验和单侧备择假设。 一般说, χ^2 检验用于检验独立性。备择假设是两个变量不独立,或 $p_1 \neq p_2$,这是一个双侧备择假设。χ^2 值和临界值 $\chi^2_{1-\alpha}$ 比较。例如,在 α =0.05 的检验水准上,临界值是 $\chi^2_{0.95}$ =3.84,这里 3.84 =$(\pm 1.96)^2$,而 -1.96 和 $+1.96$ 是适用于双侧备择假设 $H_1: p_1 \neq p_2$ 的 Z 的临界值。如果备择假设是一个单侧备择假设 $H_2: p_1 > p_2$,那么算得的 χ^2 值必须与临界值 $\chi^2_{1-2\alpha}$ 进行比较,对于 α =0.05,临界值是 $\chi^2_{0.90}$ =2.71。这里, 2.71 =$(1.65)^2$,而 1.65 是适用于单侧备择假设 $H_2: p_1 > p_2$ 的 Z 的临界值。虽然 χ^2 值仅仅揭示了检验的统计学意义,而并不揭示统计学意义的方向,但是从数据中容易看出是 $\hat{p}_1 > \hat{p}_2$ 还是 $\hat{p}_1 < \hat{p}_2$。实际上,当人们希望证实 $p_1 > p_2$ 时,观测值 $\hat{p}_2$ 决不会反而高于 $\hat{p}_1$。

例 9 先天异常性和婴儿的性别。这个例子曾在第 1 章第 3 节讨论过,我们曾计算过两个先天异常性的条件概率:

$$\Pr\{一个男孩是异常的\} = \Pr\{A \mid B\} = \frac{n(AB)}{n(B)} = \frac{70}{400} = 0.175$$

$$\Pr\{一个女孩是异常的\} = \Pr\{A \mid \bar{B}\} = \frac{n(A\bar{B})}{n(B)} = \frac{50}{400} = 0.125$$

表 3.7 800 名婴儿关于性别和先天性异常的分布 (假设的资料)

先天异常性	性别		边缘 行和
	男 B	女 $\bar{B}$	
异常 A	70 $n(AB)$	50 $n(A\bar{B})$	120 $n(A)$
正常 $\bar{A}$	330 $n(\bar{A}B)$	350 $n(\bar{A}\bar{B})$	680 $n(\bar{A})$
边缘 列和	400 $n(B)$	400 $n(\bar{B})$	800 n

这两个概率的差别可能由于偶然性。现在我们借助 χ^2 检验来判断差别的

统计学意义。欲检验的原假设是先天异常性独立于孩子的性别。备择假设是先天异常性与孩子的性别有关。

$$\chi^2 = \frac{(70 \times 350 - 330 \times 50)^2 800}{400 \times 400 \times 120 \times 680} = 3.92$$

大于临界值 $\chi^2_{0.95}$。因此,这两个概率的差别并不是由于偶然性。先天异常性与孩子的性别有关。

后记 第 2 章和本章的内容是统计学基本概念的简述,是为便利读者阅读本书而编写的。我们略去了统计学理论的细节,因为死亡率和寿命表的研究常常建立在大样本基础上,对于标准化样本均数或样本频率来说,正态分布是很好的近似。读者如果对统计学原理和方法的详细讨论感兴趣,可参阅统计学方面的教科书。

注意:在利用表 3.8 标准正态分布表时,读者需参考图 3.3。

表 3.8　标准累积正态分布

面积	Z	面积	Z	面积	Z	面积	Z
0.0006	−3.25	0.1587	−1.00	0.8531	1.05	0.00001	−4.265
0.0007	−3.20	0.1711	−0.95	0.8643	1.10	0.0001	−3.719
0.0008	−3.15	0.1841	−0.90	0.8749	1.15	0.001	−3.090
0.0010	−3.10	0.1977	−0.85	0.8849	1.20	0.005	−2.576
0.0011	−3.05	0.2119	−0.80	0.8944	1.25	0.01	−2.326
0.0013	−3.00	0.2266	−0.75	0.9032	1.30	0.02	−2.054
0.0016	−2.95	0.2420	−0.70	0.9115	1.35	0.025	−1.960
0.0019	−2.90	0.2578	−0.65	0.9192	1.40	0.03	−1.881
0.0022	−2.85	0.2743	−0.60	0.9265	1.45	0.04	−1.751
0.0026	−2.80	0.2912	−0.55	0.9332	1.50	0.05	−1.645
0.0030	−2.75	0.3085	−0.50	0.9394	1.55	0.06	−1.555
0.0035	−2.70	0.3264	−0.45	0.9452	1.60	0.07	−1.476
0.0040	−2.65	0.3446	−0.40	0.9505	1.65	0.08	−1.405
0.0047	−2.60	0.3632	−0.35	0.9554	1.70	0.09	−1.341
0.0054	−2.55	0.3821	−0.30	0.9559	1.75	0.10	−1.282
0.0062	−2.50	0.4013	−0.25	0.9641	1.80	0.15	−1.036
0.0071	−2.45	0.4207	−0.20	0.9678	1.85	0.20	−0.842
0.0082	−2.40	0.4404	−0.15	0.9713	1.90	0.25	−0.674
0.0094	−2.35	0.4602	−0.10	0.9744	1.95	0.30	−0.524

续表

面积	Z	面积	Z	面积	Z	面积	Z
0.0107	-2.30	0.4801	-0.05	0.9772	2.00	0.35	-0.385
0.0122	-2.25			0.9798	2.05	0.40	-0.253
0.0139	-2.20			0.9821	2.10	0.45	-0.126
0.0158	-2.15	0.5000	0.00	0.9842	2.15	0.50	0.000
0.0179	-2.10			0.9861	2.20	0.55	0.126
0.0202	-2.05			0.9878	2.25	0.60	0.253
0.0228	-2.00	0.5199	0.05	0.9893	2.30	0.65	0.385
0.0256	-1.95	0.5398	0.10	0.9906	2.35	0.70	0.524
0.0287	-1.90	0.5596	0.15	0.9918	2.40	0.75	0.674
0.0322	-1.85	0.5793	0.20	0.9929	2.45	0.80	0.842
0.0359	-1.80	0.5987	0.25	0.9988	2.50	0.85	1.036
0.0401	-1.75	0.6179	0.30	0.9946	2.55	0.90	1.282
0.0406	-1.70	0.6368	0.35	0.9958	2.60	0.91	1.341
0.0435	-1.65	0.6554	0.40	0.9960	2.65	0.92	1.405
0.0548	-1.60	0.6736	0.45	0.9965	2.70	0.93	1.476
0.0606	-1.55	0.6915	0.50	0.9970	2.75	0.94	1.555
0.0608	-1.50	0.7088	0.55	0.9974	2.80	0.95	1.645
0.0735	-1.45	0.7257	0.60	0.9978	2.85	0.96	1.751
0.0808	-1.40	0.7422	0.65	0.9981	2.90	0.97	1.881
0.0885	-1.35	0.7580	0.70	0.9984	2.95	0.975	1.960
0.0968	-1.30	0.7734	0.75	0.9987	3.00	0.98	2.054
0.1056	-1.25	0.7881	0.80	0.9989	3.05	0.99	2.326
0.1151	-1.20	0.8023	0.85	0.9990	3.10	0.995	2.576
0.1251	-1.15	0.8159	0.90	0.9992	3.15	0.999	3.090
0.1357	-1.10	0.8289	0.95	0.9993	3.20	0.9999	3.719
0.1469	-1.05	0.8413	1.00	0.9994	3.25	0.99999	4.265

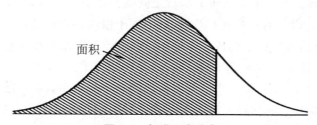

图 3.3　标准正态分布

5. 习题

1. 利用期望和方差的法则证明标准化随机变量

$$Z = \frac{X - \mu}{\sigma} \tag{3.1.1}$$

均数为 0 和方差为 1；X 必须是一个正态随机变量吗？

2. 假定一组男孩的体重服从正态分布，平均体重 $\mu = 40\mathrm{kg}$ 和标准差 $\sigma = 4\mathrm{kg}$。有百分之几的孩子体重小于 47.84kg？小于 36kg？大于 37.6kg？大于 32.16kg？大于 44kg？

3.（续）从第 2 题的这组男孩里随机地选出一个，其体重介于 36kg 和 44kg 之间的概率是多少？介于 33.4kg 和 47.84kg？介于 32.16kg 和 46.4kg？

4.（续）试求一个体重值，使得恰有 10% 的男孩体重小于这个值；使得恰有 15% 的男孩体重大于这个值；使得恰有 15% 的男孩体重小于这个值。

5.（续）求与 40kg 等距离的两个值，使得 80% 男孩的体重介于这两个值之间；使得 95% 的男孩体重介于这两个值之间。

6. 一组新兵，平均身高 $\mu = 170\mathrm{cm}$，标准差 $\sigma = 20\mathrm{cm}$。若 $n = 16$，由 n 个新兵构成的样本，平均身高低于 162.5cm 的概率是多少？若 $n = 4$？

7.（续）求 n 个新兵构成的样本平均身高超过 162.5cm 的概率。若 $n = 4$？若 $n = 16$？若 $n = 36$？若 $n = 64$？

8.（续）求 n 个新兵构成的样本平均身高介于 165 和 177.5cm 之间的概率。若 $n = 4$？若 $n = 16$？若 $n = 36$？若 $n = 64$？

9.（续）求与 $\mu = 170\mathrm{cm}$ 等距离的两个值，使得由 n 个新兵构成的样本平均身高介于这两个值之间的概率为 0.95。若 $n = 4$？若 $n = 36$？若 $n = 64$？

10.（续）第 9 题中的概率改为 0.90；改为 0.80。

11.（续）第 6 题的条件下，若样本均数介于 165 和 175cm 之间的概率为 0.90，样本量多大？介于 162 和 178cm 之间呢？介于 160 和 180 cm 之间呢？

12. 某统计部门有一批死亡资料，其中死于慢性心脏病者占 $p = 20\%$。今天从中取出 n 份死亡证书构成一个样本。求该样本中死于慢性心脏病者多于 25% 的概率。若 $n = 100$？若 $n = 144$？若 $n = 225$？若 $n = 400$？

13.（续）求 $n = 100$ 份死亡证明书构成的一个样本中，死于慢性心脏病者少于 15% 的概率。介于 15% 和 25% 之间？$n = 144$？$n = 225$？$n = 400$？

14.（续）上题中，若已知介于 15% 和 25% 之间的概率为 0.95，n 是多少？

介于 18% 和 22% 之间呢? 介于 15% 和 22% 之间呢?

15. 求一群学生平均体重的 90% 置信区间和 95% 置信区间。已知 $n=100$ 个孩子的样本均数为 $\bar{X}=38\mathrm{kg}$，样本标准差为 $S=4\mathrm{kg}$。

16. (续) 若总体标准差为 $\sigma=4\mathrm{kg}$，样本量多大才能使总体均数 95% 置信区间的长度至多是 2kg? 90% 置信区间呢?

17. χ^2 检验一节的注记 5 指出，标准正态随机变量 Z (均数为 0，方差为 1) 和自由度为 1 的 χ^2 有 (3.4.7) 式的关系: $\chi^2=Z^2$。在对表 3.5 的观察资料作关于 $p_1=p_2$ 的假设检验时，我们有

$$\chi^2 = \frac{(n_{11}n_{22}-n_{12}n_{21})^2 N}{m_1 m_2 n_1 n_2} \tag{3.4.3}$$

和

$$Z = \frac{(\hat{p}_1 - \hat{p}_2) - 0}{\sqrt{\hat{p}\hat{q}\left(\dfrac{1}{n_1}+\dfrac{1}{n_2}\right)}} \tag{3.4.6}$$

其中 $\hat{p}_1$，$\hat{p}_2$ 和 $\hat{p}(\hat{q}=1-\hat{p})$ 分别由 (3.4.4) 和 (3.4.5) 式给出。用代数方法说明 (3.4.6) 和 (3.4.3) 式的确满足 (3.4.7) 式。

18. n 个独立观察值 $X_1, \cdots, X_n$ 的样本方差一般由下式计算:

$$S^2 = \frac{1}{n-1}\sum_{i=1}^{n}(X_i-\bar{X})^2 \tag{A}$$

另一方面，它也可表示为

$$S^2 = \frac{1}{2n(n-1)}\sum_i\sum_j(X_i-X_j)^2 \tag{B}$$

证明这两个表达式是等价的。

第4章 年龄别死亡率和死亡的其他测度

1. 引言

年龄别死亡概率和年龄别死亡率是关于总体中个体死亡危险性的两个不同的测度。一个年龄区间的死亡概率的估计值为该区间里的死亡人数被该区间开始时活着的人数除。然而，年龄别死亡率却有好几种定义；有的并没有反映死亡率的真正含义。关于死亡率定义的评述可以参阅 Linder 和 Grove (1959)。我们将在第 2 节中给出年龄别死亡率的精确公式以及它和死亡概率间的关系。

在编制寿命表时，年龄别死亡概率是一个基本的量。在一个总体的死亡模式的研究中，在确定死亡的趋势中，在比较不同人口总体的生存经历中，在计算保险费以及许多其他的情形中，年龄别死亡概率都是一个基本的测度。死亡概率的定义是简单明了的；有关的统计推断如第 3 章所述。年龄别死亡概率具备了一个最佳测度的所有素质。然而，年龄别死亡率的分析意义却没有被充分认识。有人认为它是一个定义得不好的统计量，也有人把它误解为概率的别名。这些错误认识需要纠正。年龄别死亡率是关于死亡的另一个重要测度，有其本身的存在价值，但不能代替概率。下面是正式的定义。

2. 年龄别死亡率

一个年龄区间 (x_i, x_{i+1}) 的死亡率定义为

$$M_i = \frac{\text{在年龄区间} (x_i, x_{i+1}) \text{内死亡的人数}}{x_i \text{ 时活着的人在} (x_i, x_{i+1}) \text{内活过的总年数}} \tag{4.2.1}$$

设有 l_i 个人在 x_i 岁时活着，d_i 个人在 x_i 和 x_{i+1} 之间死去，死亡率 M_i 的定义式(4.2.1)可以表示为

$$M_i = \frac{d_i}{n_i(l_i - d_i) + a_i n_i d_i} \tag{4.2.2}$$

其中，$n_i = x_{i+1} - x_i$ 是区间 (x_i, x_{i+1}) 的长度，$n_i(l_i - d_i)$ 是 $(l_i - d_i)$ 个存活

56

者在区间 (x_i, x_{i+1}) 内生存的总年数,而 $a_i n_i d_i$ 是 d_i 个死亡者在区间 (x_i, x_{i+1}) 内生存的总年数,a_i 是介于 0 和 1 之间的常数[①]。死亡率的单位是人/人·年。

死亡率 M_i 可以用图形说明如下:

图 4.1 中的曲线是生存曲线,表示从 0 岁开始,每个年龄活着的人数。在 x_i 和 x_{i+1} 处,两条垂线的高度分别是在这两个年龄活着的人数。它们的差(l_i $- l_{i+1}$)$= d_i$ 是死于这个区间(x_i, x_{i+1})之内的人数。曲线下介于这两条垂线之间的阴影是 l_i 个人在区间(x_i, x_{i+1})内生活过的总年数。画单影线的矩形面积表示 $l_{i+1} = l_i - d_i$ 个生存者生活过的总年数,即(4.2.2)式分母中的第一项,画双影线的那块面积表示死于区间(x_i, x_{i+1})内的那些人生活过的总年数,即(4.2.2)式分母中的第二项。这张图表明,死亡率 M_i 是线段 d_i 被阴影面积除[②]。

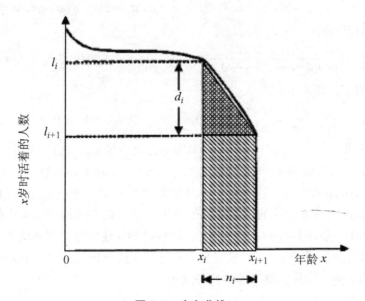

图 4.1 生存曲线

---

① a_i 是在最终生存的区间(x_i, x_{i+1})里生存的时间与区间长度之比,称为终寿区间成数。附录 I 中的表格给出了不同国家的 a_i 值。

② 阴影面积可以表示为定积分,所以死亡率 M_i 也可由下式给出:$M_i = \dfrac{d_i}{\int_{x_i}^{x_{i+1}} l_x dx}$。

在区间 (x_i, x_{i+1}) 内死亡概率的估计公式是

$$\hat{q}_i = \frac{d_i}{l_i} \tag{4.2.3}$$

按照第 1 章中概率的概念，l_i 是在区间 (x_i, x_{i+1}) 内面临死亡危险的人数，而 d_i 是死亡的人数。显然，分子 d_i 是分母的一部分，而 $\hat{q}_i$ 和一切概率一样是一个无量纲的数。虽然 (4.2.2) 和 (4.2.3) 两个公式不相同，但死亡率和死亡概率的估计之间有一定的关系。由 (4.2.2) 和 (4.2.3)，我们得

$$\hat{q}_i = \frac{n_i M_i}{1 + (1 - a_i) n_i M_i} \tag{4.2.4}$$

显然，这两个量的值仍然是不同的，由于其分母大于 1，$\hat{q}_i$ 略小于死亡率 M_i 的 n_i 倍。

作为一个例子，考虑年龄区间 (5, 10) 和第 1 章中 1975 年美国的寿命表。这里 $x_i = 5$，$x_{i+1} = 10$，$n_i = 5$ 年，$l_i = 98100$，$d_i = 200$，而 $a_i = 0.46$（参阅附录 I）。死亡率为

$$M_i = \frac{200}{5(98100 - 200) + 0.46 \times 5 \times 200} = 0.0004082 \text{ 人 / 人·年}$$

而概率的估计却是

$$\hat{q}_i = \frac{200}{98100} = 0.0020387 < 5(0.0004082)$$

在公式 (4.2.2) 中，年龄别死亡率用寿命表中的量来表示。对 l_i 个活着的人追踪 n_i 年，以便第 n_i 年底来确定死亡人数 (d_i) 和生存人数 ($l_i - d_i$)。在现时人口中，诸如 1975 年美国人口，年龄别死亡率是由这一年 (1975) 内的死亡资料和人口资料来计算的。我们用这一年里的年龄组 (x_i, x_{i+1}) 中的死亡数 D_i 来代替寿命表中的 d_i。为了像 (4.2.4) 式那样建立死亡率和概率估计值之间的关系，我们设 N_i 为 x_i 岁时活着的人数，其中出现了 D_i 个人死于区间 (x_i, x_{i+1}) 内。则死亡概率的估计公式为

$$\hat{q}_i = \frac{D_i}{N_i} \tag{4.2.5}$$

而死亡率的公式为

$$M_i = \frac{D_i}{n_i(N_i - D_i) + a_i n_i D_i} \tag{4.2.6}$$

如果我们看清楚符号间的对应，就会发现这个公式和 (4.2.2) 式一样。从 (4.2.5) 和 (4.2.6) 式中消去未知的 N_i，即得关系式

$$\hat{q}_i = \frac{n_i M_i}{1 + (1 - a_i) n_i M_i} \qquad (4.2.4)$$

因为 N_i 是未知的,现时人口的死亡率不能由(4.2.6)式来计算。习惯上用当年年中属于年龄组 (x_i, x_{i+1}) 的人口数 P_i 来估计(4.2.6)式的分母,而由下式来计算年龄别死亡率

$$M_i = \frac{D_i}{P_i} \qquad (4.2.7)$$

虽然这公式是人们所熟悉的,而且是普遍接受的年龄别死亡率的定义,但是(4.2.7)并不是很有意义的。其右端是一个纯数字,它和(4.2.1)式中的年龄别死亡率的定义矛盾。这个纯数字并不是一个概率,因为 D_i 个人中那些死于年中之前的并不包含在 P_i 之中,所以,分子并不是分母的一部分。然而,如果作正确的解释,(4.2.7)式可以保留下来作为年龄别死亡率的定义。事实上,分母是两个因子的乘积:P_i 人×1 年,乘积"P_i 人·年"是年龄组 (x_i, x_{i+1}) 中的个体在当年所生存的总时间的近似值。在这个解释之下,年龄别死亡率就变成

$$M_i = \frac{D_i}{P_i} \text{人 / 人·年} \qquad (4.2.8)$$

这和(4.2.1)式中的定义是一致的。

1975 年美国人口,年龄区间(1, 5)中有 $D_1 = 9060$ 个人死亡,年中时,1 岁至 5 岁之间的人口是 $P_1 = 12804000$ 人,常数 $a_1 = 0.4$(参阅附录 I)。由此,相应的死亡率为

$$M_i = \frac{9060}{12804000} = 0.000707 \text{人 / 人·年}$$

而概率的估计为

$$\hat{q}_1 = \frac{4 \times 0.000707}{1 + (1 - 0.4) \times 4 \times 0.000707} = 0.002823$$

死亡率常是较小的数,不易引人注目。为了弥补这一点,死亡率的值常乘上一个称之为基数的较大的数 1000,于是死亡率的公式就常写为

$$M_i = \frac{D_i}{P_i} \times 1000 \text{人 /1000 人·年} \qquad (4.2.9)$$

这样,我们就用 $M_1 = 0.707$ 人 /1000 人·年 代替 $M_1 = 0.000707$ 人 / 人·年 。公式(4.2.8)和(4.2.9)中的死亡人数 D_1 和年中人口 P_1 应属于同一个人口总体,诸如 1975 年美国 1 岁至 5 岁之间的人口总体。在提到死亡率时,必须明确人口总体和基数。例如,对于 1975 年美国人口中 1 岁至 5 岁的年龄组,死亡率为 0.707 人 /1000 人·年 。

    表4.1反映了若干国家和地区指定年龄组的年龄别死亡率。对于多数国家,1975年的死亡率是最新的资料;对法国和中、南美洲国家,我们用的是1974年死亡率。

表4.1 若干国家和地区指定年龄区间每1000人·年的年龄别死亡率

国家和地区	年龄区间(周岁)							
	<1	1~5	5~15	15~25	…	55~65	65~75	全年龄
哥斯达黎加*(1974)	37.67	1.97	0.64	1.19	…	12.08	31.07	4.93
智利*(1974)	63.26	2.00	0.78	1.32	…	16.51	88.55	7.77
委内瑞拉*(1974)	45.76	3.95	0.79	1.45	…	18.41	39.89	6.04
美国**(1975)	16.41	0.71	0.36	1.19	…	14.96	31.89	8.89
香港*(1975)	15.00	0.78	0.34	0.57	…	13.95	29.78	4.85
日本*(1975)	10.05	0.85	0.31	0.72	…	10.43	29.60	6.31
泰国*(1975)	26.26	3.74	1.35	22.89	…	16.97	33.27	5.94
澳大利亚*(1975)	20.54	8.37	3.87	1.16	…	14.27	36.90	12.77
法国*(1974)	12.22	0.75	0.35	1.03	…	18.51	30.39	10.49
德意志民主共和国*(1975)	15.87	0.74	0.38	0.91	…	14.41	40.06	14.27
匈牙利*(1975)	32.89	0.74	0.85	0.89	…	16.38	40.82	12.44
荷兰*(1975)	10.65	0.69	0.81	0.61	…	11.94	30.96	8.82
波兰*(1975)	24.85	0.91	0.39	0.93	…	14.80	25.90	8.69
葡萄牙*(1975)	89.29	1.90	0.62	1.22	…	14.02	34.78	10.37
瑞典*(1975)	8.90	0.44	0.29	0.75	…	10.74	28.63	10.77
瑞士*(1975)	10.74	0.66	0.34	0.92	…	11.01	28.48	8.80
苏格兰*(1975)	17.19	0.71	0.34	0.72	…	17.49	40.71	12.13

    来源:* World Health Organization:*World Health Statistics Annual*,1977,Table 7,pp. 160~623,Switerland.

    ** National Center for Health Statistics:*United State Vital Statistics*,1975,Vol. Ⅱ,Part A,Table 1~4,p. 1~26,Government:Printing Office,Washington D.C,U. S. A.

    2.1 其他类别死亡率 死亡率还可对人口总体中任何类别进行计算。例如,性别死亡率,职业别死亡率,年龄-性别死亡率。任何情况下,死亡率都定义为当年在所述类别里的死亡人数除以同一类别里年中的人口数。

原因别死亡率　另一种类型的死亡率是原因别死亡率,定义为死于特定原因的人数除以年中人口数。这里分门别类的是死亡人数,而不是人口数。若 D_{tb} 是一年内因结核而死亡的人数,P 是年中人口,我们就有结核的死亡率:

$$M_{tb} = \frac{D_{tb}}{P} \times 100000 \text{ 人} / 100000 \text{ 人} \cdot \text{年} \qquad (4.2.10)$$

这里我们用 100000 作为基数,因为这种病的死亡率数值很小。

年龄-原因别死亡率　疾病的流行因年龄而异。例如,心血管病在老年人中比青年人中更盛行,对于传染病却相反。因此,年龄-原因别死亡率很有用。对年龄区间 (x_i, x_{i+1}) 和死因 R_δ,年龄-原因别死亡率为

$$M_{i\delta} = \frac{D_{i\delta}}{P_i} \times 100000 \qquad (4.2.11)$$

其中,$D_{i\delta}$ 为当年年龄组 (x_i, x_{i+1}) 中死于原因 R_δ 的人数,P_i 为年中同一年龄组的人口数,还是用 100000 作为基数。例如,对年龄组 $(40, 45)$,癌症死亡率为

$$\frac{\text{年龄组}(40,45)\text{中死于癌症的人数}}{\text{年中时年龄组}(40,45)\text{中的人口数}} \times 100000 \qquad (4.2.12)$$

目前为止讨论的死亡率是以基数人口为参照的。还有一些测度将死于某种原因的人数和其他的数联系起来。下面有几个例子。

疾病 R 的病例致死率:

$$\frac{\text{由于疾病 } R \text{ 而死亡的人数}}{\text{患疾病 } R \text{ 的人数}} \times 100 \qquad (4.2.13)$$

这是疾病严重性的测度,常用于急性病,如肺炎、百日咳等。但对于慢性病这不是一个有效的指标;一个慢性病患者可能在诊断之后生存若干年,也可能死于其他原因。

死因 R 的死亡百分比:

$$\frac{\text{死于原因 } R \text{ 的人数}}{\text{全部死亡人数}} \times 100 \qquad (4.2.14)$$

和其他的率不同,这不是死亡危险的测度。分母不是经受特定死因危险的人数。它只是特定原因和其他原因死亡的一个相对测度。然而,它反映了疾病的相对重要性,并且为公共卫生计划者提供了在卫生保健和医疗设施方面着重努力的方向。

3. 年龄别死亡率的标准误

年龄别死亡率和所有可观察的统计量一样,总是有变异的。度量变异的是该死亡率的标准差或标准误。我们将在参数估计、假设检验以及其他统计推断中使用标准误。利用这个标准误,我们可以评定在死亡率基础上所得知识和结论的可信程度(参阅第 3 章)。

因为死亡率常由一个完整的人口总体的死亡经历来确定,而不是由一个样本来确定,所以有时会有争议,认为没有抽样就没有抽样误差,因而标准误也可以不加考虑。然而这是静止的观点。从统计学说来,人类的寿命是一个随机试验,其结果,生存或死亡带有偶然性。如果两个人在一年中遭遇同样的死亡危险(死亡力),一个人可能在这一年里死亡,另一人则可能生存。如果允许一个人到这一年里重新生活一番的话,那么,第一次是生存,第二次也可能生存不了。类似地,如果允许一个人口总体重新在这一年里再生活一番的话,死亡的总人数可能与前不同,当然,相应的死亡率也不同。从这一观点说来,即使死亡率是建立在整个人口总体的基础上,它还是有随机变异的。

一个现时人口总体的年龄别死亡率的标准误或方差的公式可以直接由公式

$$M_i = \frac{D_i}{P_i} \tag{4.2.7}$$

导出。根据第 2 章中方差的规则,M_i 的样本方差为

$$S_{M_i}^2 = \frac{1}{P_i^2} S_{D_i}^2 \tag{4.3.1}$$

D_i 是 N_i 次试验中的二项分布随机变量,每次试验中死亡率为 q_i。由第 2 章,我们有期望值

$$E(D_i) = N_i q_i \tag{4.3.2}$$

和方差

$$\sigma_{D_i}^2 = N_i q_i (1 - q_i) \tag{4.3.3}$$

这里的 N_i 在现时人口总体是未知的。我们用观察到的死亡数 D_i 来估计乘积 $N_i q_i$,并且用样本值

$$S_{D_i}^2 = D_i (1 - \hat{q}_i) \tag{4.3.4}$$

来估计(4.3.3)式中的方差。将(4.3.4)式代入(4.3.1)式并化简,便得到所求年龄别死亡率样本方差的公式

$$S_{M_i}^2 = \frac{1}{P_i} M_i (1 - \hat{q}_i) \qquad (4.3.5)$$

M_i 的标准误为

$$\text{S. E. } (M_i) = \sqrt{\frac{1}{P_i} M_i (1 - \hat{q}_i)} \qquad (4.3.6)$$

概率估计值 $\hat{q}_i$ 的方差是

$$\sigma_{\hat{q}_i}^2 = \frac{1}{N_i} q_i (1 - q_i) \qquad (4.3.7)$$

用 $D_i / \hat{q}_i$ 估计 N_i，以 $\hat{q}_i$ 估计 q_i，$\hat{q}_i$ 的样本方差变为

$$S_{\hat{q}_i}^2 = \frac{1}{D_i} \hat{q}_i^2 (1 - \hat{q}_i) \qquad (4.3.8)$$

而 $\hat{q}_i$ 的标准误为

$$\text{S. E. } (\hat{q}_i) = \hat{q}_i \sqrt{\frac{1}{D_i} (1 - \hat{q}_i)} \qquad (4.3.9)$$

当 $\hat{q}_i$ 很小时，$1 - \hat{q}_i$ 接近于 1。M_i 的标准误近似于

$$\text{S. E. } (M_i) = \hat{q}_i \sqrt{\frac{1}{P_i} M_i} \qquad (4.3.10)$$

而 $\hat{q}_i$ 的标准误近似于

$$\text{S. E. } (\hat{q}_i) = \hat{q}_i / \sqrt{D_i} \qquad (4.3.11)$$

仍以美国 1975 年人口的年龄组 $(1, 5)$ 为例。我们求得死亡率 M_1 的标准误

$$\text{S. E. } (M_i) = \sqrt{\frac{1}{12804000} 0.000707 (1 - 0.002823)}$$
$$= 0.00000742$$

$\hat{q}_i$ 的标准误

$$\text{S. E. } (\hat{q}_i) = 0.002823 \sqrt{\frac{1}{9060} (1 - 0.002823)}$$
$$= 0.00002962$$

标准误之所以这样小是由于较大的人口数 P_i 和较小的死亡率 M_i。

2.1 节中提到的性别率、原因别率和年龄-原因别率的标准误公式类似于 $(4.3.6)$ 式，只是公式中的率、概率的估计值和年中人口数必须代之以与问题中的率有关的量。

3.1　由部分死亡证明书确定年龄别死亡率　为了在较新资料的基础上编

制寿命表或作其他生命统计,人们常采用部分死亡证明书作为样本,每份证书上都写明了年龄、性别和死亡原因。根据这部分样本中年龄区间 (x_i, x_{i+1}) 上的死亡人数来估计总人口中相应的死亡人数,并计算该年龄区间内的年龄别死亡率。这样确定的死亡率除了含有与每一死亡事件有关的随机变异外,还含有抽样引起的变异。

假定从总共 D 份死亡证书中以无返回方式抽取 δ 份死亡证书作为样本。比值

$$\frac{\delta}{D} = f \qquad (4.3.12)$$

称为抽样分数。$f = 0.10$,表示有 10% 的样本;$f = 0.20$,表示有 20% 的样本。当 δ 份证明书上都记有确定的死亡年龄时,必有 δ_i 份死亡证书是属于年龄区间 (x_i, x_{i+1}) 的。δ_i 之和就是样本量,或

$$\sum \delta_i = \delta \qquad (4.3.13)$$

现时人口在年龄区间 (x_i, x_{i+1}) 中的死亡人数 (D_i) 可以由下式来估计

$$\frac{\delta_i}{D_i} = f \quad 或 \quad D_i = \frac{\delta_i}{f} \qquad (4.3.14)$$

估计相应的死亡率可用

$$M_i = \frac{D_i}{P_i} = \frac{\delta_i}{f P_i} \qquad (4.3.15)$$

死亡概率的估计值是

$$\hat{q}_i = \frac{n_i M_i}{1 + (1 - a_i) n_i M_i} \qquad (4.3.16)$$

Chiang(1976)导出了(4.3.15)中 M_i 和(4.3.16)中 $\hat{q}_i$ 的方差公式。当总的死亡人数 (D) 很大时,M_i 的样本方差有近似公式

$$S_{M_i}^2 = \frac{1}{P_i} M_i \left[(1 - \hat{q}_i) + \left(\frac{1}{f} - 1 \right) \left(1 - \frac{D_i}{D} \right) \right] \qquad (4.3.17)$$

样本标准误则近似于

$$S.E.(M_i) = \sqrt{\frac{1}{P_i} M_i \left[(1 - \hat{q}_i) + \left(\frac{1}{f} - 1 \right) \left(1 - \frac{D_i}{D} \right) \right]} \qquad (4.3.18)$$

(4.3.17)和(4.3.18)中右侧第二项来源于抽样。抽样比例越大,第二项越小,样本方差和标准误就越小。当全部 D 个死亡资料都被采用时,$f = 1$,就没有抽样变异,第二项便消失。

死亡概率的估计值 $\hat{q}_i$ 有样本方差

$$S_{\hat{q}_i}^2 = \frac{1}{D_i} \hat{q}_i^2 \left[(1 - \hat{q}_i) + \left(\frac{1}{f} - 1 \right) \left(1 - \frac{D_i}{D} \right) \right] \qquad (4.3.19)$$

和样本标准误

$$\text{S. E.} (\hat{q}_i) = \hat{q}_i \sqrt{\frac{1}{D_i} \left[(1 - \hat{q}_i) + \left(\frac{1}{f} - 1 \right) \left(1 - \frac{D_i}{D} \right) \right]} \qquad (4.3.20)$$

当每个年龄组的死亡人数是由死亡证书的一个样本来确定时,任何两个不同年龄区间内的年龄别死亡率之间具有相关性。年龄区间 (x_i, x_{i+1}) 和 (x_j, x_{j+1}) 上的两个年龄别死亡率 M_i 和 M_j 间的样本协方差为

$$S_{M_i, M_j} = -\left(\frac{1}{f} - 1 \right) \frac{M_i M_j}{D} \qquad (4.3.21)$$

两个死亡概率的估计值 $\hat{q}_i$ 和 $\hat{q}_j$ 间的协方差[①]为

$$S_{\hat{q}_i, \hat{p}_j} = -\left(\frac{1}{f} - 1 \right) \frac{\hat{q}_i \hat{q}_j}{D} \qquad (4.3.22)$$

$f = 1$ 时,这两个协方差均为 0。

4. 婴儿死亡率和孕产妇死亡率

在人类总体中,新生儿和老年人的死亡率最高。婴儿死亡率与社会为母亲和孩子提供的医疗保健有密切关系,同时也影响人口的年龄分布。许多国家都做了各种努力来减少婴儿死亡。尤其在发达的国家中,许多努力卓有成效。从怀孕到出生后的第一年末许多原因都影响着死亡,因此,我们将这一段时间划分成若干小区间,各有其特定的名称。例如,根据妊娠时间的长短,胎儿死亡分为早期胎儿死亡、中期胎儿死亡和晚期胎儿死亡。因为报告和登记的不完全,在美国的几个州和某些国家仅仅登记中期和晚期的胎儿死亡数。围产期的定义也有两个:①从妊娠 28 周到出生后第 7 天,和②从妊娠 20 周到出生后第 28 天。第二个定义包括的妊娠时间和出生后时间都比较长。表 4.2 反映了各种时间区间和相应的名称。关于这些区间的死亡率和第 2 节中讨论的年龄别死亡率有些差别,下列各种率是在一年中对一个人口总体而言。

---

① 一般地,反映随机变量 X 和 Y 相关性的样本协方差定义为 $S_{XY} = \sum_{i=1}^{n} (X_i - \bar{X})(Y - \bar{Y})/(n-1)$,其中,$(X_1, Y_1), (X_2, Y_2), \cdots, (x_n, y_n)$ 为 n 对观测值构成的样本。

表 4.2　胎儿死亡和婴儿死亡率

名称	区间
早期胎儿死亡	妊娠 20 周以内
中期胎儿死亡	妊娠 20～27 周
晚期胎儿死亡	妊娠 28 周或 28 周以上
围产期胎儿死亡	(1)妊娠 28 周到出生后第 7 天 (2)妊娠 20 周到出生后第 28 天
新生儿死亡	出生后 28 天以内
出生后死亡	出生后 28 天到 1 周岁
婴儿死亡	1 周岁以内

1. 胎儿死亡率(又名"死产率")

有两个定义:

$$\frac{\text{在 28 周或 28 周以上妊娠期内胎儿死亡数}}{\text{活产数}+\text{在 28 周或 28 周以上妊娠期内胎儿死亡数}} \times 1000 \quad (4.4.1)$$

$$\frac{\text{在 20 周或 20 周以上妊娠期内胎儿死亡数}}{\text{活产数}+\text{在 20 周或 20 周以上妊娠期内胎儿死亡数}} \times 1000 \quad (4.4.2)$$

2. 新生儿死亡率

$$\frac{\text{出生 28 天以内的死亡数}}{\text{活产数}} \times 1000 \quad (4.4.3)$$

3. 围产期死亡率

有两种常用的定义:

$$\frac{\text{出生后 7 天内死亡数}+\text{28 周或 28 周以上妊娠期内胎儿死亡数}}{\text{活产数}+\text{28 周或 28 周以上妊娠期内胎儿死亡数}} \times 1000$$

$$(4.4.4)$$

$$\frac{\text{出生后 28 天内死亡数}+\text{20 周或 20 周以上妊娠期内胎儿死亡数}}{\text{活产数}+\text{20 周或 20 周以上妊娠期内胎儿死亡数}} \times 1000$$

$$(4.4.5)$$

4. 出生后死亡率

$$\frac{\text{出生 28 天到 1 周岁期间死亡数}}{\text{活产数}-\text{新生儿死亡数}} \times 1000 \quad (4.4.6)$$

分母必须是活产数减去新生儿死亡数,使得这个率成为死亡危险性的一个测度。

5. 婴儿死亡率

$$\frac{出生后 1 周岁前死亡数}{活产数} \times 1000 \qquad (4.4.7)$$

上述定义的死亡率和年龄别死亡率不同,它们类似概率。例如,胎儿死亡率是一个妊娠 20(或 28)周的胎儿将要死去的概率。新生儿死亡率是一个活产儿将在 28 天内死去的概率。所以,这些率都可以看作是一个二项分布中的概率,其标准误可以从第 2 章得到。例如,(4.4.7)式定义的婴儿死亡率(IMR)的标准误是

$$\text{S. E. (IMR)} = \sqrt{\frac{1}{活产数} \text{IMR}(1 - \text{IMR})} \qquad (4.4.8)$$

还有些关于死亡的测度既不像概率又不像年龄别死亡率,然而在死亡分析中却很有用处。现举例如下:

胎儿死亡比

$$\frac{20 \text{ 周或 } 20 \text{ 周以上妊娠期内的死亡数}}{活产数} \times 1000 \qquad (4.4.9)$$

流产比

$$\frac{合法流产数}{活产数} \times 1000 \qquad (4.4.10)$$

孕产妇死亡率

$$\frac{孕产妇死亡数}{活产数} \times 1000 \qquad (4.4.11)$$

孕产妇死亡是指一个妇女在妊娠、分娩和产后期(分娩后的时期)由于合并症而发生的死亡。虽然它并不是死亡危险性的一种测度,但它用母亲的生命来表示一个人口总体为每个婴儿的出生所付出的"代价"。活产数加上胎儿死亡数就是怀孕女子数的估计值。比值

$$\frac{孕产妇死亡数}{活产数 + 胎儿死亡数}$$

估计一个母亲因妊娠而失去生命的概率。

表 4.3 反映了若干国家 1965 年和 1974 年每 1000 活产儿中的 4 种死亡数。第(2),(3)和(4)列分别是本节所定义的新生儿死亡率、婴儿死亡率和孕产妇死亡率。然而,第(1)列并不是(4.4.5)式所给出的围产期死亡率,因为它们的分母并不包括胎儿死亡数。

表 4.3 若干国家 1965 年和 1974 年每 1000 活产儿的婴儿死亡率和孕产妇死亡率

国　家	近产期* 死亡率 (1)	新生儿 死亡率 (2)	婴　儿 死亡率 (3)	产　妇 死亡率 (4)
毛里求斯				
1965	82.0	31.5	64.1	83.7
1974	55.5	24.1	45.6	89.1
墨西哥				
1965	35.6	22.9	60.7	164.7
1974	29.8	20.1	52.0	107.6
菲律宾				
1965	42.9	25.9	72.9	207.8
1974	31.5	29.5	58.9	137.8
新加坡				
1965	25.8	17.9	26.3	39.5
1974	16.7	10.8	34.0	11.6
英格兰和威尔士				
1965	27.8	13.0	19.0	26.6
1974	20.6	11.0	16.3	10.7
荷兰				
1965	23.4	11.4	14.4	36.9
1974	18.9	8.0	11.3	13.4
挪威				
1965	21.6	11.9	16.8	18.1
1974	15.7	7.4	10.5	3.3
葡萄牙				
1965	48.0	25.4	64.9	84.6
1974	22.7	20.9	37.9	40.1
罗马尼亚				
1965	20.8	13.7	44.1	85.9
1974	19.4	12.8	35.0	30.9
英国				
1965	27.6	17.7	24.7	31.6
1974	18.9	12.3	16.7	13.3

*妊娠时间≥28 周的胎儿死亡数和产后一周内的死亡数,这一列里的数字和(4.4.4)式定义的围产期死亡率不同,因为分母扩大,包括胎儿死亡数。

来源:World Health Organisation:*World Health Statistics Annual*,1965 and 1977. Geneva, Switzerland.

5. 习题

1. 据(4.2.2)和(4.2.3)式推导公式

$$\hat{q}_i = \frac{n_i M_i}{1 + (1 - a_i) n_i M_i} \tag{4.2.4}$$

2. 参照表 4.3 中的婴儿死亡率和孕产妇死亡率,计算每个国家这 4 种死亡率的下降百分比。

表 A 1975 年美国加利福尼亚州总人口的年中人口数,死亡数和终寿区间成数

年龄区间(岁)	区间(x_i, x_{i+1})内的年中人口数	区间(x_i, x_{i+1})内的死亡数	终寿区间成数
(x_i, x_{i+1})	P_i	D_i	a_i
(1)	(2)	(3)	(4)
0~1	340488	6324	0.09
1~5	1302108	1049	0.41
5~10	1918117	723	0.41
10~15	1963681	735	0.54
15~20	1817379	2654	0.50

3. 表 A 的资料取自 1970 年加里福尼亚人口。对每个年龄组分别计算:

(1)年龄别死亡率 M_i;

(2)死亡概率 $\hat{q}_i$;

(3) M_i 和 $\hat{q}_i$ 的标准误。

4.(续)利用上述数据计算:

(1)概率 $\hat{p}_i$;

(2)对表中各可能的 i 计算从年龄 x_0 生存到 x_i 的概率 $\hat{p}_{0i}$;

(3) $\hat{p}_{0i}$ 的样本方差可用下式计算

$$S_{\hat{p}_{0i}}^2 = \hat{p}_{0i}^2 \sum_{h=0}^{i-1} \hat{p}_h^{-2} S_{\hat{p}_h}^2$$

求(2)中各概率 $\hat{p}_{0i}$ 的样本方差。

5.(续)对每个 i 画出对应于 $\hat{p}_{0i}$ 的点,用线段将这些点连起来形成一条从 0 岁到 20 岁的生存曲线。

6.(续)比较在年龄区(0，5)内存活的概率和在年龄区间(5，10)内存活的概率。后者比前者大百分之多少？

7.(续)检验假设:在年龄区间(5，10)内存活的概率等于在年龄区间(10，15)内存活的概率。备择假设为前者小于后者。

8. 表 B 中的数据取自旧金山市公共卫生局 1976 年统计报告。

表 B　旧金山市公共卫生局 1976 年生命统计资料

背景	全年龄	5 岁以下	5～14 岁	15～24 岁	25～44 岁	45～64 岁	65＋岁
人口,年中估计[2]	665000	33200	77800	127000	169700	156900	100400
活产,记录在案	12020						
活产,居民	7867						
死亡,居民	7902[1]	132	19	156	517	1776	5294
心脏病	2600						
肝硬化	313						
事故	429						
自杀	192[3]			18	72	62	39
结核病	17						
胎儿死亡[2]	73						
婴儿死亡[2]	110						
新生儿死亡[2]	76						
产妇死亡[2]	2						
新的结核病例[2]	331						

注:[1]包括 8 个年龄未知的死者;[2]在居民中;[3]包括 1 个年龄未知的死者。

(1)计算:(a) 居民中的出生率;(b) 总的出生率;(c) 总死亡率;(d) 胎儿死亡率;(e) 新生儿死亡率;(f) 出生后死亡率;(g) 婴儿死亡率;(h) 孕产妇死亡率;(i) 结核发病率;(j) 结核死亡率;(k) 肝硬变死亡率;(l) 最高的自杀年龄别死亡率。

(2)在哪个年龄组自杀的相对死亡率最高?

9. 利用表 C 中的数据对美国人口的各个人种计算下列内容:

(1)胎儿死亡率;

(2)新生儿死亡率;

（3）围产期死亡率；

（4）出生后死亡率；

（5）婴儿死亡率；

（6）胎儿死亡比；

（7）孕产妇死亡率；

（8）生-死比，或"生命指数"

$$\text{生-死比} = \frac{\text{出生人数}}{\text{死亡人数}} \times 100$$

表 C　1977 年美国人口各人种的活产数、总死亡数、婴儿和新生儿死亡数以及胎儿死亡数

	活产数	死亡数				
		全年龄	1 岁以下	28 天以下	胎儿死亡数	产妇死亡数
美国	3326632	1899597	46975	32860	33503	373
白人	2691070	1664100	33199	23540	23628	208
其他	635562	235497	13776	9320	9425	165
黑人	544221	220076	12868	8749	8643	—

来源：National Center for Health Statistics, U. S. Departerment of Health and Human Service, *Vital Statistics of the United States*, 1977, Vol. I. Natality, p. 1-6, Table 1-2; Vol. Ⅱ. Moortality, Part B, p. 7-8, Table 7-1; Part A, 1-73, Table 1-15.

10.（续）分别求第 9 题（5）中黑人和白人婴儿死亡率的标准误。

11.（续）对白人和黑人的婴儿死亡率作统计检验，原假设是两个婴儿死亡率相等，备择假设是黑人的婴儿死亡率较高。取 0.001 为检验水准。

基于死亡样本的年龄别死亡率　为了在短期内公布生命统计资料，人们常常不用全部死亡资料，而采用死亡证书的一个样本来确定年龄别死亡率。设 D 是死亡总数，d 是样本中的死亡数，

$$\frac{d}{D} = f$$

是一个预先设定的抽样比例。设 d_i 和 D_i 分别是年龄区间 (x_i, x_{i+1}) 内样本中的死亡数和现时人口中的死亡数，则

$$d_0 + d_1 + \cdots + d_w = d$$

和　　　　　　　　$$D_0 + D_1 + \cdots + D_w = D$$

其中 d_w 和 D_w 是最高年龄区间诸如 85 岁和 85 岁以上的死亡数，d_i 可由样本确定，而 D_i 则由

$$D_i = \frac{d_i}{f}$$

来估计。在上述抽样方式之下求解下列各题:

12. 给定 D_i, D 和样本大小 d(或抽样比例 f),求 d_i 的条件期望和条件方差,即

$$E(d_i | D_i, D, f) \quad \text{和} \quad Var(d_i | D_i, D, f)$$

13. (续)条件期望 $E(d_i | D_i, D, f)$ 作为 D_i 和 D 的函数是一个随机变量,因此有方差,求这个方差 $Var[E(d_i | D_i, D, f)]$。

14. (续)条件方差 $Var(d_i | D_i, D, f)$ 作为 D_i 和 D 的函数也是一个随机变量,因此有数学期望,求这个期望 $E[Var(d_i | D_i, D, f)]$。

15. (续)第 13 题中条件期望的方差和第 14 题中条件方差的期望有如下的关系:

$$Var(d_i) = Var[E(d_i | D_i, D, f)] + E[Var(d_i | D_i, D, f)],$$

利用这个关系式求 d_i 的方差。

第5章 死亡率的校正

1. 引言

第4章中所示的一些死亡率在死亡分析中都是很重要的。单个说来,这些死亡率描写了各类人的死亡经历;合起来,它们反映了所讨论人群的总的死亡模式。死亡资料统计分析的中心任务之一是作团体或国家间比较。为了便于比较,一些死亡率常常综合成单个数值。可是,因为年龄-性别分布因团体或国家而异,在综合一些死亡率时必须对这种差异作校正。综合所得的单个值称为校正死亡率。我们可以按照年龄、性别、职业或者其他可能的人口变量来校正。为简单起见,我们只考虑年龄校正死亡率。其他如性别校正死亡率、年龄-性别校正死亡率等可作类似的计算。人们提出了许多校正的方法,表5.1列举了一些。在 Linder 和 Grove(1943)中可以查到 T. D. Woolsey 所作的评述。本章的目的是叙述表5.1中给出的校正方法和校正死亡率的标准误。首先,我们引进一些记号。

在死亡率的校正中常涉及两个人群:一个团体 u(感兴趣的人群)和一个标准人口 s。在团体 u 中,每个年龄区间 (x_i, x_{i+1}) 内的死亡数设为 D_{ui},年中人口设为 P_{ui},死亡率设为 M_{ui},区间长设为 $n_i = x_{i+1} - x_i$。

$$\sum_i D_{ui} = D_u \tag{5.1.1}$$

是全年内该团体的死亡总数。

$$\sum_i P_{ui} = P_u \tag{5.1.2}$$

是总的年中人口。对于标准人口,记号 D_{si}、P_{si},D_s 和 P_s 有类似的定义。这些记号和第4章一致,只是附加了脚标 u 和 s。

表 5.1 年龄校正死亡率

节	名称	公式 *	文献
(2.1)	粗死亡率 (C. D. R.)	$\dfrac{\sum P_{ui} M_{ui}}{P_u}$	Linder, F. E. and Grove, R. D. (1943)
(2.2)	直接校正率 (D. M. D. R.)	$\dfrac{\sum P_{si} M_{ui}}{P_s}$	The Registar General's Statistical Review of England & Wales for the year 1934
(2.3)	比较死亡率 (C. M. R.)	$\dfrac{1}{2} \sum \left(\dfrac{P_{ui}}{P_u} + \dfrac{P_{si}}{P_s} \right) M_{ui}$	同上
(2.4)	间接校正率 (I. M. D. R.)	$\dfrac{D_s / P_s}{\sum P_{ui} M_{si} / P_u} \left(\dfrac{D_u}{P_u} \right)$	The Registar General's Decennial Supplements, England & Wales, 1921, Part III
(2.5)	标准化死亡率比 (S. M. R.)	$\dfrac{D_u}{\sum P_{ui} M_{si}}$	The Registar General's Statistical Review of England & Wales, 1958
(2.6)	寿命表死亡率 (L. T. D. R.)	$\sum \dfrac{L_i}{T_0} M_{ui}$	Brownlee, J. (1913)(1922)
(2.7)	等价平均死亡率 (E. A. D. R.)	$\sum \dfrac{n_i}{\sum n_i} M_{ui}$	Yale, G. U. (1934)
(2.8)	相对死亡指数 (R. M. I.)	$\sum \dfrac{P_{ui}}{P_u} \dfrac{M_{ui}}{M_{si}}$	Linder, F. E. and Grove, R. D. (1943)
(2.9)	死亡指数 (M. I.)	$\dfrac{\sum n_i \dfrac{M_{ui}}{M_{si}}}{\sum n_i}$	Yerushalmy, J. (1951)

* 对所有的年龄组求和。

2. 校正死亡率

本节讨论的一些校正方法是 20 世纪早期发展起来的。虽然每个方法是在一定的学术论证中引出的,而且是为了一定目的而设计的,但是,它们都表现为年龄别死亡率的一般线性函数形式。

2.1 粗死亡率(C. D. R.) 粗死亡率(crude death rate)是一个团体中全人口的死亡率。公式为

$$C. \ D. \ R. = D_u / P_u \qquad (5.2.1)$$

粗死亡率最常用,也最容易计算,它和年龄别死亡率有密切关系。(5.2.1)式中的分子是该团体的死亡总数:

$$D_u = \sum_i D_{ui} \qquad (5.2.2)$$

据定义,年龄区间 (x_i, x_{i+1}) 的死亡率为

$$M_{ui} = \frac{D_{ui}}{P_{ui}} \qquad (5.2.3)$$

因而死亡数 (D_{ui}) 是死亡率 (M_{ui}) 和年中人口 (P_{ui}) 的乘积:

$$D_{ui} = P_{ui} M_{ui} \qquad (5.2.4)$$

(5.2.2)式中的死亡总数可改写为

$$D_u = \sum_i P_{ui} M_{ui} \qquad (5.2.5)$$

将(5.2.5)式代入(5.2.1)式得到

$$\text{C. D. R.} = \sum_i \frac{P_{ui}}{P_u} M_{ui} \qquad (5.2.6)$$

这里求和是对所有年龄组进行的。由此,C. D. R. 是年龄别死亡率的加权平均值,以各区间实际人口比例 P_{ui}/P_u 为权重。可见,C. D. R. 是综合反映死亡经历的一项很有意义的指标。

然而,C. D. R. 并非没有缺陷。(5.2.6)式右侧的量是死亡率和人口比例两者的函数。作为年龄别死亡率的加权平均值,C. D. R. 受人口构成的影响,当用 C. D. R. 来比较几个团体的死亡经历时,这个缺点就特别显著。表 5.2 的例子说明了这一点。

表 5.2　团体 A 和 B 的年龄别死亡率和粗死亡率

	团体 A			团体 B		
	人口	死亡数	粗死亡率(‰)	人口	死亡数	粗死亡率(‰)
儿童	10000	80	8.00	25000	250	10.00
成人	15000	165	11.00	15000	180	12.00
老年	25000	375	15.00	10000	160	16.00
总计	50000	620	12.40	50000	590	11.80

虽然,团体 A 中各年龄组的死亡率比团体 B 中相应年龄组的死亡率低,但是团体 A 的粗死亡率(12.40‰)却比团体 B 的粗死亡率高(11.8‰)。这个明显的矛盾可以由两个团体人口构成的差别来解释。团体 A 老年人多,他们的

死亡率高,死亡人数多,以致团体 A 的粗死亡率比团体 B 高。

2.2 直接校正率(D. M. D. R.) 一个常用的校正办法是引进一个标准人口。当把一个团体的年龄别死亡率应用到这个标准人口时,我们就得到直接校正率(direct method death rate):

$$\text{D. M. D. R.} = \sum_i \frac{P_{si}}{P_s} M_{ui} \qquad (5.2.7)$$

这样,一个团体的 D. M. D. R. 也是它的年龄别死亡率的加权平均值,以标准人口各年龄组的比例 P_{si}/P_s 为权重。公式(5.2.7)可改写为

$$\text{D. M. D. R.} = \sum_i \frac{P_{si} M_{ui}}{P_s} \qquad (5.2.8)$$

分子是标准人口的期望死亡人数。这期望死亡人数与标准人口总数之比值便是 D. M. D. R.。道理是简单的,公式也容易理解;因此,直接校正法是最流行的校正方法。然而,D. M. D. R. 并不是为了衡量团体死亡经历而设计的,它只是在和其他团体比较时死亡经历的相对评价。

对表 5.2 的例子计算 D. M. D. R. 可见于表 5.3。那里第(1)列把两个团体的总人口作为标准人口。第(2)和第(4)列是两个团体的年龄别死亡率。第(3)和第(5)列是把年龄别死亡率应用于标准人口所得到的期望死亡数,将这些期望值加起来即得期望死亡总数,分别为 1135 和 1270。将期望死亡总数除以总的标准人口数便得到 D. M. D. R.。

表5.3 用直接法对团体 A 和 B 作年龄校正死亡率的计算

标准人口	团体 A		团体 B	
	死亡率(‰)	期望死亡数	死亡率(‰)	期望死亡数
(1)	(2)	(3)	(4)	(5)
35000	8.0	280	10.0	350
30000	11.0	330	12.0	360
35000	15.0	525	16.0	560
100000	—	1135	—	1270

校正率:团体 A =11.35‰;团体 B =12.70‰。

利用一个标准人口,直接法校正消除了年龄构成方面的差别的影响。但是其结果依赖于所选标准人口的构成。当比较两个具有很不相同的死亡率模式的团体时,不同的标准人口甚至可能引出相矛盾的结果。在计算美国路易斯安

那州和新墨西哥州 1940 年白种男性人口年龄校正死亡率时,Yerushalmy
(1951)发现,若以 1940 年美国人口为标准人口,路易斯安那州的年龄校正率
(13.06‰)略高于新墨西哥州(13.05‰),但是,若以 1901 年英国英格兰和威尔
士的人口为标准人口,路易斯安那州的校正率(10.14‰)却低于新墨西哥州
(11.68‰)。正是这类困难导致了其他校正方法的发展。

2.3　比较死亡率(C. M. R.)　这个校正方法同时考虑了团体和标准人
口的年龄构成。比较死亡率(comparative mortality rate)的公式为

$$\text{C. M. R.} = \frac{1}{2} \sum_i \left(\frac{P_{ui}}{P_u} + \frac{P_{si}}{P_s} \right) M_{ui} \tag{5.2.9}$$

$$\sum_i \frac{P_{ui}}{P_u} M_{ui} = \sum_i \frac{D_{ui}}{P_u} = \frac{D_u}{P_u}, \tag{5.2.10}$$

(5.2.9)右端,第一个和式就是粗死亡率;而第二个和式是直接校正率。因此,
C. M. R. 仅仅是 C. D. R. 和 D. M. D. R. 的平均值。仍然利用前面的例
子,我们有

$$\text{C. M. R.}(\text{团体} A) = \frac{1}{2} \sum_i (12.4 + 11.35) = 11.87(‰)$$

$$\text{C. M. R.}(\text{团体} B) = \frac{1}{2} \sum_i (11.8 + 12.70) = 12.25(‰)$$

2.4　间接校正率(I. M. D. R.)　用直接法校正死亡率要求掌握被研究
的团体中所有年龄组的死亡率,这一要求限制了实际应用。所需要的信息常常
不是得不到,就是由于一个团体中各年龄组的人数过少而不可靠。间接法校正
率(indirect method death rate)不需要这些年龄别死亡率。相反,它要求标准
人口中的年龄别死亡率 (M_{si})。标准人口中的年龄别死亡率常常是可得到的,
且较稳定,因为它们基于较大人口数。

为了计算 I. M. D. R. ,我们把团体的粗死亡率乘上标准人口的粗死亡率
与期望死亡率之比,这里期望死亡率是指将标准人口的死亡率应用于团体人口
的各年龄组而得到的死亡率。公式是:

$$\text{I. M. D. R.} = \frac{D_s/P_s}{\sum_i P_{ui} M_{si}/P_u} \left(\frac{D_u}{P_u} \right) \tag{5.2.11}$$

(5.2.11)式右端括弧以外的部分称为校正因子,其分母中的比值

$$\frac{\sum_i P_{ui} M_{si}}{P_u} \tag{5.2.12}$$

就是一种 D. M. D. B. , 其中团体和标准人口的地位互换了一下, 即把标准人口的年龄别死亡率 (M_{si}) 应用到团体的人口 (P_{ui}) 上去。英国的 Registrar-General's Office 认为这个比值 "仅仅依赖于团体人口的年龄构成", 因而它 "反映了所讨论人口的死亡趋势"。他们觉得这种间接法有利于校正, 并编入了较早的 Registrar-General's Statistical Review of England and Wales。当团体的人口构成和标准人口的构成相同时, 即对每个区间 (x_i, x_{i+1}) 均有

$$\frac{P_{ui}}{P_u} = \frac{P_{si}}{P_s}$$

时, (5.2.11) 的第一个因子变为 1:

$$\frac{D_s/P_s}{\sum_i P_{ui}M_{si}/P_u} = \frac{\sum_i P_{si}M_{si}/P_s}{\sum_i P_{ui}M_{si}/P_u} = 1$$

这时, I. M. D. R. 等于团体的 C. D. R. 。若一个团体中年轻人的比例比标准人口高, 年老人的比例比标准人口低, 因为年轻人的死亡率低于年老人的死亡率, 就会使下式左端的死亡率加权和小于右端的死亡率加权和, 即

$$\sum_i \frac{P_{ui}M_{si}}{P_u} < \sum_i \frac{P_{si}M_{si}}{P_s}$$

从而, 上式大于 1, 或 (5.2.11) 的第一个因子大于 1, 该团体的 I. M. D. R. 就大于粗死亡率。

现利用 2.2 节中计算 D. M. D. R. 的假想数据来说明 I. M. D. R. 的计算。表 5.4 是标准人口以及团体 A 和 B 的人口构成的基本数据。表 5.2 已给出这两个团体的粗死亡率是 C. D. R. (A) = 12.40‰ 和 C. D. R. (B) = 11.80‰。表 5.5 说明了团体 A 和 B 取标准人口的年龄别死亡率时, 每个年龄组中期望死亡数的计算。期望死亡数与总人口数之比 (参见 (5.2.12) 式) 是

$$\frac{649.0}{50000} = 12.98‰ \text{（团体 } A\text{）}$$

和

$$\frac{561.2}{50000} = 11.22‰ \text{（团体 } B\text{）}$$

将这些值连同标准人口和两个团体的粗死亡率代入公式 (5.2.11), 得到

$$\text{I. M. D. R. } (A) = \frac{12.10 \times 12.40}{12.98} = 11.56‰$$

$$\text{I. M. D. R. } (B) = \frac{12.10 \times 11.80}{11.22} = 12.72‰$$

可以看出, 对于年轻人的比例略高于标准人口的团体 B, I. M. D. R.

(12.72‰)比粗死亡率(11.80‰)大一些,而对于团体 A 则相反。I. M. D. R. 校正了年轻人的比例不同造成的粗死亡率的假象。

表 5.4　标准人口的年龄别死亡率和团体 A 和 B 的人口数

年龄组	标准人口			团体 A 人口数	团体 B 人口数
	人口数	死亡数	死亡率(‰)		
	P_{si}	D_{si}	M_{si}	P_{ui}	P_{ui}
(1)	(2)	(3)	(4)	(5)	(6)
儿童	35000	330	9.43	10000	25000
成年	30000	345	11.50	15000	15000
老年	35000	535	15.29	25000	10000
合计	100000	1210	12.10	50000	50000

表 5.5　用间接法对团体 A 和 B 作年龄校正死亡率的计算

标准人口(‰)	团体 A		团体 B	
	人口数	期望死亡数	人口数	期望死亡数
M_{si}	P_{ui}	$P_{ui}M_{si}$	P_{ui}	$P_{ui}M_{si}$
(1)	(2)	(3)	(4)	(5)
9.43	10000	94.3	25000	235.8
11.50	15000	172.5	15000	172.5
15.29	25000	382.2	10000	152.9
12.10	50000	649.0	50000	561.2

2.5　标准化死亡率比(S. M. R.)　虽然 I. M. D. R. 对团体要求的信息较少,在这一点上它比 D. M. D. R. 优越些,但是对于率的解释却较困难,而且公式复杂,更使得人们不太愿意采用这个校正方法。然而,对(5.2.11)式稍加留意便可看出,I. M. D. R. 的公式中唯一依赖于团体的量只是比值

$$S. M. R. = \frac{D_u}{\sum_i P_{ui}M_{si}} \qquad (5.2.13)$$

公式(5.2.11)中的其他因子对于不同团体死亡率的比较并无作用。我们把(5.2.13)式称为标准化死亡率比(standard mortality ratio)。它是团体中实际

观察到的死亡数与该团体采取标准人口年龄别死亡率时的期望死亡数之比。S. M. R. 和 I. M. D. R. 的效果相同,公式却简单,并且意义明确。这就使得 S. M. R. 理所当然地成为一种取代 I. M. D. R. 的校正方法。英国的 Registrar-General's Office 从 1958 年开始把 S. M. R. 用于 Statistical Review of England and Wales。

利用表 5.5 的数据,我们得到两个团体的 S. M. R.

$$S.\ M.\ R.(A) = \frac{620}{649.0} = 0.955$$

$$S.\ M.\ R.(B) = \frac{590}{561.2} = 1.051$$

这两个数值之比等于 2.3 节中相应的两个 I. M. D. R. 之比,即

$$\frac{S.\ M.\ R.(A)}{S.\ M.\ R.(B)} = \frac{0.955}{1.051} = 0.909$$

和

$$\frac{I.\ M.\ D.\ R.(A)}{I.\ M.\ D.\ R.(B)} = \frac{11.56}{12.72} = 0.909$$

这是意料之中的。

2.6 寿命表死亡率(L. T. D. R.) 多数校正方法依赖于一个标准人口或其年龄别死亡率。寿命表死亡率(life table death rate)却是例外,它定义为

$$L.\ T.\ D.\ R. = \sum_i \frac{L_i}{T_0} M_{ui} \tag{5.2.14}$$

其中,L_i 为一个寿命表人口在区间 (x_i, x_{i+1}) 里所度过的年数,而

$$T_0 = L_0 + L_1 + \cdots \tag{5.2.15}$$

为寿命表人口生存时间的总和,即总寿命。要充分理解这个校正方法需要有关寿命表的知识,这些将在第 6 章详细介绍。这里只是对(5.2.14)式作简短讨论。

给定在 0 岁时活着的 l_0 个人,他们遵从该团体年龄别死亡率的规律 L_i/T_0 是他们在区间 (x_i, x_{i+1}) 中度过的寿命在总寿命中的比例。换言之,(5.2.14)式所示的 L. T. D. R. 是年龄别死亡率 (M_{ui}) 的加权平均值,以 L_i/T_0 为权重。因为 L_i/T_0 仅仅依赖于年龄别死亡率,所以,L. T. D. R. 既独立于团体的人口构成又独立于标准人口。

在第 6 章将看到,年龄别死亡率 M_{ui} 等于 d_i/L_i,其中 d_i 是年龄区间 (x_i, x_{i+1}) 中的寿命表死亡数。因此

$$L_i M_{ui} = d_i \tag{5.2.16}$$

而

$$d_0 + d_1 + \cdots = l_0 \qquad (5.2.17)$$

是在 0 岁时活着的总人数。将(5.2.16)式代入(5.2.14)式,利用(5.2.17)式可得到

$$\text{L. T. D. R.} = l_0/T_0 \qquad (5.2.18)$$

其倒数

$$T_0/l_0 = \hat{e}_0 \qquad (5.2.19)$$

称为 0 岁时的(观察)期望寿命;因此,

$$\text{L. T. D. R.} = \frac{1}{\hat{e}_0} \qquad (5.2.20)$$

2.7　等价平均死亡率(E. A. D. R.)　等价平均死亡率(equivalent average death ratio)定义每个年龄别死亡率用相应的区间长度来加权,而不是用计算死亡率所依据的人数来加权,公式是:

$$\text{E. A. D. R.} = \sum_i \frac{n_i}{\sum_i n_i} M_{ui} \qquad (5.2.21)$$

其中 $n_i = x_{i+1} - x_i$。最后一个年龄区间是个无终点的区间,例如,60 和 60 以上,而相应的死亡率又常常很高。为了避免年老组的高死亡率不适当地影响校正的结果,必须给最后一个区间设置一个上限。G. U. Yule 最早提出这个指数,他提议将最后区间的上界定为 66 岁。由于老年区间里人数较少,不难看出,E. A. D. R. 比 C. D. R. 或 D. M. D. R. 更注重老年的死亡率。

2.8　相对死亡指数(R. M. I.)　用于相对死亡指数(relative mortality index)的基本量是团体的一系列死亡率与标准人口相应的死亡率之比;相对死亡指数是这一系列比值的加权平均值,以团体的年龄别人口比例为权重。公式是

$$\text{R. M. I.} = \sum_i \frac{P_{ui}}{P_u} \frac{M_{ui}}{M_{si}} \qquad (5.2.22)$$

因为 $P_{ui} M_{ui} = D_{ui}$,这个指数也可以用团体的年龄别死亡数来计算。

2.9　死亡指数(M. I.)　死亡指数(mortality index)也是团体年龄别死亡率与标准人口相应的死亡率之比的加权平均值。不同于相对死亡指数,它用年龄区间的长度为权重。公式是

$$\text{M. I.} = \frac{\sum_i n_i \dfrac{M_{ui}}{M_{si}}}{\sum_i n_i} \qquad (5.2.23)$$

一般说,相对死亡指数较之死亡指数更多地反映年轻组的死亡率情形。例如,考虑年龄组(0,15)和(65,80),人口比例 P_{ui}/P_u 在年轻组比年老组大得多,因此,年轻组的权重比年老组的大。然而,因为两个年龄组的长度相等,n_i =15 年,在死亡指数中,年轻组和年老组的权重却相等。

Yerushalmy(1951)在介绍这个指数时强调指出,M. I. 反映了"年龄别死亡率的比例,而不是绝对差值"。对于相同长度的年龄区间,比值 M_{ui}/M_{si} 的相同变化对这个指数值的影响是相等的。我们用一个例子来说明这一点。

表 5.6 和表 5.7 对两段时间(年 1 和年 2)分别计算了某团体的死亡指数。表 5.7 说明对于年轻组,年 2 的比值 M_{ui}/M_{si} 比年 1 大 0.100;对于年老组,年 2 的这个比值比年 1 小 0.100 (第(6)列)。然而,年 2 的 M. I. 仍然和年 1 的 M. I. 相等。

表 5.6 某团体年 1 死亡指数的计算

年龄区间	区间长度（岁）	死亡率 ‰		比值
		团体	标准人口	
(x_i, x_{i+1})	n_i	M_{ui}	M_{si}	M_{ui}/M_{si}
(1)	(2)	(3)	(4)	(5)
0~15	15	8.00	9.43	0.848
15~65	50	11.00	11.50	0.957
65~80	15	15.00	15.29	0.981

M. I. =0.941

表 5.7 某团体年 2 死亡指数的计算

年龄区间	区间长度（岁）	死亡率 ‰		比值	注解
		团体	标准人口		
(x_i, x_{i+1})	n_i	M_{ui}	M_{si}	M_{ui}/M_{si}	
(1)	(2)	(3)	(4)	(5)	(6)
0~15	15	8.94	9.43	0.948	=0.848+0.100
15~65	50	11.00	11.50	0.957	无变化
65~80	15	13.47	15.29	0.881	=0.981-0.100

M. I. =0.941

3. 校正率的标准误

第 2 节中的年龄校正死亡率都表现为对年龄别死亡率加权平均这一共同形式。除间接法校正率之外,权重之和均为 1。在 I. M. D. R. 中,权重之和可以大于或小于 1,取决于该团体和标准人口年龄构成间的差别。正因为这一点,间接校正率和其他校正率不可比较,它们的标准误也不可比较。

把粗死亡率列入校正率一览表是有其用意的。因为粗死亡率常表示为总死亡数与总人口之比,容易把它错当成二项分布的概率,这样就会引出错误的标准误公式。年龄、性别不同的个体死亡概率各不相同,平均概率是无意义的。所以,直接应用二项分布的理论是不恰当的。然而,正像 2.1 节所分析,把它看作年龄别死亡率的加权平均值,就可以得到正确的标准误公式。

纵观所有的校正率,给年龄别死亡率所加的权重不外是:①人口比例,②年龄组的相对长度。对于粗死亡率,权重是团体中各年龄组人口的比例 (P_{ui}/P_u);对于直接校正率,权重是标准人口中各年龄组人口的比例 (P_{si}/P_s);对比较死亡率,权重是两个人口比例的平均值;对寿命表死亡率,权重是各年龄组中寿命的比例 (L_i/T_0);对等价平均死亡率,权重是年龄组的相对区间长 $(n_i/\sum n_i)$。用于间接法校正的权重是标准人口年龄别死亡率、团体人口比例和标准人口比例这三者的函数。

表 5.8 所列出的校正法包括标准化死亡率比和两个指数,相对死亡指数和死亡指数。由表 5.8 的第 2 列可见,这两个指数是团体年龄别死亡率与标准人口相应死亡率之比的加权平均值。区别在于相对死亡指数利用团体中各年龄组人口比例为权重,而死亡指数则利用团体中各年龄区间的长度为权重。现在我们把它们也看作年龄别死亡率的线性函数,系数如表 5.8 第 3 列所示。

3.1 校正率方差的一般公式 为了推导校正死亡率样本方差的公式,首先要识别其中所包含的随机变量。显然,团体的一些年龄别死亡率都是随机变量,而年龄区间的长度是常量。各年龄组中,团体的人口比例和标准人口的比例不按随机变量处理,因为我们研究的随机事件是死亡,不是人口的变动。和团体中的情形一样,标准人口的年龄别死亡率是随机变量。但是,因为引出校正死亡率的目的是为了作有关团体死亡率的推断,必须考虑的仅仅是与该团体有关的随机变异。换言之,可归因于标准人口年龄别死亡率的随机变异不应该包括到校正率的变异中去。总之,在样本方差的推导中,我们只把团体的年龄别死亡率看作随机变量。寿命表死亡率的方差将在第 5 节里另作处理。

表 5.8　用于计算总死亡率、年龄校正死亡率和死亡指数的公式和权重

名称 (1)	公式 (2)	权重（w_i） (3)
粗死亡率 (C. D. R.)	$\dfrac{\sum P_{ui}M_{ui}}{P_u}$	$\dfrac{P_{ui}}{P_u}$
直接校正率 (D. M. D. R.)	$\sum \dfrac{P_{si}M_{ui}}{P_s}$	$\dfrac{P_{si}}{P_s}$
比较校正率 (C. M. R.)	$\dfrac{1}{2}\sum_i\left(\dfrac{P_{ui}}{P_u}+\dfrac{P_{si}}{P_s}\right)M_{ui}$	$\dfrac{1}{2}\left(\dfrac{P_{ui}}{P_u}+\dfrac{P_{si}}{P_s}\right)$
间接校正率 (I. M. D. R.)	$\dfrac{D_s/P_s}{\sum_i P_{ui}M_{si}/P_u}\left(\dfrac{D_u}{P_u}\right)$	$\dfrac{D_s/P_s}{\sum_j P_{uj}M_{sj}}P_{ui}$
标准化死亡率比 (S. M. R.)	$\dfrac{\sum P_{ui}}{\sum P_{ui}M_{si}}M_{ui}$	$\dfrac{P_{ui}}{\sum_j P_{uj}M_{sj}}$
寿命表死亡率 (L. T. D. R.)	$\sum_i \dfrac{L_i}{\sum_j L_j}M_{ui}$	$\dfrac{L_i}{\sum_j L_j}$
等价平均死亡率 (E. A. D. R.)	$\sum_i \dfrac{n_i}{\sum_j n_j}M_{ui}$	$\dfrac{n_i}{\sum_j n_j}$
相对死亡指数 (R. M. I.)	$\sum_i \dfrac{P_{ui}}{P_u}\dfrac{M_{ui}}{M_{si}}$	$\dfrac{P_{ui}}{P_u M_{si}}$
死亡指数 (M. I.)	$\dfrac{\sum_i n_i \dfrac{M_{ui}}{M_{si}}}{\sum_j n_j}$	$\dfrac{n_i}{\left(\sum_j n_j\right)M_{si}}$

明确了这一点，校正率和死亡指数就是团体的年龄别死亡率这些基本随机变量的线性函数。一般公式为

$$R = \sum_i w_i M_{ui} \tag{5.3.1}$$

这里求和是对所有的年龄组进行的，系数 w_i 由表 5.8 给出。

因为任何两个不同年龄组的死亡率是不相关的，按第 2 章随机变量线性函数方差的法则，(5.3.1)式校正率的方差为

$$S_R^2 = \sum_i w_i^2 S_{Mui}^2 \qquad\qquad (5.3.2)$$

其中 M_{ui} 的方差已在第 4 章(4.3.5)式推导过,即

$$S_{Mui}^2 = \frac{M_{ui}}{P_{ui}}(1 - \hat{q}_{ui}) \qquad\qquad (5.3.3)$$

将(5.3.3)式代入(5.3.2)式,得到年龄校正死亡率样本方差的一般公式

$$S_R^2 = \sum_i w_i^2 \frac{M_{ui}}{P_{ui}}(1 - \hat{q}_{ui}) \qquad\qquad (5.3.4)$$

当概率的估计值 $\hat{q}_{ui}$ 较小,$(1 - \hat{q}_{ui})$ 接近于 1 时,我们有近似公式:

$$S_R^2 = \sum_i w_i^2 \frac{M_{ui}}{P_{ui}} \qquad\qquad (5.3.5)$$

注记:当年龄别死亡率是由死亡者的一个样本来确定时,死亡率的样本方差和(5.3.3)不同,任何两个年龄别死亡率之间存在协方差。方差和协方差的公式由第 4 章(4.3.17)和(4.3.21)两式给出。

4. 直接法年龄校正死亡率样本方差的计算

上述年龄校正死亡率样本方差的计算普遍适用于除寿命表死亡率以外的各种校正方法。因此,利用直接校正率(D. M. D. R.)作为例子就够了。由(5.3.3)式可以得到 D. M. D. R. 的样本方差,只需以 $w_i = P_{si}/P_s$ 代入,结果是

$$S_R^2 = \sum_i \left(\frac{P_{si}}{P_s}\right)^2 \frac{M_{ui}}{P_{ui}}(1 - \hat{q}_{ui}) \qquad\qquad (5.4.1)$$

我们以 1970 年全加利福尼亚人口的死亡率来说明计算过程,以 1970 年的美国人口作为标准人口。计算的步骤见表 5.9。

表 5.9 中,最后一个区间"85 和 85 以上"的死亡率方差为 0,因为概率 $\hat{q}_{85} = 1$。对其余的每一个区间,我们利用公式(5.3.3)计算死亡率 M_{ui} 的样本方差

$$S_{Mui}^2 = \frac{M_{ui}}{P_{ui}}(1 - \hat{q}_{ui}) \qquad\qquad (5.3.3)$$

如表 5.9 的第(7)列所示。相应的权重平方 $(P_{si}/P_s)^2$ 如第(8)列所示。(7)、(8)两列对应数值相乘给出

$$\left(\frac{P_{si}}{P_s}\right)^2 S_{Mui}^2 = \left(\frac{P_{si}}{P_s}\right)^2 \frac{M_{ui}}{P_{ui}}(1 - \hat{q}_{ui}) \qquad\qquad (5.4.2)$$

表 5.9　1970 年加利福尼亚州全人口年龄校正死亡率样本标准误的计算

（用直接法校正,以 1970 年 4 月 1 日全美国人口为标准人口）

年龄区间（岁）	区间长度	区间 (x_i,x_{i+1}) 内年中人口	死亡率	终寿区间成数	区间内死亡概率	年龄别死亡率样本方差 $\dfrac{M_{ui}}{P_{ui}}(1-\hat{q}_{ui})$	标准人口比例平方（美国 1970）
$x_i \sim x_{i+1}$	n_i	P_{ui}	M_{ui}	a_i	$\hat{q}_{ui}$	$10^{12}S_{M_u}^2$	$10^8(P_{si}/P_s)^2$
(1)	(2)	(3)	(4)	(5)	(6)	(7)	(8)
0~1	1	340483	0.018309	0.09	0.01801	52806	29416
1~5	4	1302198	0.000806	0.41	0.00322	617	452459
5~10	5	1918117	0.000377	0.44	0.00188	196	964405
10~15	5	1963681	0.000374	0.54	0.00187	190	1046618
15~20	5	1817379	0.001130	0.59	0.00564	618	880681
20~25	5	1740966	0.001552	0.49	0.00773	885	649013
25~30	5	1457614	0.001421	0.51	0.00708	968	439833
30~35	5	1219389	0.001611	0.52	0.00502	1311	316393
35~40	5	1149999	0.002250	0.53	0.01119	1935	298733
40~45	5	1208550	0.003404	0.54	0.01689	2769	347604
45~50	5	1245903	0.005395	0.53	0.02664	4215	355480
50~55	5	1083852	0.008256	0.53	0.04049	7309	298581
55~60	5	933244	0.012796	0.52	0.06207	12860	240855
60~65	5	770770	0.018565	0.52	0.08886	21946	179801
65~70	5	620805	0.027526	0.51	0.12893	38623	118374
70~75	5	484431	0.039520	0.52	0.18052	66869	71765
75~80	5	342097	0.062336	0.51	0.27039	132948	35612
80~85	5	210953	0.095419	0.50	0.38521	278084	12636
85+	—	142691	0.157564	—	1.00000	0.00	5528

将(5.4.2)的乘积对所有的年龄组求和得到(5.4.1)中 R 的样本方差。

对 1970 年加利福尼亚人口,年龄校正死亡率是

$$R = \sum_i \frac{P_{si}}{P_s}M_{ui} = \frac{1787768}{203211926} = 0.0087976 = 8.7976 \text{ 人}/1000 \text{ 人·年}$$

表 5.9 的计算表明样本方差为

$$S_R^2 = 340.631 \times 10^{-12}$$

标准差为

$$S_R = \sqrt{340.631 \times 10^{-12}} = 0.018456‰$$

相比之下,标准差 S_R 比年龄别死亡率小得多。

1970 年加利福尼亚人口的年龄校正死亡率 8.7976‰ 可以和 1970 年全美国人口的死亡率 9.453‰ 进行比较,因为两者都基于同样的人口分布。由于标准差很小($S_R = 0.018456‰$),可以认为 1970 年加利福尼亚人口与美国人口相比,死亡率明显地低。

如果愿意正式检验一下关于 1970 年加利福尼亚和全美国死亡率相同的假设:$H_0 : R = 9.453‰$,可以利用第三章所述方法计算 R 的标准化随机变量

$$Z = \frac{R - 0.009453}{\mathrm{S.\,E.}(R)}$$

得到

$$Z = \frac{0.0087976 - 0.009453}{0.000018456} = -35.51$$

这说明 R 和 0.009453 的差异具有统计学意义,结论同前。

5. 寿命表死亡率的样本方差

寿命表死亡率是个特殊情形,因为权重 $L_x \big/ \sum L_x$ 本身是随机变量,并且彼此相关,也和年龄别死亡率相关。显然,用前一节的办法来推导寿命表死亡率的样本方差将遇到一系列复杂的计算。然而,寿命表死亡率和出生期望寿命有一个简单倒数的关系(参见(5.2.20)式):

$$R = \frac{1}{\hat{e}_0} \tag{5.5.1}$$

利用随机变量倒数的方差法则,我们有

$$S_R^2 = \frac{1}{\hat{e}_0^4} S_{\hat{e}_0}^2 \tag{5.5.2}$$

其中 $\hat{e}_0$ 的样本方差(参见第 8 章)为

$$S_{\hat{e}_0}^2 = \sum_{w>0} \hat{p}_{0x}^2 \left[(1 - a_x) n_x + \hat{e}_{x+n_x} \right]^2 S_{\hat{q}_x}^2 \tag{5.5.3}$$

将它代入(5.5.2)式便给出所求的公式

$$S_R^2 = \frac{1}{\hat{e}_0^4} \sum_{w>0} \hat{p}_{0x}^2 \left[(1 - a_x) n_x + \hat{e}_{x+n_x} \right]^2 S_{\hat{q}_x}^2 \tag{5.5.4}$$

这里的

$$S_{q_x}^2 = \frac{\hat{q}_x^2(1-\hat{q}_x)}{D_x}$$

已由第 4 章给出。

6. 习题

1. 以下列人口为标准人口，计算表 5.2 中团体 A 和 B 的直接校正率，并进行比较。

表 A　一个标准人口各年龄组中的人口数和死亡数

	人口数 P_{si}	死亡数 D_{si}
儿童	37000	54
成人	50000	210
老年	13000	576
	100000	840

2. 利用第 1 题表 A 中的标准人口计算团体 A 和 B 的间接校正率和标准化死亡率比。

3. 假定团体 A 和 B 三个年龄区间的长度为 $n_1 = 20$ 岁, $n_2 = 40$ 岁和 $n_3 = 20$ 岁, 计算团体 A 和 B 的等价平均死亡率。

4. 计算团体 A 和 B 的相对死亡指数, 假定 $n_1 = 20$ 岁, $n_2 = 40$ 岁和 $n_3 = 20$ 岁。

5. 利用表 B 中数据对美国人口 5 个年龄别死亡率分别计算标准误。

6. (续) 将美国人口的粗死亡率 (878.1/100000) 表示为 5 个年龄别死亡率的加权平均数, 并计算这个加权平均数的标准误。

直接利用 (5.3.1) 式对总人口计算粗死亡率的标准误。比较两个标准误并解释其差别差。

7. 用相应的年龄别死亡率表示太平洋区和新英格兰的粗死亡率并求其标准误。检验两地区粗死亡率的差异是否有统计学意义。

8. 以全美国人口为标准人口, 确定太平洋区和新英格兰区的直接校正死亡率。比较直接校正死亡率和粗死亡率, 并且对每一地区解释两种死亡率的差别。

表 B　1977 年美国各地区和州各年龄组的死亡数和死亡率

地区	死亡数						
	总计	5 岁以下	5～19 岁	20～44 岁	45～64 岁	65 岁和以上	未报
全美国	1899597	55282	24022	129585	437795	1242344	569
英格兰	108067	2093	1442	5447	23267	75802	16
中大西洋区	353803	8068	4731	20376	82743	237748	137
东北区	361122	10608	6383	23068	83203	237834	26
西北区	155142	4047	2686	8299	28701	111390	19
南大西洋区	308785	9420	5564	22862	78762	192061	116
东南区	130479	4409	2662	9667	30538	83168	35
西南区	183033	6907	3958	14642	42010	115419	97
高山区	72404	2963	2061	6771	16355	44210	44
太平洋区	266762	6767	4535	18453	52216	144712	79

地区	死亡率(/10 万)					
	总计	5 岁以下	5～19 岁	20～44 岁	45～64 岁	65 岁和以上
全美国	878.1	362.9	59.2	169.7	1000.0	5288.1
英格兰	882.8	287.1	44.6	127.1	905.3	5250.7
中大西洋区	955.2	352.3	49.9	161.1	998.0	5500.9
东北区	879.6	365.3	56.9	159.2	1014.9	5606.6
西北区	918.9	348.0	59.6	143.1	869.2	5286.7
南大西洋区	900.1	392.2	61.9	187.1	1146.8	5010.7
东南区	943.0	415.2	70.7	201.0	1134.4	5504.2
西南区	843.2	393.3	66.6	190.7	1023.1	5187.4
高山区	721.9	337.1	74.0	189.2	874.1	4810.7
太平洋区	775.7	329.5	60.2	170.1	888.3	4961.0

来源：National Center for Health Statistics, U. S. Department of Health and Human Services. Vital Statistics of the United States, 1977, Vol. Ⅱ—Mortality, Part A, p. 1-47, Table 1-12.

9. (续)对第 8 题中的两个直接校正死亡率分别计算标准误。这两个校正死亡率的差异具有统计学意义吗?

10. 以全美国人口为标准人口,对太平洋区和新英格兰区计算:

(1)间接校正率;

(2)标准化死亡率比;

并比较计算的结果。

11. 以全美国年龄别死亡率为标准,计算太平洋区和新英格兰的相对死亡率指数和死亡率指数(假定 65 岁及 65 岁以上的年龄区间长度为 20 岁),并比较计算的结果。

12. 以全美国人口为标准人口,对你所选择的地区计算:

(1)总死亡率;

(2)直接校正率;

(3)比较死亡率;

(4)间接校正率;

(5)标准化死亡率比;

(6)等价平均死亡率;

(7)相对死亡率指数;

(8)死亡率指数;

(假定 65 岁及 65 岁以上的年龄区间长度为 20 岁),并讨论这些校正指标的优缺点。

第6章 寿命表及其编制方法——完全寿命表

早在现代概率统计发展之前,人们就关心寿命的长短,并造表来度量寿命,一些传闻中长寿的著名人物尤其引人注意。公元3世纪中叶出现了一份粗糙的表,它给出了期望寿命为30岁,据认为,这份表是由古罗马执政官 Praefect Ulpianus 编制的。但是,因为其目的是为确定年金提供依据,似乎不可能反映一般人口中的死亡率。然而,这张表在意大利的北部直到18世纪末仍为官方所使用。

1662年 John Graunt 发表的《死亡率表》和1693年 Edmund Halley 发表的著名的关于布勒斯劳城的表,标志着现代寿命表的开端。在 Graunt 的死亡率表中,他引进了各种年龄存活者的比例。Halley 的表已经包括了今天所用的大部分项目。据 Graunt 提供的关于17世纪伦敦的资料作粗略的计算,平均寿命为18.2岁;Halley 在17世纪末对布勒斯劳城所作的估计是33.5岁。18世纪期间,人们编制了若干寿命表,包括 Deparcieux(1746)、Buffon(1749)、Mourgue 以及 Duvillard(两者都发表于18世纪90年代)等的法国表,Richard Price(1783)的诺坦普顿表以及 Wigglesworth(1793)关于美国马萨诸塞州和新罕布什尔州的表。英国第一份官方的寿命表是1843年 Willan Farr 在 General Records Office 任编辑期间发表的。欧洲大陆的一些国家过去近两个世纪中也编制了一系列寿命表。例如,瑞典1755年开始编制,荷兰1816年开始,法国是1817年,挪威是1821年,德国是1871年,瑞士是1876年。美国直到1900年才有编制寿命表所需的较为可靠的死亡统计资料;那时,人口调查局的 J. W. Glover 确定出生期望寿命为男性46.07岁,女性49.42岁。

1. 引言

寿命表原是保险精算学的产物,但计算保险金并不是它的唯一应用。近代理论统计和随机过程的发展使人们有可能从纯统计学观点来研究寿命问题,从而使寿命表成为人口统计、流行病学、生物学以及其他领域的重要分析工具。

寿命表有两种主要形式：定群（或队列）寿命表（cohort life table）和现时寿命表（current life table）。严格说，定群寿命表记录特定的一群人从第一个人出生到最后一个人死去的实际死亡经历。对于一个人群编制这样的表显然有许多困难。给定人群中的成员可能有迁出和漏记的死亡，而且一组已经死亡者的期望寿命只有历史方面的价值。然而，定群寿命表在研究动物群体方面确实有实际应用，甚至已经推广到用来估计无生命对象诸如机器、电灯泡和其他机械制品的耐用性问题。改进的定群寿命表已经应用于以人为对象的流行病学、社会学、医学以及护理学研究。在治疗有效性的研究中，分析病人存活的机会和时间长短已经扩充了寿命表方法的应用。这些将在第 10 章详细讨论。

顾名思义，现时寿命表是从一个断面来看当年这段时间内一群人的死亡和生存经历（例如，1970 年加利福尼亚的人口）。它完全取决于编表这一年中的年龄别死亡率。这种表以给定人口的实际死亡率为基础，把现时人口的一个片断投影到一个假设的定群中。例如，当我们说到当年生下的一个婴儿的期望寿命时，我们假定这个婴儿在其一生中都遵从当年资料中所呈现的年龄别死亡率。于是，现时寿命表反映的是一年之中一群实际人口的死亡经历。它是综合一群实际人口死亡和生存经历的最有效的工具，并且为统计推断奠定了基础。现时寿命表有助于比较国际死亡资料以及在国家水平上评估死亡率趋势。

定群和现时寿命表都有完全的和简略的两种。在完全寿命表（complete life table）中，逐年计算各种函数；简略寿命表（abridged life table）的年龄区间除第一年外均大于 1 年，典型的年龄区间是 0～1,1～5,5～10,10～15 等等。

现时寿命表所依据的死亡资料不一定限于一年之中，也可以是三年的资料，例如，1969 年、1970 年和 1971 年。对每个年龄区间，确定年平均死亡数，然后被中间一年相应区间内的人口数除（本例中就是 1970 年），以得到年龄别死亡率。通常，这中间一年是人口普查年，人口数字精确有效。以上做法的目的是减弱可能发生于一年中的异常死亡模式对分析结果的影响。

改善寿命数据的技巧是保险精算学家发展起来的，它包括修匀法和其他旨在削弱极端值影响的方法。虽然改善的技巧确有使数据光滑的优点，但是基于这种经过加工的信息所得的寿命表函数较难进行统计推断。

本章将叙述寿命表的一般形式，解释它的各种函数，并介绍编制现时寿命表的一种方法。寿命表函数的理论问题将在第 10 章详细讨论。

2. 寿命表各列的说明

定群寿命表和现时寿命表形式上相同，编制方法却不同。以下将讨论完全的现时寿命表,定义每一列的作用,解释列与列之间的关系。为简化起见,我们修改了沿袭的记号。作为一个例子,表 6.2 给出了 1970 年加利福尼亚全人口的完全现时寿命表。

第 1 列　年龄区间 $(x,x+1)$　除最后一个年龄区间(如"85 或 85 以上")无末端外,这一列中的每一个区间都由 2 个确定的年龄值来定义。最后一个年龄区间的起点记为 w。

第 2 列　x 岁时活着,而在 $(x,x+1)$ 区间内死去的频率 $\hat{q}_x$　每个 $\hat{q}_x$ 是一个 x 周岁的人在随后的一年里死去的概率估计。这些频率 $\hat{q}_x$ 是计算其他列数值的基本量。它们由现时人口的年龄别死亡率导出,所用公式将在下一节介绍。为了避免小数有时把这些频率值表示为每 1000 人口的死亡数,这一列就相应地标记为"$1000\hat{q}_x$"。

第 3 列　x 岁时活着的人数 l_x　这一列的第一个数 l_0 是任意的,称为"基数"。后面的每一个数反映 l_0 个人当中 x 周岁时存活的人数。因此,这一列中的数值仅仅是在基数 l_0 的意义下考虑的,并不代表任何被观察的人口。基数常取方便的数目,如 100000。表 6.2 说明,如果人们的死亡规律与 1970 年加利福利亚人口的死亡规律相同,那么出生时存活的 100000 人中将有 98199 人能活到第一次生日。

第 4 列　在区间 $(x,x+1)$ 内死去的人数 d_x　这一栏里的值是 l_x 和 $\hat{q}_x$ 的乘积,因而依赖于基数 l_0。仍利用 1970 年加利福尼亚的资料,在 $l_0=100000$ 个活产儿中,$d_x=1801$ 个将死于第 1 年内。但是 1801 这个数本身并无意义,肯定不是 1970 年加利福尼亚发生的婴儿死亡数。d_x 仅仅是寿命表上年龄区间 $(x,x+1)$ 内的死亡数。

前已说明,l_x 相 d_x 列中的数字是由 $\hat{q}_0,\hat{q}_1,\cdots,\hat{q}_w$ 和基数 l_0 利用下列关系式来计算,即

$$d_x=l_x\hat{q}_x,\qquad x=0,1,\cdots,w \qquad\qquad (6.2.1)$$

和

$$l_{x+1}=l_x-d_x \qquad x=0,1,\cdots,w-1 \qquad\qquad (6.2.2)$$

从第一个年龄区间开始,我们对 $x=0$ 利用(6.2.1)式,得到死于区间 $(0,1)$ 的人数 d_0,并对 $x=0$ 利用(6.2.2)式得到在这个区间末端存活的人数 l_1。根据 1 周岁时活着的人数 l_1,对 $x=1$ 利用(6.2.1)和(6.2.2)式得到与第二个区间相应的数值。用类似步骤可算出第 3、4 列中所有的数值。

第 5 列　死于 x 岁者在其寿命最终一年内生存的时间占全年的成数 a'_x　在 $(x,x+1)$ 区间里死去的 d_x 个人分别生活了 x 整年再加上 $(x,x+1)$ 这一

年的一部分(即不足一年的一个分数)。这后一部分的平均值就是 a'_x,称终寿年成数。这个数在编制寿命表以及理论研究中(见第 10 章)都很重要。这一点将在下一节进一步解释。

第 6 列 进入区间 $(x,x+1)$ 的所有人在该区间内存活的总年数 L_x 在区间 $(x,x+1)$ 里始终生存的每一个人各贡献 1 年给 L_x,在区间 $(x,x+1)$ 里中途死去的每一个人,平均说来各贡献 a'_x 年给 L_x,所以

$$L_x=(l_x-d_x)+a'_x d_x, \qquad x=0,1,\cdots,w-1 \qquad (6.2.3)$$

其中第一项是活到 $x+1$ 的 (l_x-d_x) 个人在区间 $(x,x+1)$ 里存活的年数,第二项是中途死去的 d_x 个人在该区间里存话的年数。当 a'_x 假定为 1/2 时(对于 5 岁以上的区间常是这种情形),上式就变成

$$L_x=l_x-\frac{1}{2}d_x \qquad (6.2.4)$$

注意,L_x 与第 4 章介绍的"人·年"这个概念密切有关。

第 7 列 l_x 个人在 x 岁以后存活年数的总和 T_x 这个量是计算期望寿命的基础,它等于从 x 岁开始算这 l_x 个人在此后的各年龄区间里存活年数的总和,即

$$T_x=L_x+L_{x+1}+\cdots+L_w, \qquad x=0,1,\cdots,w \qquad (6.2.5)$$

在 T_x 与 T_{x+1} 之间显然有关系:

$$T_x=L_x+T_{x+1} \qquad (6.2.6)$$

第 8 列 x 岁期望寿命 $\hat{e}_x$ 这是一个 x 岁者平均继续生存的年数。因为 l_x 个人还能生存的总年数是 T_x,所以,期望寿命就是

$$\hat{e}_x=\frac{T_x}{l_x}, \qquad x=0,1,\cdots,w \qquad (6.2.7)$$

每一个 $\hat{e}_x$ 概括了人们在 x 岁以后的死亡经历,因而,这一列在寿命表中非常重要。而且,这是寿命表中除 $\hat{q}_x$ 和 a'_x 外唯一独立于基数 l_0 的列。通常,期望寿命随年龄 x 的增加而减少,第一年是唯一的例外,因为,第一年里死亡率高,$\hat{e}_1 > \hat{e}_0$。例如,1970 年加利福利亚人口出生期望寿命为 $\hat{e}_0=71.90$ 岁,而一岁时 $\hat{e}_1=72.22$ 岁。

注记 1 一个有用的量没有列入常见的寿命表,这就是

$$\hat{p}_x=1-\hat{q}_x \qquad (6.2.8)$$

它是在年龄区间 $(x,x+1)$ 中存活的频率;而

$$\hat{p}_{xy}=\hat{p}_x \hat{p}_{x+1}\cdots\hat{p}_{y-1}=\frac{l_y}{l_x} \qquad (6.2.9)$$

是 x 岁的人继续生存到 y 岁的频率。$x=0$ 时，$\hat{p}_{0y}$ 就是活产儿将生存到 y 岁的频率；显然，

$$\hat{p}_{0y}=l_y/l_0$$

3. 完全现时寿命表的编制

编制现时寿命表时，关键是由年龄别死亡率来估算相应的死亡概率。表中的其他量都可以由第 2 节的公式来计算。

由年龄别死亡率推算死亡概率的过程中，最重要的概念是终寿年成数 a_x'。例如，一个人死于 30 岁，他生存了 30 年加上第 31 年的一部分，这后一部分用一个成数来表示。同龄死者的这种成数可以不同，其平均值记为 a_x'。脚标 x 表示最后一次过生日时的岁数。假定在 30 岁零 1 个月，30 岁零 2 个月，……，乃至 30 岁零 11 个月死去的人数一样多，那么，这个平均成数为 1/2，换言之，假定死亡人数均匀分布在一年中，$a_x'=1/2$。关于这个成数，Chiang 等(1961)曾利用加利福尼亚州所搜集的 1960 年死亡资料和由美国国家卫生统计中心搜集的 1963 年全美国的资料作过分析。现有结果表明，4 岁以上成数 a_x' 不随人种、性别和年龄而变，作 $a_x'=0.5$ 的假定是可以的。然而，因为婴儿死亡大多发生在第 1 周，所以，对应于区间 $(0,1)$ 的 a_0' 非常小。根据这些资料，提议如下的数值：$a_0'=0.09$，$a_1'=0.43$，$a_2'=0.45$，$a_3'=0.47$，$a_4'=0.49$，而对于 $x\geqslant 5$，$a_x'=0.50$。

现回到死亡概率的估算。为了能够由各年龄 x 的死亡率计算死亡概率，我们需要寻求概率估计值 $\hat{q}_x$ 和年龄别死亡率 M_x 之间的关系式。对于 1 岁以后的年龄区间，这个关系式见于第 4 章的 $(4.2.4)$。对年龄区间 $(x, x+1)$，这个关系式是

$$\hat{q}_x=\frac{M_x}{1+(1-a_x')M_x}, \qquad x=0,1,\cdots,w-1 \qquad (6.3.1)$$

当年龄别死亡率 M_x 是由该年的死亡率 D_x 和年中人口数 P_x 来决定时，

$$M_x=\frac{D_x}{P_x}, \qquad x=0,1,\cdots,w-1 \qquad (6.3.2)$$

概率的估计值 $\hat{q}_x$ 可由 $(6.3.1)$ 式计算。

为了说明计算方法，我们考虑表 6.1 的 1970 年加利福尼亚人口。对于生命的第 1 年 $(0,1)$，如第 2、3 列所示，人口数是 $P_0=340483$，婴儿死亡数是 $D_0=6234$，第 4 列中对应于 $x=0$ 的年龄别死亡率是

$$M_0 = \frac{D_0}{P_0} = \frac{6234}{340483} = 0.018309 \text{ 或 } 18.309 \text{ 人}/1000 \text{ 人} \cdot \text{年}$$

一个死于第 1 年里的婴儿在该年里生活的成数平均说来是 $a_0' = 0.09$。因此，死亡概率的估计值可由(6.3.1)式得到

$$\hat{q}_0 = \frac{0.018309}{1 + (1 - 0.09)0.018309} = 0.01801$$

待算出所有的 $\hat{q}_x$ 以及选定 l_0 之后，一系列 d_x，l_x 和 L_x 可以由(6.2.1)、(6.2.2)和(6.2.3)式决定，如表 6.2 所示。

表 6.1   1970 年美国加利福利亚州全人口完全寿命表的编制

年龄区间 (岁) x 到 $x+1$ (1)	区间$(x, x+1)$ 内年中人口 P_x (2)	区间$(x, x+1)$ 内死亡数 D_x (3)	区间$(x, x+1)$ 内死亡率 M_x (4)	终寿年 成数 a_x' (5)	区间$(x, x+1)$ 内死亡概率 $\hat{q}_x$ (6)
0~1	340482	6234	0.018309	0.09	0.01801
1~2	326154	368	0.001123	0.43	0.00113
2~3	213699	269	0.000858	0.45	0.00086
3~4	323441	237	0.000723	0.47	0.00073
4~5	338904	175	0.000016	0.49	0.00052
5~6	362161	179	0.000494	0.50	0.00049
6~7	379642	171	0.000450	0.50	0.00045
7~8	388980	131	0.000339	0.50	0.00034
8~9	391610	121	0.000309	0.50	0.00031
9~10	397724	121	0.000304	0.50	0.00030
10~11	406118	126	0.000310	0.50	0.00031
11~12	388927	127	0.000327	0.50	0.00033
12~13	396025	188	0.000349	0.50	0.00035
13~14	388520	158	0.000407	0.50	0.00041
14~15	385085	186	0.000483	0.50	0.00048
15~16	377127	235	0.000623	0.50	0.00062
16~17	368156	344	0.000934	0.50	0.00093
17~18	366198	385	0.001051	0.50	0.00105
18~19	354932	506	0.001428	0.50	0.00142
19~20	350966	584	0.001664	0.50	0.00156
20~21	359833	583	0.001620	0.50	0.00162

续表

年龄区间 （岁） x 到 $x+1$ (1)	区间$(x,x+1)$ 内年中人口 P_x (2)	区间$(x,x+1)$ 内死亡数 D_x (3)	区间$(x,x+1)$ 内死亡率 M_x (4)	终寿年 成数 a'_x (5)	区间$(x,x+1)$ 内死亡概率 $\hat{q}_x$ (6)
21～22	349557	562	0.001608	0.50	0.00161
22～23	365889	572	0.001564	0.50	0.00156
23～24	370543	564	0.001522	0.50	0.00152
24～25	295189	421	0.001420	0.50	0.00148
25～26	304013	416	0.001368	0.50	0.00137
26～27	300008	391	0.001280	0.50	0.00128
27～28	310654	461	0.001484	0.50	0.00148
28～29	275897	411	0.001490	0.50	0.00149
29～30	261592	392	0.001499	0.50	0.00150
30～31	264083	399	0.001511	0.50	0.00151
31～32	247777	378	0.001526	0.50	0.00152
32～33	241726	388	0.001606	0.50	0.00160
33～34	232025	365	0.001573	0.50	0.00157
34～35	233778	434	0.001856	0.50	0.00185
35～36	234288	439	0.001873	0.50	0.00187
36～37	224302	476	0.003118	0.50	0.00212
37～38	228652	519	0.003270	0.50	0.00227
38～39	225727	549	0.003421	0.50	0.00312
39～40	235950	606	0.003568	0.50	0.00356
40～41	200027	665	0.002670	0.50	0.00267
41～42	232893	719	0.002087	0.50	0.00308
42～43	239747	863	0.003600	0.50	0.00359
43～44	238783	874	0.003660	0.50	0.00365
44～45	248100	993	0.004002	0.50	0.00399
45～46	252828	1140	0.004421	0.50	0.00448
46～47	249857	1268	0.005025	0.50	0.00506
47～48	247955	1362	0.005493	0.50	0.00548
48～49	202187	1422	0.005640	0.50	0.00562
49～50	242126	1530	0.006319	0.50	0.00630
50～51	248799	1594	0.006538	0.50	0.00652
51～52	220598	1710	0.007752	0.50	0.00772
52～53	213448	1798	0.008400	0.50	0.00837

续表

年龄区间 (岁) x 到 $x+1$ (1)	区间$(x,x+1)$ 内年中人口 P_x (2)	区间$(x,x+1)$ 内死亡数 D_x (3)	区间$(x,x+1)$ 内死亡率 M_x (4)	终寿年 成数 a_x' (5)	区间$(x,x+1)$ 内死亡概率 $\hat{q}_x$ (6)
53～54	203818	1870	0.009184	0.50	0.00914
54～55	202383	1881	0.009788	0.50	0.00974
55～56	201750	2217	0.010989	0.50	0.01093
56～57	193828	2333	0.012036	0.50	0.01196
57～58	187257	2483	0.013260	0.50	0.01317
58～59	178602	2392	0.013393	0.50	0.01330
59～60	171807	2517	0.014650	0.50	0.01454
60～61	174613	2733	0.015652	0.50	0.01553
61～62	167734	2743	0.017390	0.50	0.01724
62～63	154174	2911	0.018881	0.50	0.01870
63～64	144149	2968	0.020590	0.50	0.02038
64～65	140100	2954	0.021085	0.50	0.02086
65～66	135857	3391	0.024960	0.50	0.02465
66～67	129386	3378	0.025335	0.50	0.02502
67～68	123926	3352	0.027049	0.50	0.02669
68～69	112574	3331	0.029589	0.50	0.02916
69～70	119063	3736	0.031378	0.50	0.03089
70～71	114056	3846	0.033717	0.50	0.03316
71～72	100781	3704	0.036763	0.50	0.03609
72～73	93031	3705	0.039836	0.50	0.03906
73～74	89992	3830	0.042559	0.50	0.04167
74～75	86561	4063	0.046988	0.50	0.04586
75～76	81003	4275	0.052776	0.50	0.05142
76～77	73552	4383	0.069590	0.50	0.05287
77～78	70616	4269	0.060398	0.50	0.05863
78～79	60615	4181	0.068975	0.50	0.06668
79～80	56410	4227	0.074934	0.50	0.07223
80～81	57646	4424	0.076744	0.50	0.07301
81～82	45399	4288	0.088780	0.50	0.08501
82～83	39560	3995	0.100088	0.50	0.08613
83～84	34439	3753	0.103975	0.50	0.10334
84～85	31009	3569	0.118320	0.50	0.11171
85＋	142691	22482	0.157564	0.50	1.00000

表 6.2　1970 年美国加利福利亚州全人口的完全寿命表

年龄区间（岁）x 到 x+1	区间（x, x+1）内死亡概率 $\hat{q}_x$	x 岁时存活数 l_x	区间（x, x+1）内死亡数 d_x	终寿年成数 a'_x	区间（x, x+1）内生活时间 L_x	x 岁后生活时间 T_x	x 岁时期望寿命 $\hat{e}_x$
(1)	(2)	(3)	(4)	(5)	(6)	(7)	(8)
0~1	0.01801	100000	1801	0.09	98681	7190390	71.90
1~2	0.00113	98199	111	0.43	98138	7092029	72.22
2~3	0.00086	98088	84	0.45	98012	6993893	71.30
3~4	0.00073	98004	72	0.47	97966	6895851	70.36
4~5	0.00052	97932	51	0.49	97906	6797885	69.41
5~6	0.00049	97881	48	0.50	97857	6699979	68.45
6~7	0.00045	97833	44	0.50	97811	6602122	67.48
7~8	0.00034	97789	33	0.50	97772	6504311	66.51
8~9	0.00031	97756	30	0.50	97741	6406539	65.54
9~10	0.00030	97726	29	0.50	97711	6308798	64.56
10~11	0.00031	97697	30	0.50	97682	6211087	63.58
11~12	0.00033	97667	32	0.50	97651	6113405	62.59
12~13	0.00035	97635	34	0.50	97618	6015754	61.61
13~14	0.00041	97601	40	0.50	97581	5918136	60.64
14~15	0.00048	97561	47	0.50	97538	5820555	59.66
15~16	0.00062	97514	60	0.50	97484	5723017	58.69
16~17	0.00093	97454	91	0.50	97406	5625533	57.73
17~18	0.00105	97363	102	0.50	97312	5528125	56.78
18~19	0.00142	97261	138	0.50	97192	5430613	55.84
19~20	0.00156	97123	161	0.50	97043	5333621	54.92
20~21	0.00162	96952	157	0.50	96884	5236578	54.01
21~22	0.00161	96805	156	0.50	96727	5139694	53.09
22~23	0.00156	96649	151	0.50	96574	5043967	52.18
23~24	0.00152	96498	147	0.50	96424	4948393	51.26
24~25	0.00143	96351	138	0.50	96282	4849969	50.34
25~26	0.00137	96213	132	0.50	96147	4753687	49.41
26~27	0.00128	96081	123	0.50	96020	4557540	48.48
27~28	0.00148	95958	142	0.50	95887	4561520	47.54
28~29	0.00149	95816	143	0.50	95745	4465633	46.61

续表

年龄区间 （岁）	区间 （x，x+1） 内死亡概率	x 岁时 存活数	区间 （x，x+1） 内死亡数	终寿年 成数	区间 （x，x+1） 内生活时间	x 岁后 生活时间	x 岁时 期望 寿命
x 到 x+1	$\hat{q}_x$	l_x	d_x	a'_x	L_x	T_x	$\hat{e}_x$
(1)	(2)	(3)	(4)	(5)	(6)	(7)	(8)
29～30	0.00150	95673	144	0.50	95601	4369888	45.68
30～31	0.00151	95529	144	0.50	95457	4274287	44.74
31～32	0.00152	95385	145	0.50	95312	4178830	43.81
32～33	0.00160	95240	152	0.50	95164	4083518	42.88
33～34	0.00157	95038	149	0.50	95014	3988354	41.94
34～35	0.00185	94939	176	0.50	94851	3893340	41.01
35～36	0.00187	94763	177	0.50	94674	3798489	40.08
36～37	0.00212	94586	201	0.50	94486	3703815	39.16
37～38	0.00227	94385	214	0.50	94278	3609329	38.34
38～39	0.00242	94171	228	0.50	94057	3515051	37.33
39～40	0.00256	93943	240	0.50	93823	3520994	36.42
40～41	0.00267	93703	250	0.50	93578	3327171	35.51
41～42	0.00308	93453	288	0.50	93309	3233593	34.60
42～43	0.00359	93165	334	0.50	92998	3140284	33.71
43～44	0.00365	92831	339	0.50	92661	3047286	32.83
44～45	0.00399	92492	369	0.50	92307	2954625	31.94
45～46	0.00448	92123	413	0.50	91916	2862818	31.07
46～47	0.00506	91710	464	0.50	91478	2770402	30.21
47～48	0.00548	91246	500	0.50	90996	2678024	29.36
48～49	0.00562	90746	510	0.50	90491	2587928	28.52
49～50	0.00630	90236	584	0.50	89952	2497437	27.68
50～51	0.00652	89668	585	0.50	89376	2407485	26.85
51～52	0.00772	89083	688	0.50	88739	2318109	26.02
52～53	0.00837	88395	740	0.50	88025	2229370	25.22
53～54	0.00914	87665	801	0.50	87255	2141345	24.43
54～55	0.00974	86854	846	0.50	86431	2064090	23.65
55～56	0.01093	86008	940	0.50	85538	1967659	22.88
56～57	0.01196	85068	1017	0.50	84550	1882121	22.12
57～58	0.01317	84051	1107	0.50	83497	1797562	21.39

续表

年龄区间 （岁） （x，x+1） 内死亡概率	区间 	x 岁时 存活数	区间 （x，x+1） 内死亡数	终寿年 成数	区间 （x，x+1） 内生活时间	x 岁后 生活时间	x 岁时 期望 寿命
x 到 x+1 (1)	$\hat{q}_x$ (2)	l_x (3)	d_x (4)	a_x' (5)	L_x (6)	T_x (7)	$\hat{e}_x$ (8)
58～59	0.01330	82944	1108	0.50	82393	1714065	20.67
59～60	0.01454	81841	1190	0.50	81246	1631672	19.94
60～61	0.01553	80651	1263	0.50	80025	1550426	19.22
61～62	0.01724	79398	1369	0.50	78712	1470401	18.52
62～63	0.01870	78029	1459	0.50	77299	1391688	17.84
63～64	0.02038	76570	1560	0.50	75790	1314889	17.17
64～65	0.02086	75010	1566	0.50	74228	1238599	16.51
65～66	0.02465	73445	1810	0.50	72540	1164371	15.85
66～67	0.02502	71635	1792	0.50	70739	1091891	15.24
67～68	0.02669	69843	1864	0.50	68911	1021092	14.62
68～69	0.02916	67979	1982	0.50	60988	952181	14.01
69～70	0.03089	65997	2039	0.50	64978	885198	13.41
70～71	0.03316	63958	2121	0.50	62897	820215	12.82
71～72	0.03609	61837	2232	0.50	60781	757318	12.25
72～73	0.03906	59605	2328	0.50	58441	696597	11.69
73～74	0.04167	57277	2387	0.50	56083	635156	11.14
74～75	0.04586	54890	2517	0.50	53632	582073	10.60
75～76	0.05142	52373	2693	0.50	51086	528441	10.09
76～77	0.05787	49680	2875	0.50	48243	477415	9.61
77～78	0.05863	46805	2744	0.50	45488	429172	9.17
78～79	0.06668	44061	2938	0.50	42593	383739	8.71
79～80	0.07223	41123	2970	0.50	39638	341147	8.10
80～81	0.07391	38153	2820	0.50	36743	301509	7.90
81～82	0.08501	35333	3004	0.50	33881	264766	7.49
82～83	0.09613	32329	3108	0.50	30775	230935	7.14
83～84	0.10334	29221	3020	0.50	27711	200160	6.85
84～85	0.11171	26201	2927	0.50	24738	172449	6.58
85+	1.00000	23274	23274		147711	147711	6.35

对于 1970 年加利福尼亚人口我们用 $l_0=100000$ 来确定婴儿死亡数：

$$d_0=l_0\hat{q}_0=100000\times0.01801=1801 \qquad (6.2.1a)$$

对应于 1 岁的生存数

$$l_1=l_0-d_0=100000-1801=98199 \qquad (6.2.2a)$$

和在区间 $(0,1)$ 里生存的年数

$$L_0=(l_0-d_0)+a'_0d_0=98199+0.09\times1801=98361 \qquad (6.2.3a)$$

注记 2 比值 d_x/L_x 是对应于年龄 x 的寿命表上的死亡率。因为寿命表完全是由现时人口的年龄别死亡率决定的,所以寿命表上的死亡率必须和现时人口的死亡率一致,用记号表示便是

$$\frac{d_x}{L_x}=M_x=\frac{D_x}{P_x}, \qquad x=0,1,\cdots \qquad (6.3.3)$$

为了证明 (6.3.3),我们将 (6.2.3) 式代入比值 d_x/L_x,得到

$$\frac{d_x}{L_x}=\frac{d_x}{(l_x-d_x)+a'_xd_x}$$

分子、分母同被 l_x 除,

$$\frac{d_x}{L_x}=\frac{\hat{q}_x}{1-(1-a'_x)\hat{q}_x} \qquad (6.3.4)$$

寿命表中最后的一个年龄区间是半开区间,诸如 85 岁和 85 岁以上。D_w,P_w,M_w,l_w,d_w 和 T_w 的数值都属于 w 岁和 w 岁以上的半开区间;而 $\hat{q}_w=1$ (因为不能有永远存活者)。区间长度是无限的,欲确定一个人在 w 岁以后平均活多长时间缺乏必要的信息。因此,我们不能用 (6.2.3) 式来确定 L_w。对 $x=w$,改写 (6.3.3) 式的前半部,我们有

$$L_w=\frac{d_w}{M_w} \qquad (6.3.5)$$

因为 w 岁时活着的 l_w 个人最终都要死去,$l_w=d_w$;由 (6.3.5) 式,我们有

$$L_w=\frac{l_w}{M_w} \qquad (6.3.6)$$

这里,活到 w 岁的人数 l_w 由前面的区间 (x_{w-1},x_w) 决定,M_w 是现时人口中年龄区间 (w 和 w 以上) 的死亡率。在 1970 年加利福利亚寿命表中,$w=85$,$l_{85}=23274$,85 岁和 85 岁以上的死亡率是 $M_{85}=0.157564$;因此,

$$L_{85}=\frac{l_{85}}{M_{85}}=\frac{23274}{0.157564}=147711$$

利用 L_w 和 L_x,$x=0,1,\cdots,w-1$,我们可以计算表 6.2 中的第 7 列,公式为

$$T_x = L_x + L_{x+1} \cdots + L_w, \qquad x = 0, 1, \cdots, w-1$$

和 $\qquad T_w = L_w$

图 6.1 至图 6.4 表示 1970 年加利福尼亚州全人口与年龄 x 所对应的死亡概率 ($\hat{q}_x$)、存活人数 (l_x)、死亡人数 (d_x) 和期望寿命 ($\hat{e}_x$)。图 6.5 至图 6.8 表示 1970 年美国全人口的上述 4 个量,如我们从图 6.1 所见,第一年的死亡概率极高,此后急剧下降,10 岁时达最小值;然后,死亡概率逐渐上升,约 65 岁时又接近 $\hat{q}_0$ 的大小;接着,继续递增,越往后升得越快。$\hat{q}_x$ 的模式同样也反映在 l_x、d_x 和 $\hat{e}_x$ 上。由于这两份寿命表都在 85 岁时结束,图形也在这个年龄停止。

除 l_0 以外,寿命表中的每一个量都是相应的未知理论量的估计值。例如,$\hat{q}_x$ 是死亡概率的估计,$\hat{e}_x$ 是期望寿命的估计。在不致混淆的场合,为简单起见,我们将省去"估计"这个词,而说 $\hat{q}_x$ 表示死亡概率,$\hat{e}_x$ 表示寿命等。

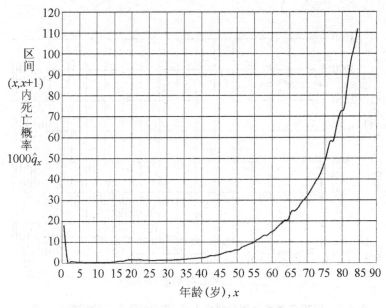

图 6.1 1970 年加利福利亚州全人口的死亡概率

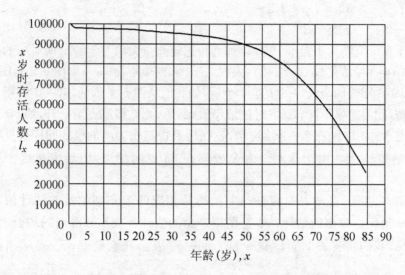

图 6.2 　1970 年加利福利亚州全人口 100000 活产儿的历年存活人数

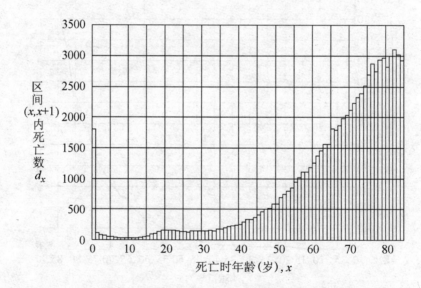

图 6.3 　1970 年加利福利亚州全人口 100000 活产儿的历年死亡数

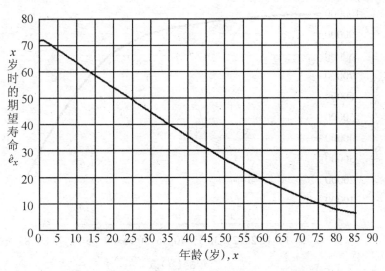

图 6.4 1970 年加利福利亚州全人口的期望寿命

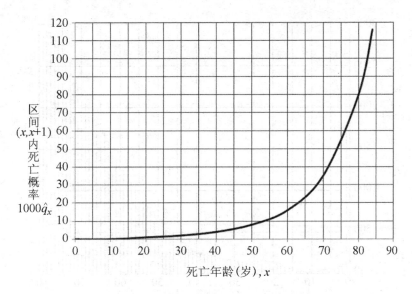

图 6.5 1970 年美国全人口的死亡概率

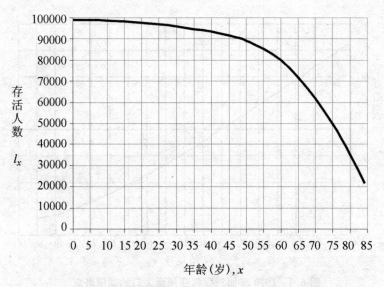

图 6.6 1970 年美国全人口 100000 活产儿历年的存活人数

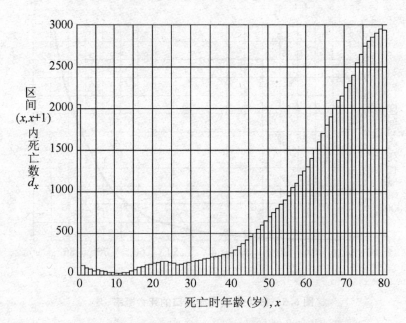

图 6.7 1970 年美国全人口 100000 活产儿历年的死亡数

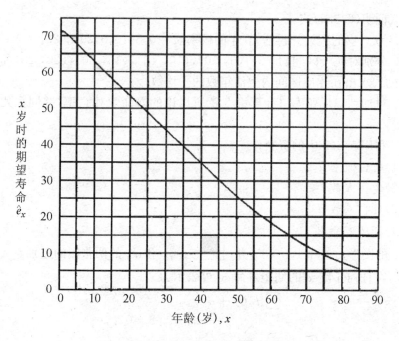

图 6.8 1970 年美国全人口的期望寿命

注记 在期望寿命这个概念早期发展阶段,人们首先定义了一个粗略的期望寿命

$$e_x = \frac{l_{x+1} + l_{x+2} + \cdots}{l_x}$$

它仅仅考虑了存活者生活年数的整数部分,而完整的期望寿命则把死去者在最终一年内所生活的部分时间也考虑在内。如果假定(平均说来)每个死者都死于年中,则完整的期望寿命为

$$\hat{e}_x = e_x + \frac{1}{2}$$

因为粗略的期望值现已不再使用,本书的记号 e_x 就表示 x 岁时真正的期望寿命。

4. 习题

1. 对表 6.1 中的 $x = 0, 1, \cdots, 20$ 计算年龄别死亡率 M_x 和死亡概率 $\hat{q}_x$。

2. 核对表 6.2 中前 20 年的计算。

3. 证明(6.3.3)式。

4. 为 x 岁的人计算再活 10 年的概率, $x=0,5,10,5,20$ 和 25。

5. 分别对死于区间 $(1,5),(5,10),(10,15),(15,20),(20,25)$ 和 $(25,30)$ 内的人求出在相应区间内生活年数的平均数。

6. 对加利福尼亚人口计算第 5 章所讨论的寿命表死亡率,并同粗死亡率相比较。

7. 利用表 6.2 中的资料作

(1)死亡概率 $\hat{q}_x$

(2)生存人数 l_x

(3)死亡人数 d_x

(4)期望寿命 $\hat{e}_x$

关于 x 的图形, $x=0,1,\cdots,85$,并讨论关于 $\hat{q}_x$ 和 d_x 的两张图的差别。

8. 在任何年龄 x 的期望寿命 $\hat{e}_x$ 可表示为

$$\hat{e}_x = \frac{\sum\limits_{y=x} d_y(y+a'_y)}{\sum\limits_{y=x} d_y}, \qquad x=0,1,\cdots \tag{A}$$

证明:公式(A)中的 $\hat{e}_x$ 恒等于(6.2.7)中的 $\hat{e}_x$。

9. 现时人口的死亡时平均年龄可从下式算出:

$$\frac{\sum\limits_{y=x} D_y(y+a'_y)}{\sum\limits_{y=x} D_y}, \qquad x=0,1,\cdots \tag{B}$$

试问:公式(B)中现时人口死亡时的平均年龄是否等于第 8 题公式(A)中同一现时人口的期望寿命? 试解释。

10. 利用表 6.2 中 d_x 和 a'_x 的数值计算死亡时的平均年龄(对年龄区间 85+作适当的假设),并同 0 岁时的期望寿命 $\hat{e}_0$ 作比较。

11. 利用表 6.1 中 D_x 和 a'_x 的数值计算死亡时的平均年龄,并同第 8 题中所得到的死亡时平均年龄作比较(对年龄区间 85+作适当假设)。

12. 表 6.2 第(8)列中的期望寿命,除 1 岁时的 $\hat{e}_1=72.2$ 比 0 岁时的 $\hat{e}_0=71.90$ 大以外, $\hat{e}_x$ 随年龄增加而减少,试解释。

第7章 寿命表及其编制方法——简略寿命表

1. 引言

在第 6 章里我们已经看到一个人口群体的生存和死亡资料可以用寿命表作系统地表示,寿命表中的每个元素都有其自身的特定意义。依时间为序进行研究时,每一列里的数值表明一个人口群体生存和死亡的动态过程,显示生存和死亡的模式和趋势。前一章中的图形从不同的角度反映了一个人口群体的生存经历,并给出了其他方面的信息。而且,寿命表是唯一的统计方法,它能给出的不是一个而是一系列样本均值 $(\hat{e}_0, \hat{e}_1, \cdots, \hat{e}_w)$。人们可以从一个寿命表获得比其他统计方法更多的信息。值得注意的是,所有这些只要有年龄别死亡率和终寿年成数的资料就可实现。

然而,具有 85 个年龄组的一个寿命表不能提供简明的轮廓。一个完全寿命表中的大量信息不易掌握,也不易消化。Major Greenwood 曾经明确指出,"人类的脑子掌握大量繁琐事物的本领是有限的。……试图掌握每一点势必什么也掌握不了。"(Yule(1934))。而且,对于一个群体说来,长度为一岁的区间所需的资料常常不易获得,有时即使能够获得,错报年龄以及虚报年龄也使得资料不甚可靠。还有,作为随机事件,发生在一年之中的死亡数有很大变异。这些缺点可以通过编制简略寿命表来克服。

2. 编制简略寿命表的重要公式

和编制完全寿命表一样,为编制简略寿命表必须在年龄别死亡率和死亡概率之间确立一个关系式。在寿命表的长期历史中,人们曾提出许多不同的方法来推导这种关系式。第 5 节将给出一些方法的简短小结。本节中,我们要介绍一个简单的公式,这个公式的基础是年龄别死亡率和死亡概率的实际意义。

在第 4 章里,对年龄区间 $(x_i, x_i + n_i)$ 上的死亡率我们曾给出下列定义:

$$M_i = \frac{\text{在区间}(x_i + n_i)\text{内死亡的人数}}{x_i\text{ 岁的人在区间}(x_i + n_i)\text{内活过的总年数}} \qquad (7.2.1)$$

关于死亡概率的估计值,我们定义为区间 $(x_i, x_i + n_i)$ 内的死亡数与 x_i 岁时活着的人数之比。由上述两个定义,我们容易得到公式(Chiang(1961b),(1972)):

$$\hat{q}_i = \frac{n_i M_i}{1 + (1 - a_i) n_i M_i} \qquad (7.2.2)$$

其理由很直观,不必重复。为了再次肯定这个公式,下面我们推导一下理论上的年龄别死亡率和理论上的死亡概率之间的一个关系式。其数学内容似乎复杂一点,但道理很简单。

考虑 x_i 岁时活着的一个人和区间 $(x_i, x_i + n_i)$。设 $\mu(x)$ 是 x 岁时的死亡力(force of mortality),又称死亡强度函数(intensity function of death),第 10 章将说明,这个人将在 $(x_i, x_i + n_i)$ 区间里死去的概率 q_i 为

$$q_i = 1 - \exp\left\{-\int_0^{n_i} \mu(x_i + \xi) d\xi\right\} \qquad (7.2.3)$$

这个概率 q_i 也是一个 x_i 岁的人在区间 $(x_i, x_i + n_i)$ 中的期望死亡数。这和第 2 章中二项分布随机变量的期望一样。

年龄区间 $(x_i, x_i + n_i)$ 上的理论死亡率是一个人的期望死亡数 q_i 和他在这个区间里生存的期望年数之比,或

$$m_i = \frac{q_i}{\int_0^{n_i} \exp\left\{-\int_0^y \mu(x_i + \xi) d\xi\right\} dy} \qquad (7.2.4)$$

年龄别死亡率 m_i 和死亡概率 q_i 都是对 x_i 岁时活着的一个人来定义的。

设随机变量 τ_i 是死于区间 $(x_i, x_i + n_i)$ 内的一个人在该区间里活过的成数。显然,τ_i 是连续随机变量,在 0 和 1 之间取值。τ_i 的期望值记为 a_i,即[1]

$$E(\tau_i) = a_i \qquad (7.2.5)$$

对于每一个 t 值,$0 \leqslant t \leqslant 1$,$\tau_i$ 的概率密度函数为

$$g(t)dt = \frac{\left[\exp\left\{-\int_0^{n_i t} \mu(x_i + \xi) d\xi\right\}\right] \mu(x_i + n_i t) n_i dt}{q_i}, \qquad 0 \leqslant t \leqslant 1$$

$$(7.2.6)$$

---

[1] 为简单起见,我们不再为期望值引入新的记号。

(7.2.6)式右侧的量是死于区间 $(x_i, x_i + n_i)$ 内的一个人死亡时间在微小区间 $(x_i + n_i t, x_i + n_i t + d(n_i t))$ 内的概率,也是 τ_i 取值于 $(t, t + dt)$ 内的概率,即密度函数 $g(t)dt$。τ_i 的期望值可计算如下:

$$a_i = E(\tau_i) = \int_0^1 t g(t) dt$$

$$= \int_0^1 \frac{t \exp\left\{ - \int_0^{n_i t} \mu(x_i + \xi) d\xi \right\}}{q_i} \mu(x_i + n_i t) n_i dt$$

$$= \frac{-n_i \exp\left\{ - \int_0^{n_i} \mu(x_i + \xi) d\xi \right\} + \int_0^{n_i} \exp\left\{ - \int_0^y \mu(x_i + \xi) d\xi \right\} dy}{n_i q_i}$$

$$\tag{7.2.7}$$

将(7.2.3)和(7.2.4)式代入(7.2.7)最后的表达式,得到

$$a_i = 1 - \frac{1}{q_i} + \frac{1}{n_i m_i} \tag{7.2.8}$$

由(7.2.8)式解出 q_i,便得到 q_i 和 m_i 之间的基本关系式

$$q_i = \frac{n_i m_i}{1 + (1 - a_i) n_i m_i} \tag{7.2.9}$$

3. 简略寿命表

简略寿命表包含的列类似于完全寿命表,唯一的区别在于区间的长度。一般区间 (x_i, x_{i+1}) 的长度在简略寿命表中就是 $n_i = x_{i+1} - x_i$,它大于 1 年(见表 7.1 和表 7.2)。因此,我们有

第 1 列　年龄区间 (x_i, x_{i+1});

第 2 列　在区间 (x_i, x_{i+1}) 内死亡概率 $\hat{q}_i$;

第 3 列　x_i 岁时活着的人数 l_i;

第 4 列　死于区间 (x_i, x_{i+1}) 内的人数 d_i;

第 5 列　死于区间 (x_i, x_{i+1}) 内的一个人在该区间里生存的时间占区间全长的平均成数 a_i;

第 6 列　所有在区间 (x_i, x_{i+1}) 内生活过的人在该区间里生活年数之和 L_i;

第 7 列　所有 x_i 岁的人在 x_i 之后生活年数的总和 T_i;

第 8 列　x_i 岁时的期望寿命 $\hat{e}_i$。

这里基本的东西是每个死于某区间内的人在该区间里生存的时间占区间全长的平均成数。这个成数称为终寿区间成数，记为 a_i，是完全寿命表中终寿年成数 a_x' 的合理推广。a_i 的确定和讨论将在第 4 节介绍。

编制一个人口的现时简略寿命表需预先做好两项计算工作。首先是计算年龄别死亡率 M_i，利用公式

$$M_i = \frac{D_i}{P_i} \tag{7.3.1}$$

其中 D_i 和 P_i 分别是死亡数和区间 (x_i, x_{i+1}) 上的年中人口数。其次是计算死亡概率的估计值，利用公式

$$\hat{q}_i = \frac{n_i M_i}{1 + (1 - a_i) n_i M_i} \tag{7.2.2}$$

从 $\hat{q}_i$，a_i 和基数 l_0 开始，我们利用下列公式计算各列中的元素：

$$d_i = l_i \hat{q}_i, \qquad i = 0, 1, \cdots, w - 1 \tag{7.3.2}$$

和

$$l_{i+1} = l_i - d_i, \qquad i = 0, 1, \cdots, w - 1 \tag{7.3.3}$$

x_i 岁的 l_i 个存活者在区间 (x_i, x_{i+1}) 内生活的时间是

$$L_i = n_i (l_i - d_i) + a_i n_i d_i, \qquad i = 0, 1, \cdots, w - 1 \tag{7.3.4}$$

最后的区间仍然是半开的，L_w 的计算和完全寿命表中的算法一样（参见第 6 章的(6.3.6)式）：

$$L_w = \frac{l_w}{M_w} \tag{7.3.5}$$

其中 M_w 是 x_w 岁和 x_w 岁以上者的年龄别死亡率。

l_i 个人在 x_i 岁以后继续生活的总年数是

$$T_i = L_i + L_{i+1} + \cdots + L_w, \qquad i = 0, 1, \cdots, w \tag{7.3.6}$$

所以，x_i 岁时的观察期望寿命是比值

$$\hat{e}_i = \frac{T_i}{l_i}, \qquad i = 0, 1, \cdots, w \tag{7.3.7}$$

作为一个例子，表 7.1 和表 7.2 给出了 1970 年加利福尼亚州人口的简略寿命表。

表 7.1　1970 年加利福尼亚州全人口简略寿命表的编制

年龄区间 （岁）	(x_i, x_{i+1}) 内年中人口	(x_i, x_{i+1})内 死亡数	死亡率	终寿区间 成数	(x_i, x_{i+1})内 死亡概率
$x_i \sim x_{i+1}$	P_i	D_i	M_i	a_i	$\hat{q}_i$
(1)	(2)	(3)	(4)	(5)	(6)
0～1	340483	6234	0.18309	0.09	0.01801
1～5	1302198	1049	0.000806	0.41	0.00322
5～10	1918117	723	0.000377	0.44	0.00188
10～15	1963681	735	0.000374	0.54	0.00187
15～20	1817379	2054	0.001130	0.59	0.00564
20～25	1740966	2702	0.001552	0.49	0.00773
25～30	1457614	2071	0.001421	0.51	0.00708
30～35	1219389	1964	0.001611	0.52	0.00802
35～40	1149999	25888	0.002250	0.53	0.01113
40～45	1208550	4114	0.003404	0.54	0.01689
45～50	1245903	6722	0.005395	0.53	0.02664
50～55	1083852	8948	0.008256	0.53	0.04049
55～60	933244	11942	0.012796	0.52	0.06207
60～65	770770	14309	0.018565	0.52	0.08886
65～70	620805	17088	0.027526	0.51	0.12893
70～75	484431	19149	0.039529	0.52	0.18052
75～80	342097	21325	0.062336	0.51	0.27039
80～85	210953	20129	0.095419	0.50	0.38521
85＋	142691	22483	0.157564	—	1.00000

表 7.2 1970 年加利福尼亚州全人口的简略寿命表

年龄区间（岁）	(x_i,x_{i+1}) 内死亡概率	x_i 岁时存活人数	(x_i,x_{i+1}) 内死亡人数	终寿区间成数	(x_i,x_{i+1}) 内生活时间	x_i 岁后生活时间	x_i 岁时期望寿命
$x_i \sim x_{i+1}$	$\hat{q}_i$	l_i	d_i	a_i	L_i	T_i	$\hat{e}_i$
(1)	(2)	(3)	(4)	(5)	(6)	(7)	(8)
0～1	0.01801	100000	1801	0.09	98361	7195221	71.05
1～5	0.00322	98199	316	0.41	392050	7096860	72.27
5～10	0.01388	97883	184	0.44	488900	6704810	68.50
10～15	0.00187	97699	183	0.54	488074	6215010	63.62
15～20	0.00564	97516	550	0.59	486452	5727836	58.74
20～25	0.00773	96966	750	0.49	482917	5241384	54.05
25～30	0.00708	96216	681	0.51	479412	4758467	49.46
30～35	0.00802	95535	766	0.52	475837	4279055	44.79
35～40	0.01119	94769	1060	0.53	471354	3803218	40.13
40～45	0.01689	93709	1583	0.54	464904	3331864	35.56
45～50	0.02664	92126	2454	0.53	454863	2866960	32.12
50～55	0.04049	89672	3631	0.53	439827	2412097	26.90
55～60	0.06207	86041	5341	0.52	417387	1972270	22.92
60～65	0.08886	80700	7171	0.52	386290	1554883	19.27
65～70	0.12893	73529	9480	0.51	344419	1168593	15.89
70～75	0.18052	64049	11562	0.52	292496	824174	12.87
75～80	0.27099	52487	14192	0.51	227665	531678	10.13
80～85	0.38521	38295	14752	0.50	154595	304013	7.94
85+	1.00000	23543	23543	—	149418	149413	6.35

4. 终寿区间成数 a_i

在编制简略寿命表时，终寿区间成数 a_i 是一个基本量，就和编制完全寿命表时终寿年成数 a_x' 是基本量一样。a_i 依赖于该区间里每一年的死亡概率和相应的终寿年成数 a_x'。a_i，a_x' 之间的关系将推导于后。

4.1 a_0 的计算 因为在简略寿命表中第一个年龄区间是一年，$a_0 = a_0'$ 是死于第一年内的活产婴儿在该年中生活的成数。表 7.3 利用 1970 年加利福尼亚婴儿死亡资料说明了 a_0 的计算。第 (3) 列是按死亡年龄排列的死亡数，这一数字常可在人口统计中获得；第 (2) 列是每个区间的平均点或中点；第 (2)、(3) 两列的乘积记于第 (4) 列，是死于每个区间内的人们总的生存时间，这些乘积之和记在右下角（本例中是 215395），它是死于第一年的 6248 名活产婴儿总的生

表 7.3 对 1970 年加利福尼亚州全人口计算基于婴儿死亡数的成数 a_0

死亡的年龄区间 (1)	死亡的年龄点（日）(2)	区间内的死亡数* (3)	生存时间（日）(4) = (2)×(3)
0~1 小时	0.02	522	10
1~24 小时	0.50	2110	1055
1~2 日	1.50	567	850
2~3 日	2.50	417	1042
3~4 日	3.50	194	679
4~5 日	4.50	130	585
5~6 日	5.50	98	539
6~7 日	6.50	63	409
7~14 日	10.00	280	2800
14~21 日	17.00	129	2193
21~28 日	24.00	107	2568
28~60 日	42.00	418	17556
2~3 月	73.00	338	24674
3~4 月	103.00	212	21836
4~5 月	134.00	168	22512
5~6 月	164.00	126	20664
6~7 月	195.00	91	17745
7~8 月	225.00	76	17100
8~9 月	256.00	56	14336
9~10 月	287.00	49	14063
10~11 月	318.00	54	17172
11~12 月	349.00	43	15007
总 计		6248	215395

* 来源：U. S. Department of Health, Education and Welfare, Public Health Service, National Center for Health Statistics, Vital Statistics of the U. S., 1970, Vol. H, Part A, pp. 2-10,11.

存时间。这个总数除以 365×6248，给出成数 a_0 的值，即一个死于第一年的活产婴儿平均说来在这一年中生活的成数。

WHO 估计 a_0 的办法 a_0 的值随婴儿死亡率而变化。一般说，婴儿死亡数的减少大多发生在第一年的后期，因此，婴儿死亡率越小，a_0 值也就越小。世界卫生组织提出了表 7.4 所示的对应规则，便于根据婴儿死亡率来确定 a_0 的数值。

$$a_0 = \frac{215395}{365 \times 6248} = 0.09$$

表 7.4 根据婴儿死亡率确定 a_0

婴儿死亡率(‰)	a_0
低于 20	0.09
20～40	0.15
40～60	0.23
高于 60	0.30

4.2 年龄区间 $(1, 5)$ 上 a_1 的计算 对于一周岁时(即区间 $(1, 5)$ 的起点)活着的一个人，有一个将死于区间 $(1, 2)$ 内的概率 q_1，将死于 $(2, 3)$ 内的概率 $(1 - q_1)q_2 = p_1 q_2$，将死于 $(3, 4)$ 内的概率 $p_1 p_2 q_3$ 和将死于 $(4, 5)$ 内的概率 $p_1 p_2 p_3 q_4$。他可能生存的时间分别等于 a_1'，$(1 + a_2')$，$(2 + a_3')$ 和 $(3 + a_4')$。例如，假定一个人死于区间 $(2, 3)$ 内，他在区间 $(1, 2)$ 内生存了一整年，并在区间 $(2, 3)$ 内生存了 a_2' 年。因此，他总共生存了 $1 + a_2'$ 年。一周岁的人在区间 $(1, 5)$ 内死去的概率总的说来是 $1 - p_1 p_2 p_3 p_4$，区间的长度为 $5 - 1 = 4$ 年。因此，如果一个人死于 1 岁与 5 岁之间，他在区间 $(1, 5)$ 内生活的成数可由下式计算：

$$a_1 = \frac{q_1 a_1' + p_1 q_2 (1 + a_2') + p_1 p_2 q_3 (2 + a_3') + p_1 p_2 p_3 q_4 (3 + a_4')}{4(1 - p_1 p_2 p_3 p_4)}$$

(7.4.1)

利用已经得到的 $a_1' = 0.43$，$a_2' = 0.45$，$a_3' = 0.47$ 和 $a_4' = 0.49$，我们有估计

$$a_1 = \frac{0.43\hat{q}_1 + 1.45\hat{p}_1\hat{q}_2 + 2.47\hat{p}_1\hat{p}_2\hat{q}_3 + 3.49\hat{p}_1\hat{p}_2\hat{p}_3\hat{q}_4}{4(1 - \hat{p}_1\hat{p}_2\hat{p}_3\hat{p}_4)}$$

$$= \frac{0.005342}{4 \times 0.003236} = 0.41$$

(7.4.2)

对一个给定的国家,概率 $\hat{q}_1,\hat{q}_2,\hat{q}_3$ 和 $\hat{q}_4$ 可以确定,区间$(1,5)$内的成数 a_1 就可由(7.4.2)式计算。表 7.5 说明了 1970 年加利福尼亚州人口 a_1 的计算。

表 7.5　基于 1970 年加利福尼亚州死亡资料计算年龄区间(1,5)内的成数 a_1

年龄 (岁)	1 岁时活着的人在区间$(x,x+1)$ 内死亡的条件概率	区间内生活时间 的期望值	
		生活时间	(2)×(3)
(1)	(2)	(3)	(4)
1~2	$q_1=0.00113$	0.43	0.000486
2~3	$p_1q_2=(0.99887)(0.00086)=0.000859$	1.45	0.001246
3~4	$p_1p_2q_3=(0.99887)(0.99914)(0.00073)=0.000729$	2.47	0.001800
4~5	$p_1p_2p_3q_4=(0.99887)(0.99914)(0.99927)(0.00052)$ 　　　$=0.000519$	3.49	0.001810
合计	$1-p_1p_2p_3p_4=0.003236$		0.005342

寿命表中 5 岁以上每个有限区间的长度都是 5 年;每一年的终寿成数都是 $a'_x=0.5$。这就简化了区间(x_i,x_i+5)内成数 a_i 的公式。例如,对于年龄区间$(5,10)$,我们有

$$a_5=\frac{0.5\hat{q}_5+(1+0.5)\hat{p}_5\hat{q}_6+(2+0.5)\hat{p}_5\hat{p}_6\hat{q}_7+(3+0.5)\hat{p}_5\hat{p}_6\hat{p}_7\hat{q}_8+(4+0.5)\hat{p}_5\hat{p}_6\hat{p}_7\hat{p}_8\hat{q}_9}{5(1-\hat{p}_5\hat{p}_6\hat{p}_7\hat{p}_8\hat{p}_9)}$$

$$=\frac{\hat{p}_5\hat{q}_6+2\hat{p}_5\hat{p}_6\hat{q}_7+3\hat{p}_5\hat{p}_6\hat{p}_7\hat{q}_8+4\hat{p}_5\hat{p}_6\hat{p}_7\hat{p}_8\hat{q}_9}{5(1-\hat{p}_5\hat{p}_6\hat{p}_7\hat{p}_8\hat{p}_9)}+\frac{1}{10} \tag{7.4.3}$$

因为

$$0.5\hat{q}_5+\hat{p}_5\hat{q}_6+\hat{p}_5\hat{p}_6\hat{q}_7+\hat{p}_5\hat{p}_6\hat{p}_7\hat{q}_8+\hat{p}_5\hat{p}_6\hat{p}_7\hat{p}_8\hat{q}_9=1-\hat{p}_5\hat{p}_6\hat{p}_7\hat{p}_8\hat{p}_9 \tag{7.4.4}$$

利用公式(7.4.2)和(7.4.3),对一些具有可靠资料的国家,我们计算了简略寿命表中 a_i 的数值,列于附录I。这些 a_i 的数值可直接用于编制有关国家的寿命表。

注记 1　公式(7.4.2)和(7.4.3)表明成数 a_i 不依赖于 $\hat{q}_x$ 和 $\hat{p}_x$ 的绝对值,而依赖于区间内死亡率的趋势。例如,$\hat{q}_5>\hat{q}_6>\hat{q}_7>\hat{q}_8>\hat{q}_9$,则不论 $\hat{q}_x$ 等是什么值,区间$(5,10)$的 a_i 值必小于 0.5。

注记 2　概率 $\hat{q}_x$ 和 $\hat{p}_x$ 是根据人口群体的死亡资料计算的,a_i 的值就反映该人口每个区间内呈现的死亡模式,因为死亡模式随时间变化不多(虽然死亡

率变动较大），a_i 值可看成常数，并用来编制该人口在以后年份的简略寿命表。

a_i 为常数不仅是就时间而言，而且具有类似死亡模式的国家 a_i 的数值也相近。表 7.6 反映了 5 组 a_i 值明显一致。所以，具有类似死亡模式的国家可以使用同一组 a_i 值。

表 7.6 若干抽样人口的终寿区间成数

年龄（岁）	澳大利亚 1969	加利福利亚 1970	法国 1969	芬兰 1968	美国 1975
0~1	0.12	0.09	0.16*	0.09	0.10
1~5	0.37	0.41	0.38	0.38	0.42
5~10	0.47	0.44	0.46	0.49	0.45
10~15	0.51	0.54	0.54	0.52	0.59
15~20	0.58	0.59	0.56	0.53	0.55
20~25	0.48	0.49	0.51	0.51	0.51
25~30	0.51	0.51	0.51	0.51	0.50
30~35	0.53	0.52	0.53	0.52	0.52
35~40	0.53	0.53	0.53	0.54	0.53
40~45	0.52	0.54	0.53	0.55	0.54
45~50	0.54	0.54	0.54	0.53	0.53
50~55	0.52	0.52	0.52	0.54	0.53
55~60	0.53	0.52	0.53	0.53	0.53
60~65	0.54	0.52	0.53	0.53	0.53
65~70	0.53	0.51	0.53	0.52	0.52
70~75	0.52	0.52	0.52	0.52	0.52
75~80	0.51	0.51	0.51	0.51	0.51
80~85	0.48	0.50	0.49	0.47	0.49
85~90	0.45	—	0.46	—	—
90~95	0.40	—	0.41	—	—

*法国 1969 人口的 a_0 值较大是因为出生后 3 天以内死去的婴儿数未曾登记，这些婴儿的死亡年龄没有包括在 a_0 的计算中。

注记 3 假定区间 (x_i, x_i+1) 内每年的 $a_x' = 1/2$，并不意味着整个区间的 $a_i = 1/2$。如前所述，成数 a_i 的数值依赖于整个区间内的死亡模式，而不依赖于每一年的死亡率。当死亡率在一个区间里随年龄而增加时，成数 $a_i > 1/2$；当相反的模式占优势时，$a_i < 1/2$。1970 年加利福尼亚州人口在年龄区间 $(5, 10)$ 和 $(10, 15)$ 里的死亡经历可用来说明这一点（见表 7.7）。在这两个

区间里,虽然每年的 $a'_x = 1/2$,但由于死亡的模式不同,在区间(5, 10)内(死亡率随年龄而减小) $a_i = 0.44$,在区间(10, 15)上(死亡率随年龄而增加)却 $a_i = 0.54$。

表 7.7　根据 1970 年加利福尼亚州人口计算区间(5, 10)和(10, 15)内的 a_1 值

年龄区间 $x \sim x+1$ (1)	终寿年成数 a'_i (2)	在年龄区间内的死亡率 q_i (3)	终寿区间成数 a_i (4)
5～6	0.50	0.00049	0.44
6～7	0.50	0.00045	0.44
7～8	0.50	0.00034	0.44
8～9	0.50	0.00031	0.44
9～10	0.50	0.00030	0.44
10～11	0.50	0.00031	0.54
11～12	0.50	0.00033	0.54
12～13	0.50	0.00035	0.54
13～14	0.50	0.00041	0.54
14～15	0.50	0.00048	0.54

5. 对编制简略寿命表作出重要贡献的人物

寿命表的历史是不断完善的历史。最早的表(见第 6 章引言)仅仅以死亡数为基础。Leonard Euler(1760)提出一些公式来计算寿命表生存人数,所用的是总人口数、总出生数和年龄别死亡数。Joshua Milne 1815 年的表同时考虑了人口数和死亡数。1839 年英国寿命表的编制仅仅利用注册的出生数和死亡数,因为据 William Farr 的意见,当时的人口数据是不可靠的。Smith 和 Keyfitz(1977)在他们的书中复述了关于编制寿命表的一些著作的摘录。下面我们介绍其中某些编制方法。

5.1　King 方法　这个方法是 George King(1914)在编制 20 世纪初的第 7 份英国寿命表时引出的。它已在许多英语国家使用了 50 年左右。这个方法把资料安排在相隔 5 岁的年龄组里。人口数和死亡数是通过修匀的办法对每个年龄组的中心年份(枢轴年龄)计算的,进而得到枢轴年份的 a_x 值。利用每个枢轴年份 q_x 的补数 $1 - q_x$ 和有限差分公式,可以得到生存数 l_x。T. N. E. Greville 编制的 1939～1941 美国寿命表采用了这个方法。

5.2　Reed－Merrell 方法　在探讨死亡概率和死亡率间关系方面,Lowell

J. Reed 和 Margaret Merrell 对 J. W. Glover 的 1910 年美国寿命表中的 33 张表做了深入的统计研究,于 1939 年发表了他们的研究成果,以下列等式刻画了 Glover 的寿命表

$$q_i = 1 - \exp\{-n_i m_i - 0.008 n_i^2 m_i^2\}$$

同时也给出了由存活人数 l_i 确定 L_i 的许多方法。

5.3 Greville 方法 Greville(1940)利用数学方法导出了 q_i 和 M_i 之间的关系,他从方程

$$M_i = -\frac{d}{dx_i} \log L_i$$

出发,两端积分后得到 L_i,他应用 Euler-Maclaurin 求和公式,以 M_i 的指数函数的级数来表示 T_i。然后,他用数学运算得到

$$q_i = \frac{M_i}{\dfrac{1}{n_i} + M_i \left[\dfrac{1}{2} + \dfrac{n_i}{12}(M_i - \log c) \right]}$$

其中,c 是 Gompertz 的死亡定律

$$\mu_x = Bc^x$$

中的常数。Greville 还提出一些公式来计算寿命表人口的 L_i。

5.4 Weisler 方法 这个方法曾在"Une méthod simple pour la construction de tables de mortalité abrégées"中介绍,可参见联合国出版的 World Population Conference, 1954, Vol. Ⅳ。它基本上用年龄别死亡率 M_i 代替死亡概率 $\hat{q}_i$。

对年龄区间 $(x_i, x_i + n_i)$,设 D_i 是在此期间的死亡数,P_i 是在此期间生活的人数,Weisler 提议

$$\hat{p}_i = 1 - \frac{D_i}{P_i} \quad 或 \quad \hat{q}_i = \frac{D_i}{P_i}$$

而 l_1, l_5, l_{10} 等可相继由下列公式来计算:

$$l_1 = l_0 \hat{p}_0$$

$$l_5 = l_1 (\hat{p}_{1,4})^{t_{1,4}}$$

$$l_{10} = l_5 (\hat{p}_{5,9})^{t_{5,9}}, \cdots$$

其中,$p_{x,(x+n-1)} = [l_{x+1} + \cdots + l_{x+n}] / [l_x + \cdots + l_{x+n-1}]$。

而 $t_{1,4} = 4$;对 $5 \leqslant x < 45, t_{x,(x+4)} = 5$;对 $x \geqslant 45, t_{x,(x+4)} > 5$。$x_a$ 时的期望寿命由下式计算:

$$\hat{e}_a = \frac{1}{2} + \frac{l_{a+1} + l_{a+2} + \cdots}{l_a}$$

5.5 Sirken 方法 Sirken(1964)提出两组年龄别死亡率。一组是用于现时人口

$$M_i = \frac{D_i}{P_i}$$

另一组是用于寿命表

$$m_i = \frac{d_i}{L_i}$$

利用观察到的死亡率 M_i，他从下式导出 q_i：

$$q_i = \frac{n_i M_i}{1 + \alpha_i M_i} \tag{A}$$

其中，常数 α_i 假定等于某标准表中的值，他利用 q_i 来完成 l_i 和 d_i 的计算。为了计算 L_i，Sirken 考虑另一等式

$$q_i = \frac{n_i M_i}{1 + a_i m_i} \tag{B}$$

将 $q_i = d_i/l_i$ 和 $m_i = d_i/L_i$ 代入(B)式，得到

$$\frac{d_i}{l_i} = \frac{n_i d_i/L_i}{(1 + a_i)d_i/L_i}$$

由此解出，

$$L_i = n_i l_i - a_i d_i$$

其中，常数 a_i 也假定等于某标准表中的值，但不同于 α_i。

5.6 Keyfitz 方法 这是利用死亡率 q_i 和年龄别死亡率 m_i 或 M_i 间的基本关系式作迭代的方法，

$$q_i = \frac{n_i M_i}{1 + (n_i - {}_n a_i)M_i} \tag{A}$$

其中 ${}_n a_i$ 是一个死于区间 $(x_i, x_i + n_i)$ 的人在该区间里生活的平均时间。除 ${}_n a_i$ 外，Keyfitz 引进一个量 ${}_n A_i$，表示一个年龄在 $(x_i, x_i + n_i)$ 范围内的稳定人口在该区间内生活的平均时间。

第一循环时，取 ${}_n a_i = n_i/2$，利用公式(A)得到 q_i 的第一次近似。然后利用

$$_n a_i = \frac{n_i}{2} + \frac{n_i}{24}\left(\frac{d_{i+1} - d_{i-1}}{d_i}\right)$$

$$L_i = \frac{n_i}{2}(l_i + l_{i+1}) + \frac{n_i}{24}(d_{i+1} - d_{i-1})$$

和

$$_nA_i = \frac{n_i}{2} + \frac{n_i}{24}\left(\frac{L_{i+1} - L_{i-1}}{L_i}\right)$$

以及其他公式可以得到 q_i 的第二次近似。每次迭代之后,编制一张寿命表,将年龄别死亡率和观察值作比较,为下一次迭代作一番调整。当年龄别死亡率和相应的观察值一致时才停止迭代(Keyfitz 1966)。

5.7 联合国和 Brass 的模型寿命表系统和 Coale－Demeny 的区域寿命表

有关寿命表的另一有趣的课题是模型寿命表和区域寿命表。联合国人口组提出了一组模型寿命表供各政府机构或其他地方使用。Brass 于 1964 年也提出了寿命表系统的一个两参数模型。这两个系统原则上是不同的。下面将简要地说明 Brass 的系统。Brass 认为:若假设 $l_0 = 1$,$l_w = 0$,则对每个 x,$0 \leqslant l_x \leqslant 1$,而且对于 $0 \leqslant x \leqslant w$,$l_x$ 是 x 的下降函数。然后他把 l_x 的 logit[①] 表示为 x 的线性函数,即设 $\log[l_x/(1-l_x)] = A + Bx$。这样就得到了 $\{l_x\}$ 的一个系统,以 A 和 B 为参数。

Coale 和 Demeny 于 1966 年发表了一些区域寿命表,促进了人口研究。在研究大量寿命表之后,他们把寿命表分成东南西北 4 个区域,对每个区域和每种性别有 24 个死亡率水平的 24 张寿命表。这样,他们一共为人口统计学家提供了 192 张寿命表。

6. 习题

1. 利用(7.2.6)式中的密度函数计算随机变量 τ_i 的期望值。

2. 核对表 7.1 中各年龄区间内的年龄别死亡率 M_i 和死亡概率 q_i 的计算。

3. 利用 $x = 1, \cdots, 19$ 的 a_x' 和 $\hat{q}_x$ 的值,计算区间 $(1, 5)$,$(5, 10)$,$(10, 15)$ 和 $(15, 20)$ 的终寿区间成数。

4. 核对表 7.2 中的计算。

5. 核对表 7.6 中年龄区间 $(5, 10)$ 和 $(10, 15)$ 的 a_i 值。

6. 表 7.2 中将每个 $\hat{q}_i$ 换成 $2\hat{q}_i$,计算简略寿命表。

7. 将表 7.2 中每个 $\hat{q}_i$ 换成 $1.5\hat{q}_i$,计算简略寿命表。

---

① 译者注:设 p 为概率,变换 $\log[p/(1-p)]$ 称为 p 的 logit,记为 logit(p);数学模型 logit(p) $= \beta_0 + \beta_1 x_1 + \cdots + \beta_k x_k$ 称为 logistic 模型,其中 $x_1, \cdots, x_k$ 为自变量,$\beta_0, \cdots, \beta_k$ 为参数。

8. 将表 7.2 中每个 $\hat{q}_i$ 换成 $0.67\hat{q}_i$,计算简略寿命表。

9. 将表 7.2 中每个 $\hat{q}_i$ 换成 $0.50\hat{q}_i$,计算简略寿命表。

10. 根据习题 $6,7,8,9$ 中的计算结果,讨论死亡概率 $\hat{q}_i$ 的变化对寿命表中期望寿命的影响。

11. 利用表 7.2 第 4 列中的死亡数 d_i 和第 5 列中的成数 a_i 计算 1970 年加利福尼亚人口死亡时的平均年龄,并和出生期望寿命 $\hat{e}_0$ 相比较。

12. 用公式表示第 11 题中死亡时的平均年龄(对年龄区间的 85+作适当假设),并证明它就等于 (7.3.7) 式给出的出生期望寿命。

13. 利用表 7.1 第 3 列中的死亡数 D_i 和第 5 列中的成数 a_i 计算 1970 年加利福尼亚人口死亡时的平均年龄,并和出生期望寿命 $\hat{e}_0$ 相比较。

14. 当表 7.1 中的死亡数改为 $2D_i$ 时,计算各年龄区间内的死亡率 M_i 和死亡概率 $\hat{q}_i$。

15. 利用第 14 题中的 $\hat{q}_i$ 确定期望寿命 $\hat{e}_0$。当 D_i 改为 $2D_i$ 时,期望寿命受影响吗? 死亡时的平均年龄受影响吗?

16. 常有人提议,对一个数目不大的人口,年龄别死亡率和死亡概率有较大变异,可以用死亡时的平均年龄代替期望寿命 $\hat{e}_0$,你的意见如何?

17. 从第 15 题你一定发现,期望寿命 $\hat{e}_0=62.09$ 岁,比表 7.2 中的 $\hat{e}_0=71.95$ 岁少 9.86 岁。尽管各年龄组的死亡率加了一倍,期望寿命却减少有限,请解释这一点。

第8章 寿命表函数的统计推断

1. 引言

前面所描述的寿命表元素都是相应的未知寿命表函数的估计值。人们可以根据观察值对这些函数作统计推断。除 L_i 和 T_i 外,表中的每一个元素或者是样本均数,或者是样本频率。因为通常的寿命表是建立在大样本基础上的,所以第3章中介绍的中心极限定理和统计推断可以直接应用于现在的问题。本章的目的是推导寿命表函数的样本方差(及其平方根,即标准误)和用数值例子来说明区间估计和假设检验的方法。我们特别要对三类函数作推断:① q_i,年龄区间 (x_i, x_{i+1}) 内的死亡概率;② p_{ij},从 x_i 岁到 x_j 岁的存活概率和 ③ e_α,x_α 岁时的期望寿命,$\alpha = 0, 1, \cdots, w$(参见第3章)。

2. 死亡概率 q_i 和存活概率 p_i

在每个年龄区间里,死亡概率和存活概率的估计值互补,$\hat{p}_i = 1 - \hat{q}_i$。因此,它们的样本方差是相等的:

$$S_{\hat{q}_i}^2 = S_{\hat{p}_i}^2 \qquad (8.2.1)$$

对于现时寿命表,方差和标准误的公式已在第4章给出,即

$$S_{\hat{q}_i}^2 = \frac{1}{D_i} \hat{q}_i^2 (1 - \hat{q}_i) \qquad (8.2.2)$$

和

$$S_{\hat{q}_i} = \hat{q}_i \sqrt{\frac{1}{D_i}(1 - \hat{q}_i)} \qquad (8.2.3)$$

其中,D_i 是现时人口中年龄区间 (x_i, x_{i+1}) 上观察到的死亡数。$\hat{q}_i$ 的标准化随机变量为

$$Z = \frac{\hat{q}_i - q_i}{S_{\hat{q}_i}} \qquad (8.2.4)$$

它服从均数为 0、方差为 1 的正态分布。(8.2.4)中的正态随机变量可用于区间估计或有关概率 q_i 的假设检验。

例如,为了求 q_i 的 95% 置信区间,我们从正态分布表查出两个值 -1.96 和 $+1.96$,就有

$$\Pr\{\hat{q}_i - 1.96 S_{\hat{q}_i} < q_i < \hat{q}_i + 1.96 S_{\hat{q}_i}\} = 0.95 \qquad (8.2.5)$$

由此,我们导出置信区间(参见第 3 章(3.2.5)式)

$$\hat{q}_i - 1.96 S_{\hat{q}_i} < q_i < \hat{q}_i + 1.96 S_{\hat{q}_i} \qquad (8.2.6)$$

对于一个给定的问题,$\hat{q}_i$ 和 $S_{\hat{q}_i}$ 可以确定,从而可以求出上、下限 $\hat{q}_i - 1.96 S_{\hat{q}_i}$ 和 $\hat{q}_i + 1.96 S_{\hat{q}_i}$。从下限到上限的区间就是 q_i 的 95% 置信区间。

作为一个例子,我们考虑第一年的死亡概率 q_0。1975 年美国男性人口中,估计值 $\hat{q}_0 = 0.0180$,死亡数 $D_0 = 28821$,因此 $\hat{q}_0$ 的标准误为

$$S_{\hat{q}_0} = \hat{q}_0 \sqrt{\frac{1}{D_0}(1 - \hat{q}_0)} = 0.0180 \sqrt{\frac{1}{28821}(1 - 0.0180)} = 0.000105$$

将这些值代入(8.2.6)式得到概率 q_0 的 95% 置信限

$$\hat{q}_0 - 1.96 S_{\hat{q}_0} = 0.0180 - 1.96(0.000105) = 0.0178$$

$$\hat{q}_0 + 1.96 S_{\hat{q}_0} = 0.0180 + 1.96(0.000105) = 0.0182$$

这样,我们以 95% 的置信度认为,如果一个人口群体的死亡经历与 1975 年美国男性死亡经历相同,那么新生儿死于第一个诞辰纪念日之前的概率在 0.0178 和 0.0182 之间。

(8.2.4)式的第二个用处是检验有关一个死亡概率的假设或者检验有关两个概率比较的假设。假定我们要了解男性的死亡力是否比女性的强,或者女性新生儿在第一年是否比男性新生儿有更多的存活机会,我们就要检验有关两个概率的假设。原假设是 $H_0: q_0(\text{男}) = q_0(\text{女})$,备择假设是 $H_1: q_0(\text{男}) > q_0(\text{女})$。检验所用的统计量是标准化正态随机变量

$$Z = \frac{\hat{q}_0(\text{男}) - \hat{q}_0(\text{女})}{\text{S. E.} [\hat{q}_0(\text{男}) - \hat{q}_0(\text{女})]} \qquad (8.2.7)$$

分母中的标准误由下式给出:

$$\text{S. E.} [\hat{q}_0(\text{男}) - \hat{q}_0(\text{女})] = \sqrt{\frac{\hat{q}_0^2(\text{男}) [1 - \hat{q}_0(\text{男})]}{D_0(\text{男})} + \frac{\hat{q}_0^2(\text{女}) [1 - \hat{q}_0(\text{女})]}{D_0(\text{女})}}$$

$$(8.2.8)$$

再次利用 1975 年美国的资料,表 8.1 给出了所要求的信息。由表 8.1,我们计算统计量

$$Z = \frac{0.00375}{1.4233 \times 10^{-4}} = 26.35$$

它明显地大于标准正态分布的第 99 百分数，即大于第 3 章表 3.8 中的 $Z_{0.99}=2.33$。由此，我们的结论是：在 1975 年美国人口中，女性新生儿在第一年里比男性新生儿有较多的存活机会。

表 8.1 1975 年美国男性和女性在生命的第一年中死亡概率及其标准误的估计

	男	女	$\hat{q}_0(\text{男})-\hat{q}_0(\text{女})$
$\hat{q}_0$	0.01800	0.01425	0.00375
D_0	28821	21713	
S^2	1.10395×10^{-8}	0.92188×10^{-8}	2.0258×10^{-8}
S. E.	1.05069×10^{-4}	0.96015×10^{-4}	1.4233×10^{-4}

3. 存活概率 p_{ij}

x_i 岁的人将活到 x_j 岁的概率是生存分析中一个重要的量，这个量可以直接从寿命表中得到。一个人从 x_i 岁活到 x_j 岁意味着在其间的每一个区间都活着，概率 p_{ij} 由下式给出：

$$p_{ij}=p_i p_{i+1}\cdots p_{j-1} \tag{8.3.1}$$

或

$$p_{ij}=(1-q_i)(1-q_{i+1})\cdots(1-q_{j-1}) \tag{8.3.2}$$

$x_i=0$ 的情形特别有兴趣。这时，我们有 p_{0j}，即从 0 岁活到一个特定年龄 x_j 岁的存活概率

$$p_{0j}=p_0 p_1\cdots p_{j-1}=(1-q_0)(1-q_1)\cdots(1-q_{j-1}) \tag{8.3.3}$$

欲求存活概率的估计值，只需将 $\hat{q}_i$ 代入 (8.3.2) 和 (8.3.3) 式。信息取自寿命表时，计算可简化。例如，

$$\hat{p}_{0j}=\hat{p}_0\hat{p}_1\cdots\hat{p}_{j-1}=\frac{l_1}{l_0}\frac{l_2}{l_1}\cdots\frac{l_j}{l_{j-1}}=\frac{l_j}{l_0} \tag{8.3.4}$$

一般地，

$$\hat{p}_{ij}=\frac{l_j}{l_i}, \qquad i<j; i,j=0,1,\cdots,w \tag{8.3.5}$$

在现时寿命表中，每个估计值

$$\hat{p}_h=1-\hat{q}_h, \qquad h=i,\cdots,j-1 \tag{8.3.6}$$

是根据相应的年龄别死亡率算出的，$\hat{p}_{ij}$ 的样本方差必须以 (8.2.2) 中 $\hat{q}_h$ 等的样本方差来表示。因为不同的 $\hat{q}_h$ 是以不同年龄区间中的死亡率为基础的，所以它们统计上彼此独立。利用独立随机变量乘积的方差定理，我们有 p_{ij} 样本

方差的公式

$$S^2_{\hat{p}_{ij}} = \hat{p}^2_{ij} \sum_{h=1}^{j-1} \hat{p}^{-2}_h S^2_{\hat{p}_h} \tag{8.3.7}$$

其中 $\hat{p}_h$ 的样本方差由(8.2.2)式给出。

1975 年美国男性和女性人口的简略寿命表由表 8.2 和表 8.3 给出。对每个人口群体都估计了概率 p_{0i}，并计算了相应的样本方差和标准误。结果分别记于表 8.4 和表 8.5。计算的基本步骤如下：

表 8.2　1975 年美国男性人口的简略寿命表

年龄区间（岁）	(x_i,x_{i+1}) 内死亡概率	x_i 岁时存活人数	(x_i,x_{i+1}) 内死亡数	终寿区间成数	(x_i,x_{i+1}) 内生活时间	x_i 岁后生活时间	x_i 岁时期望寿命
$x_i \sim x_{i+1}$	$\hat{q}_i$	l_i	d_i	a_i	L_i	T_i	$\hat{e}_i$
(1)	(2)	(3)	(4)	(5)	(6)	(7)	(8)
0～1	0.01800	100000	1800	0.10	98380	6872524	68.73
1～5	0.00311	98200	305	0.42	392092	6774144	68.98
5～10	0.00210	97895	206	0.46	488919	6382052	65.19
10～15	0.00227	97689	222	0.61	488012	5893133	60.33
15～20	0.00735	97467	716	0.55	485724	5405121	55.46
20～25	0.01043	96751	1009	0.51	481283	4919397	50.85
25～30	0.00995	95742	953	0.49	476280	4438114	46.35
30～35	0.01024	94789	971	0.51	471566	3961834	41.80
35～40	0.01375	93818	1290	0.53	466059	3490268	37.20
40～45	0.02076	92528	1921	0.53	458126	3024209	32.68
45～50	0.03285	90607	2976	0.53	446041	2566083	28.32
50～55	0.05096	87631	4466	0.53	427660	2120042	24.19
55～60	0.07780	83165	6470	0.53	400621	1692382	20.35
60～65	0.11894	76695	9122	0.52	361582	1291761	16.84
65～70	0.16722	67573	11300	0.52	310745	930179	13.77
70～75	0.24450	56273	13759	0.51	247655	619434	11.01
75～80	0.34209	42514	14544	0.50	176210	371779	8.74
80～85	0.44343	27970	12403	0.47	106982	195569	6.99
85+	1.00000	15567	15567		88587	88587	5.69

表 8.3　1975 年美国女性人口的简略寿命表

年龄区间（岁）	(x_i,x_{i+1}) 内死亡概率	x_i 岁时存活人数	(x_i,x_{i+1}) 内死亡数	终寿区间成数	(x_i,x_{i+1}) 内生活时间	x_i 岁后生活时间	x_i 岁时期望寿命
$x_i \sim x_{i+1}$	$\hat{q}_i$	l_i	d_i	a_i	L_i	T_i	$\hat{e}_i$
(1)	(2)	(3)	(4)	(5)	(6)	(7)	(8)
0~ 1	0.01425	100000	1425	0.10	98718	7665455	76.65
1~ 5	0.00253	98575	249	0.42	393722	7566737	76.76
5~10	0.00145	98326	143	0.45	491237	7173015	72.95
10~15	0.00128	98183	126	0.56	490638	6681778	68.05
15~20	0.00272	98057	267	0.54	489671	6191140	63.14
20~25	0.00335	97790	328	0.51	488146	5701469	58.30
25~30	0.00372	97462	363	0.51	486421	5213323	53.49
30~35	0.00488	97099	474	0.53	484381	4726902	48.68
35~40	0.00728	96625	703	0.54	481508	4242521	43.91
40~45	0.01180	95922	1132	0.54	477006	3761013	39.21
45~50	0.01815	94790	1720	0.53	469908	3284007	34.65
50~55	0.02686	93070	2500	0.53	459475	2814099	30.24
55~60	0.04029	90570	3640	0.53	444275	2354624	26.00
60~65	0.05959	86921	5180	0.52	422173	1910349	21.98
65~70	0.08319	81741	6800	0.53	392725	1488176	18.21
70~75	0.13772	74941	10321	0.53	350451	1095451	14.62
75~80	0.21836	64620	14110	0.52	289236	745000	11.53
80~85	0.32239	50510	16284	0.50	211840	455764	9.02
85+	1.00000	34226	34226		243924	243924	7.13

（1）将每个年龄区间内的死亡数（D_i）记在第 2 列中,将死亡概率（$\hat{q}_i$）记在第 3 列中；

（2）利用(8.2.2)式计算 $\hat{q}_i$ 的样本方差,记在第 4 列中；

（3）利用(8.3.3)式计算年龄区间 $(0,x_i)$ 上的存活概率 $\hat{p}_{0i}$,记在第 5 列中,$\hat{p}_{00}$ 定义为1。

(4)利用(8.3.7)式或

$$S_{\hat{p}_{0i}}^2 = \hat{p}_{0i}^2 [\hat{p}_0^{-2} S_{\hat{p}_0}^2 + \hat{p}_1^{-2} S_{\hat{p}_1}^2 + \cdots + \hat{p}_{i-1}^{-2} S_{\hat{p}_{i-1}}^2]$$

计算 $\hat{p}_{0i}$ 的方差,记在第 6 列中。

(5)取方差的平方根,得标准误,记在第 7 列中。

现在可以利用表 8.4 和表 8.5 的计算来作未知存活概率(p_{0i})的统计推断了。例如,对于男性,从出生到 20 岁,存活概率的估计值是 $\hat{p}_{0,20} = 0.96751$,而对于女性,$\hat{p}_{0,20} = 0.97790$。为了检验这两个概率之间的差异,我们计算

表 8.4 计算 1975 年美国男性人口存活概率的标准误

年龄区间 (岁) (x_i, x_{i+1})	(x_i, x_{i+1}) 内 死亡数 D_i	(x_i, x_{i+1}) 内 死亡概率 $\hat{q}_i$	$\hat{q}_i(\hat{p}_i)$ 的 样本方差 $10^8 \times S_{\hat{q}_i}^2$	$(0, x_i)$ 内 存活概率 $\hat{p}_{0i}$	$\hat{p}_{0i}$ 的 样本方差 $10^8 \times S_{\hat{p}_{0i}}^2$	$\hat{p}_{0i}$ 的 标准误 $10^4 \times S_{\hat{p}_{0i}}$
(1)	(2)	(3)	(4)	(5)	(6)	(7)
0～1	28821	0.01800	1.10395	1.00000	0	0
1～5	5086	0.00311	0.18958	0.98200	1.10395	1.05069
5～10	3717	0.00210	0.11839	0.97895	1.27992	1.13133
10～15	4734	0.00227	0.10860	0.97689	1.38800	1.17813
15～20	15637	0.00735	0.34294	0.97467	1.48534	1.21874
20～25	19871	0.01043	0.54175	0.96751	1.78938	1.33768
25～30	16678	0.00995	0.58770	0.95742	2.25937	1.50312
30～35	14118	0.01024	0.73512	0.94789	2.75333	1.65932
35～40	15567	0.01375	1.19781	0.93818	3.35771	1.83240
40～45	22869	0.02076	1.84543	0.92528	4.32029	2.07853
45～50	38166	0.03285	2.73456	0.90607	5.72271	2.39222
50～55	60151	0.05096	4.09733	0.87631	7.59795	2.75644
55～60	81142	0.07780	6.87921	0.83165	9.98964	3.16064
60～65	108960	0.11894	11.43916	0.76695	13.25375	3.64057
65～70	130361	0.16722	17.86319	0.67573	17.01715	4.12519
70～75	135835	0.24450	33.24915	0.56273	19.95799	4.46744
75～80	129830	0.34209	59.30239	0.42514	21.92021	4.68190
80～85	111296	0.44343	98.33098	0.27970	20.20606	4.49512
85+	107720	1.00000	0	0.15567	13.95140	3.73516

表 8.5　计算 1975 年美国女性人口存活概率的标准误

年龄区间 （岁） (x_i, x_{i+1}) (1)	(x_i, x_{i+1}) 内 死亡数 D_i (2)	(x_i, x_{i+1}) 内 死亡概率 $\hat{q}_i$ (3)	$\hat{q}_i(\hat{p}_i)$ 的 样本方差 $10^8 \times S_{\hat{q}_i}^2$ (4)	$(0, x_i)$ 内 存活概率 $\hat{p}_{0i}$ (5)	$\hat{p}_{0i}$ 的 样本方差 $10^8 \times S_{\hat{p}_{0i}}^2$ (6)	$\hat{p}_{0i}$ 的 标准误 $10^4 \times S_{\hat{p}_{0i}}$ (7)
0～1	21713	0.01425	0.92188	1.00000	0	0
1～5	3974	0.00253	0.16066	0.98575	0.92188	0.96015
5～10	2468	0.00145	0.08507	0.98326	1.07335	1.03603
10～15	2560	0.00128	0.06392	0.98183	1.15247	1.07353
15～20	5630	0.00272	0.13105	0.98057	1.21113	1.10051
20～25	6407	0.00335	0.17457	0.97790	1.33055	1.15350
25～30	6332	0.00372	0.21773	0.97462	1.48858	1.22008
30～35	6912	0.00488	0.34286	0.97099	1.68434	1.29782
35～40	8698	0.00728	0.60488	0.96625	1.99118	1.41109
40～45	13558	0.01180	1.01488	0.95922	2.52706	1.58967
45～50	22198	0.01815	1.45708	0.94790	3.40156	1.84433
50～55	33830	0.02686	2.07532	0.93070	4.58845	2.14207
55～60	45262	0.04029	3.44192	0.90570	6.14290	2.47849
60～65	60360	0.05959	5.53242	0.86921	8.48127	2.91226
65～70	78140	0.08319	8.11985	0.81741	11.68037	3.41766
70～75	98160	0.13772	16.66126	0.74941	15.24319	3.90425
75～80	118500	0.21836	31.45101	0.64620	20.69086	4.54872
80～85	129832	0.32239	54.24518	0.50510	25.77488	5.07690
85+	177357	1.00000	0	0.34226	25.67391	5.06694

$$Z = \frac{\hat{p}_{0,20}（男）- \hat{p}_{0,20}（女）}{\text{S. E. （差）}} \tag{8.3.8}$$

差的标准误为

$$\text{S. E. （差）} = \sqrt{(1.78938 \times 10^{-8}) + (1.33055 \times 10^{-8})} = 1.76633 \times 10^{-4}$$

$$\tag{8.3.9}$$

将 $p_{0,20}$ 的值和(8.3.9)式代入(8.3.8)式,得到 Z 的值

$$Z = \frac{0.96751 - 0.97790}{1.76633 \times 10^{-4}} = -58.82 \qquad (8.3.10)$$

基于上述结果,我们的结论是:根据 1975 年美国死亡经历,女性新生儿活到 20 岁的概率比男性新生儿活到 20 岁的概率要大些。

对于 20 岁至 40 岁的存活概率,上述情形也存在。表 8.6 说明

$$p_{20,40}(男) < p_{20,40}(女)$$

由于 $Z = \dfrac{p_{20,40}(男) - p_{20,40}(女)}{\text{S. E.}(差)} = \dfrac{0.95635 - 0.98090}{2.04226 \times 10^{-4}} = -120.2$

这两个概率的差异是具有统计学意义的。

表 8.6　1975 年美国男性与女性存活概率间差异的统计检验

年龄区间 (x_i , x_j)	男性		女性		差*	
	$\hat{p}_{ij}$	$10^4 S_{\hat{p}_{ij}}$	$\hat{p}_{ij}$	$10^4 S_{\hat{p}_{ij}}$	$(2)-(4)$	10^4 S. E.(差)
(1)	(2)	(3)	(4)	(5)	(6)	(7)
(0,20)	0.96751	1.33768	0.97790	1.15350	−0.01039	1.76633
(20,40)	0.95635	1.69322	0.98090	1.14186	−0.02455	2.94226

* 差 $\hat{p}_{ij}$(男) $-\hat{p}_{ij}$(女)的标准误公式为 S. E.(差) $= \sqrt{S_{\hat{p}_{ij}}^2(男) + S_{\hat{p}_{ij}}^2(女)}$。

4. x_α 岁时的期望寿命 e_α

给定年龄的观察期望寿命是在这个年龄之后生活时间的样本均数。因此,它是未知的真正期望寿命的无偏估计(参见第 2 章(2.2.10)式)。为了避免记号的混淆,我们考虑一个特定的年龄 x_α,并分别以 $\hat{e}_\alpha$ 和 e_α 表示观察期望寿命和真正的期望寿命。于是我们有 $E(\hat{e}_\alpha) = e_\alpha$。$\hat{e}_\alpha$ 样本方差公式却比较复杂,因为它必须用(8.2.2)式中 $\hat{q}_i$ 的方差来表示。下面我们来推导。

$\hat{e}_\alpha$ 的公式是

$$\hat{e}_\alpha = \frac{1}{l_\alpha}[L_\alpha + L_{\alpha+1} + \cdots + L_w] = \frac{1}{l_\alpha}\sum_{j=\alpha}^{w} L_j \qquad (8.4.1)$$

其中,

$$L_j = n_j l_{j+1} + a_j n_j (l_j - l_{j+1}) = a_j n_j l_j + (1 - a_j) n_j l_{j+1} \qquad (8.4.2)$$

将(8.4.2)代入(8.4.1)式,按 l_j 的系数整理各项,得

$$\hat{e}_\alpha = a_\alpha n_\alpha + \sum_{j=\alpha+1}^{w} \left[(1 - a_{j-1}) n_{j-1} + a_j n_j\right] \frac{l_j}{l_\alpha}$$

或
$$\hat{e}_\alpha = a_\alpha n_\alpha + \sum_{j=\alpha+1}^{w} c_j \hat{p}_{\alpha j} \tag{8.4.3}$$

其中，
$$c_j = (1-a_{j-1})n_{j-1} + a_j n_j \tag{8.4.4}$$

$$\frac{l_j}{l_\alpha} = \hat{p}_{\alpha j} = \hat{p}_\alpha \hat{p}_{\alpha+1} \cdots \hat{p}_{j-1} \tag{8.4.5}$$

最后的乘积是从 x_α 岁活到 x_j 岁的存活概率的估计。(8.4.3)式中的观察期望寿命是 $\hat{p}_{\alpha j}$ 的线性函数。对于每个 $i < j$，概率 $\hat{p}_{\alpha i}$ 和 $\hat{p}_{\alpha j}$ 有公共项 $\hat{p}_\alpha \hat{p}_{\alpha+1} \cdots \hat{p}_{i-1}$，因此，它们并不是相互独立的随机变量。为了利用第 2 章中独立随机变量线性函数的方差法则，将(8.4.3)式作泰勒展开。

首先，我们求 $\hat{p}_{\alpha j}$ 关于 $\hat{p}_i$ 的导数。

$$\frac{\partial}{\partial \hat{p}_i} \hat{p}_{\alpha j} = \begin{cases} \hat{p}_{\alpha i} \hat{p}_{i+1,j}, & \alpha \leqslant i < j \\ 0, & \text{其他} \end{cases} \tag{8.4.6}$$

然后求(8.4.3)式中的 $\hat{e}_\alpha$ 关于 $\hat{p}_i$ 的导数：

$$\frac{\partial}{\partial \hat{p}_i} \hat{e}_\alpha = \sum_{j=\alpha+1}^{w} c_j \frac{\partial}{\partial \hat{p}_i} \hat{p}_{\alpha j} \tag{8.4.7}$$

将(8.4.6)式代入(8.4.7)式，我们计算导数

$$\frac{\partial}{\partial \hat{p}_i} \hat{e}_\alpha = \sum_{j=i+1}^{w} c_j \hat{p}_{\alpha i} \hat{p}_{i+1,j} = \hat{p}_{\alpha i} \Big[c_{i+1} + \sum_{j=i+2}^{w} c_j \hat{p}_{i+1,j} \Big]$$

$$= \hat{p}_{\alpha i} \Big[(1-a_i)n_i + a_{i+1}n_{i+1} + \sum_{j=i+2}^{w} c_j \hat{p}_{i+1,j} \Big]$$

$$= \hat{p}_{\alpha i} [(1-a_i)n_i + \hat{e}_{i+1}] \tag{8.4.8}$$

由(8.4.6)式，$i=w$ 时导数(8.4.8)式等于 0。因为两个不重叠年龄区间的概率估计来源于两个不同人群的死亡经历，所以这两个估计是互相独立的。因此期望寿命的方差公式可由下式导出：

$$S_{\hat{e}_\alpha}^2 = \sum_{i=\alpha}^{w-1} \Big[\frac{\partial}{\partial \hat{p}_i} \hat{e}_\alpha \Big]^2 S_{\hat{p}_i}^2 \tag{8.4.9}$$

将(8.4.8)式代入(8.4.9)式便得到所求的公式

$$S_{\hat{e}_\alpha}^2 = \sum_{i=\alpha}^{w-1} \hat{p}_{\alpha i}^2 [(1-a_i)n_i + \hat{e}_{i+1}]^2 S_{\hat{p}_i}^2 \tag{8.4.10}$$

4.1　现时寿命表中期望寿命方差的计算　公式(8.4.10)对寿命表中任何年龄 x_α 都成立，对于不同的 α 值，这个公式中的一些项是重复出现的。因此，对寿命表中所有年龄 α 来计算相应的 $\hat{e}_\alpha$ 的方差可以通过一个简单的计算程序

来做。我们在表 8.7 中利用 (8.4.10) 式计算了 1975 年美国女性期望寿命 $\hat{e}_a$ 的样本方差,基本步骤如下:

表 8.7　计算 1975 年美国女性观察期望寿命的样本方差

年龄区间（岁）	区间长度	终寿区间成数	x_i 岁存活数	x_i 岁期望寿命	$\hat{p}_i$ 的样本方差	$[(1-a_i)n_i + \hat{e}_{i+1}]^2 \cdot l_i^2 S_{\hat{p}_i}^2$	$\sum\limits_{j \geqslant i}[(1-a_j)n_j + \hat{e}_{j+1}]^2 \cdot l_i^2 S_{\hat{p}_i}^2$	$\hat{e}_i$ 的样本方差	$\hat{e}_i$ 的标准误差
$x_i \sim x_{i+1}$	n_i	a_i	l_i	$\hat{e}_i$	$10^8 S_{\hat{p}_i}^2$			$10^4 S_{\hat{p}_i}^2$	$10^2 S_{\hat{p}_i}^2$
(1)	(2)	(3)	(4)	(5)	(6)	(7)	(8)	(9)	(10)
$0 \sim 1$	1	0.10	100000	76.65	0.92188	555996	2422880	2.42288	1.55656
$1 \sim 5$	4	0.42	98575	76.76	0.16066	88449	1866884	1.92125	1.38609
$5 \sim 10$	5	0.45	98326	72.95	0.08507	41225	1778435	1.83951	1.35628
$10 \sim 15$	5	0.56	98183	68.05	0.06392	26306	1737210	1.80210	1.34242
$15 \sim 20$	5	0.54	98057	63.14	0.13105	46275	1710904	1.77938	1.33393
$20 \sim 25$	5	0.51	97790	58.30	0.17457	52241	1664629	1.74072	1.31936
$25 \sim 30$	5	0.51	97462	53.49	0.21773	54069	1612388	1.69746	1.30287
$30 \sim 35$	5	0.53	97099	48.68	0.34286	69176	1558319	1.65282	1.28562
$35 \sim 40$	5	0.54	96625	43.91	0.60988	97309	1489143	1.59499	1.26293
$40 \sim 45$	5	0.53	95922	39.21	1.01488	127491	1391834	1.51269	1.22992
$45 \sim 50$	5	0.53	94790	34.65	1.45708	139052	1264343	1.40715	1.18623
$50 \sim 55$	5	0.53	93070	30.24	2.07532	144481	1125291	1.29911	1.13978
$55 \sim 60$	5	0.53	90570	26.00	3.44192	167130	980810	1.19568	1.09347
$60 \sim 65$	5	0.52	86921	21.98	5.53242	177550	813680	1.07697	1.03777
$65 \sim 70$	5	0.53	81741	18.21	8.11985	156240	636130	0.95206	0.97574
$70 \sim 75$	5	0.53	74941	14.62	16.66126	180270	479890	0.85448	0.92438
$75 \sim 80$	5	0.52	64620	11.53	31.45101	171278	299620	0.71752	0.84707
$80 \sim 85$	5	0.50	50510	9.02	54.24518	128342	128342	0.50305	0.70926

(1) 在第 1 列安排年龄区间;

(2) 在第 2 列记录年龄区间的长度 n_i,第 3 列记录终寿区间成数 a_i,第 4 列记录存活的人数,第 5 列记录观察期望寿命;

(3) 由公式 (8.2.2) 式计算 $\hat{p}_i(\hat{q}_i)$ 的样本方差,记在第 6 列;

(4) 对每个年龄区间计算

$$l_i^2 \left[(1-a_i)n_i + \hat{e}_{i+1} \right]^2 S_{\hat{p}_i}^2$$

记于第 7 列(对所有年龄完成步骤(1)~(4)。然后进到(5));

(5)由表的末一行开始累加第 7 列,直到 x_a 这一行为止,记于第 8 列;

(6)把第 8 列中的和数除以 l_a^2 得到期望寿命的样本方差,记于第 9 列;

(7)求样本方差的平方根,得到期望寿命的标准误,记于第 10 列。

4.2 关于期望寿命的统计推断 如前所述,观察期望寿命是未来生活时间的样本均数。我们可以利用正态分布来推断一定年龄的期望寿命或者比较两个人口的期望寿命。表 8.8 中,我们比较了 1975 年美国女性和男性人口的期望寿命。第 2 至 5 列给出了每个年龄的期望寿命和标准误。第 6 列给出了期望之差。差的标准误由

表 8.8 1975 年美国女性和男性的观察期望寿命及其标准误

年龄区间(岁) $x_i \sim x_{i+1}$	女性		男性		差			比值
	$\hat{e}_i$	$100S_{\hat{e}_i}$	$\hat{e}_i$	$100S_{\hat{e}_i}$	$\hat{e}_i$(女)$-\hat{e}_i$(男) (2)$-$(4)	100 · S.E.(差)		$\dfrac{\hat{e}_i(女)-\hat{e}_i(男)}{S.E.(差)}$ (6)/(7)
(1)	(2)	(3)	(4)	(5)	(6)	(7)		(8)
0~1	76.65	1.557	68.73	1.582	7.92	2.219		356.9
1~5	76.76	1.386	68.98	1.427	7.78	1.989		391.1
5~10	72.95	1.356	65.19	1.400	7.76	1.950		398.0
10~15	68.05	1.342	60.33	1.386	7.72	1.930		400.0
15~20	63.14	1.334	55.46	1.377	7.68	1.917		400.6
20~25	58.30	1.319	50.85	1.351	7.45	1.888		394.5
25~30	53.49	1.303	46.35	1.316	7.14	1.852		385.5
30~35	48.68	1.286	41.80	1.284	6.88	1.817		378.6
35~40	43.91	1.263	37.20	1.251	6.71	1.778		377.4
40~45	39.21	1.230	32.68	1.208	6.53	1.724		378.8
45~50	34.65	1.186	28.32	1.158	6.53	1.657		382.9
50~55	30.24	1.140	24.19	1.107	6.05	1.589		380.7
55~60	26.00	1.093	20.35	1.062	5.65	1.524		370.7
60~65	21.98	1.038	16.84	1.014	5.14	1.451		354.3
65~70	18.21	0.976	13.77	0.969	4.44	1.375		322.9
70~75	14.62	0.924	11.01	0.943	3.61	1.321		273.3
75~80	11.53	0.847	8.74	0.911	2.79	1.244		224.3
80~85	9.02	0.709	6.99	0.827	2.03	1.089		186.4

$$S. E. (差) = \sqrt{S_{\hat{e}_i}(女) + S_{\hat{e}_i}(男)}$$

计算，记于第 7 列。差与相应标准误之比记于第 8 列。

第 8 列中的比值都远远超过置信水平 $\alpha = 0.01$ 的临界值 $Z_{0.99} = 2.33$。这意味着，遵从 1975 年美国人口死亡经历的任何年龄的女性大于同龄男性期望寿命。

5. 基于部分死亡者样本的寿命表

当我们根据部分死亡证明书来编制现时人口的寿命表时，年龄区间 (x_i, x_{i+1}) 上死亡概率的估计值 $\hat{q}_i$ 和年龄区间 (x_j, x_{j+1}) 上死亡概率的估计值 $\hat{q}_j$ 不再相互独立（见第 4 章第 3.1 节），它们有负相关性。设 D 是现时人口中总的死亡人数，f 是抽样比例，第 4 章第 3.1 节已指出，$\hat{q}_i$ 和 $\hat{q}_j$ 的协方差为

$$S_{\hat{q}_i, \hat{q}_j} = -\left(\frac{1}{f} - 1\right) \frac{\hat{q}_i \hat{q}_j}{D} \tag{8.5.1}$$

而 $\hat{q}_i$ 的方差则由那里的 (4.3.19) 式给出。

由于存活概率 $\hat{p}_{ij}$ 和期望寿命 $\hat{e}_a$ 是由 $\hat{q}_i$ 导出的，它们的方差公式里含有协方差 $S_{\hat{p}_i \hat{p}_j}$，$\hat{p}_{ij}$ 的方差公式是

$$S_{\hat{p}_{ij}}^2 = \hat{p}_{ij}^2 \Big[\sum_{h=i}^{j-1} \hat{p}_h^{-2} S_{\hat{p}_h}^2 + \sum_{h=i}^{j-1} \sum_{\substack{k=i \\ k \neq h}}^{j-1} \hat{p}_h^{-1} \hat{p}_k^{-1} S_{\hat{p}_h, \hat{p}_k}^2 \Big] \tag{8.5.2}$$

$\hat{e}_a$ 的方差是

$$S_{\hat{e}_a}^2 = \sum_{i=a}^{w-1} \hat{p}_{ai} \left[(1 - a_i) n_i + \hat{e}_{i+1} \right]^2 S_{\hat{p}_i}^2$$
$$+ \sum_{i=a}^{w-1} \sum_{\substack{j=a \\ j \neq i}}^{w-1} \hat{p}_{ai} \hat{p}_{aj} \left[(1 - a_i) n_i + \hat{e}_{i+1} \right] \left[(1 - a_j) n_j + \hat{e}_{j+1} \right] S_{\hat{p}_i, \hat{p}_j}$$

$$\tag{8.5.3}$$

6. 习题

1. 核对表 8.1 和表 8.6 中的计算。

2. 解释为什么现时寿命表中的存活概率 $\hat{p}_{0j} = \frac{l_j}{l_0}$ 的方差不是

$$S_{\hat{p}_{0j}}^2 = \frac{1}{l_0} \hat{p}_{0j} (1 - \hat{p}_{0j})$$

3. (8.3.7)式中 $\hat{p}_{ij}$ 的方差是由近似公式

$$S^2_{\hat{p}_{ij}} = \sum_{h=i}^{j-1} \left(\frac{\partial}{\partial \hat{p}_h} \hat{p}_{ij} \right)^2 S^2_{\hat{p}_h}$$

推导出来的;证明上述近似公式;并在这个近似公式基础上导出 $\hat{p}_{ij}$ 的方差公式。

4. 核对表 8.4 和表 8.5 中的计算。

5. 证明(8.4.10)式中 $\hat{e}_\alpha$ 的方差公式。

6. 核对表 8.7 和表 8.8 中的计算。

7. 利用 1975 年美国人口资料求出生期望寿命的 95% 置信区间。

8. 利用表 8.2 和表 8.3 的第 2 列计算各年龄组的概率比 $\hat{q}_i$(男性)/$\hat{q}_i$(女性),讨论这个比值如何随年龄 x_i 变化。

9. 计算 0 岁时期望寿命之比 $\hat{e}_0$(女性)/$\hat{e}_0$(男性)。你是否预料到这个比值比第 8 题的比值小? 请解释。

10. 试检验假设:美国人口中 1 岁女孩和 1 岁男孩活到 15 岁的概率相等;活到 20 岁。

11. 在一个定群寿命表中,存活概率由下式来估计:

$$\hat{p}_{ij} = \frac{l_j}{l_i}$$

这是一个二项分布的概率值,样本方差为 $S^2_{\hat{p}_{ij}} = \frac{1}{l_i} \hat{p}_{ij}(1-\hat{p}_{ij})$。证明这个公式和(8.3.7)式等价,那里 $\hat{p}_k = l_{k+1}/l_k$ 是 l_k 次试验中的二项分布概率值。

12. 试检验,按 1975 年美国人口的生存经历是否能预料 1 岁女孩比同岁男孩寿命长些。

13. 将 1 岁改为 10 岁再做第 12 题。

第9章 **定群寿命表及其若干应用**

1. 引言

前已指出,定群寿命表反映了一群人从出生到最后死去的全部成员的死亡经历。定群寿命表的大部分理论问题已在前面讨论过了。下面将简要说明寿命表中的元素及其样本方差,并在第4、6节将之应用于实际问题。

我们知道,保险精算工作者利用寿命表来计算保险费、年金以及寿命意外保险等已经有好几个世纪了;人口统计工作者也把这一方法应用于人口规划、出生率、人口的增长和结婚与离婚等研究。但寿命表的应用远远超出了这两个领域。在公共卫生方面,寿命表方法已用于研究胎儿的生存(French 和 Bierman,1962;Shapiro, et al. , 1962;Taylor,1964;Dimiani,1979),估计先天性心脏病的流行(Yerushalmy,1969)和幼童惊厥的发作(van den Berg 和 Yerushalmy,1969),研究精神病患者的住院时间(Eaton 和 Whitmore,1979),分析随访病人的死亡资料等等。寿命表方法也已在工业管理中用于质量控制,在生态学研究中用于确定动物的生命周期,在生物控制以及生存的概念有明确意义的其他许多领域中也都能有所应用。本章的后一部分将介绍几个寿命表应用的例子。

2. 寿命表的元素

定群寿命表中的基本变量是 x_i 岁的生存数 l_i 和死于年龄区间 (x_i, x_{i+1}) 的人数 d_i,它们满足关系式

$$l_i - l_{i+1} = d_i, \qquad i = 0, 1, \cdots, w-1 \qquad (9.2.1)$$

每个区间里死亡者的比例是

$$\hat{q}_i = \frac{d_i}{l_i}, \qquad i = 0, 1, \cdots, w \qquad (9.2.2)$$

在每个区间的 l_i, d_i 和 $\hat{p}_i$ 确定之后,寿命表的其余部分就可以用第7章现时寿命表的方法来计算。这样,我们就有在区间 (x_i, x_{i+1}) 的生存年数

$$L_i = n_i l_{i+1} + a_i n_i d_i, \qquad i = 0, 1, \cdots, w-1 \qquad (9.2.3)$$

和 $\qquad\qquad L_w = a_w n_w d_w \qquad\qquad\qquad\qquad\qquad\qquad (9.2.4)$

以及 x_i 岁以后的生存年数总和

$$T_i = L_i + L_{i+1} + \cdots + L_w, \qquad i = 0, 1, \cdots, w \qquad (9.2.5)$$

其中，字母 w 表示最后区间的起点。最后，可求出 x_i 岁时的观察期望寿命

$$\hat{e}_i = \frac{1}{l_i} T_i = \frac{1}{l_i} \sum_{j=i}^{w} L_j$$

$$= \frac{1}{l_i} \Big[\sum_{j=i}^{w-1} (n_j l_{j+1} + a_j n_j d_j) + a_w n_w d_w \Big], \qquad i = 0, 1, \cdots, w$$

$$(9.2.6)$$

2.1 观察期望寿命和未来生存时间的样本均数 x_a 岁时的观察期望寿命

$$\hat{e}_i = \frac{L_a + L_{a+1} + \cdots + L_w}{l_a} \qquad (9.2.7)$$

是 l_a 个人在 x_a 岁以后生存时间的样本均数。如果用 Y_{ak} 表示 l_a 个人 x_a 岁以后的生存时间，$k = 1, \cdots, l_a$，则它们的均数是

$$\bar{Y} = \frac{1}{l_a} \sum_{k=1}^{l_a} Y_{ak} \qquad (9.2.8)$$

显然，这两个样本均数应该相等，即

$$\bar{Y} = \hat{e}_a, \qquad a = 0, 1, \cdots, w \qquad (9.2.9)$$

现在我们来证明(9.2.9)式确实是对的。

在寿命表中，l_a 个 Y_{ak} 值并没有个别记录，但是以频数分布的形式给出，其中 x_i 和 x_{i+1} 是第 i 个区间的两端点，死亡数 d_i 是相应的频数。频数之和等于 x_a 岁时活着的人数，或

$$d_a + d_{a+1} + \cdots + d_w = l_a \qquad (9.2.10)$$

l_a 个人继续活着的年数之和依赖于死亡的确切年龄，即依赖于每个区间内死亡数的分布。假定在区间 $(x_i, x_i + n_i)$ 里死亡数的分布是：有 d_i 个人平均说来每人活了这个区间长度的 a_i 倍，或在这个区间里活了 $a_i n_i$ 年。于是 d_i 个人中，每个人活了 $(x_i + a_i n_i)$ 岁，或在 x_a 岁以后又活了 $(x_i - x_a + a_i n_i)$ 岁。于是 Y_{ak} 的样本均数为

$$\bar{Y} = \frac{1}{l_a} \sum_{i=a}^{w} (x_i - x_a + a_i n_i) d_i = \frac{1}{l_a} \Big[\sum_{i=a}^{w} (x_i - x_a) d_i + \sum_{i=a}^{w} a_i n_i d_i \Big]$$

$$(9.2.11)$$

由此定义，

$$x_i - x_a = n_a + n_{a+1} + \cdots + n_{i-1} = \sum_{j=a}^{i-1} n_j \qquad (9.2.12)$$

因此，

$$\sum_{i=a}^{w} (x_i - x_a) d_i = \sum_{i=a+1}^{w} (x_i - x_a) d_i = \sum_{i=a+1}^{w} \left[\sum_{j=a}^{i-1} n_j \right] d_i$$

$$= \sum_{j=a}^{w-1} n_j \left[\sum_{i=j+1}^{w} d_i \right] = \sum_{j=a}^{w-1} n_j l_{j+1} \qquad (9.2.13)$$

最后一步是因为 x_{j+1} 岁时活着的人最终将全部死去，即

$$l_{j+1} = d_{j+1} + d_{j+2} + \cdots + d_w$$

将(9.2.13)式代入(9.2.11)式，

$$\bar{Y}_a = \frac{1}{l_a} \left[\sum_{j=a}^{w-1} n_j l_{j+1} + \sum_{i=a}^{w} a_i n_i d_i \right] = \frac{1}{l_a} \left[\sum_{j=a}^{w-1} (n_j l_{j+1} + a_j n_j d_j) + a_w n_w d_w \right]$$

$$(9.2.14)$$

这和(9.2.6)式一样。

3. 寿命表函数的样本方差

在定群寿命表中，有关未知真值的寿命表函数的统计推断与现时寿命表类似。唯一不同的是观察量的方差公式。本节将简略地回顾一些公式。

估计值

$$\hat{p}_i = \frac{l_{i+1}}{l_i} \quad \text{和} \quad \hat{q}_i = 1 - \hat{p}_i \qquad (9.3.1)$$

是二项分布的概率值，它们共同的方差(参见第 2 章(2.2.18)式)是

$$S_{\hat{p}_i}^2 = S_{\hat{q}_i}^2 = \frac{1}{l_i} \hat{p}_i \hat{q}_i, \qquad i = 0, 1 \cdots, w \qquad (9.3.2)$$

对年龄区间 (x_i, x_j)，生存概率的估计值是

$$\hat{p}_{ij} = \hat{p}_i \hat{p}_{i+1} \cdots \hat{p}_{j-1} \qquad (9.3.3)$$

因为在整个区间 (x_i, x_j) 内生存的人必定在每一个中间区间内生存。将(9.3.1)式代入(9.3.3)式，得到

$$\hat{p}_{ij} = \frac{l_{i+1}}{l_i} \cdot \frac{l_{i+2}}{l_{i+1}} \cdots \frac{l_j}{l_{j-1}} = \frac{l_j}{l_i}, \qquad i < j; \ i, j = 0, 1, \cdots, w \qquad (9.3.4)$$

这表明 $\hat{p}_{ij}$ 也是服从二项分布的一个概率值，因此，$\hat{p}_{ij}$ 的样本方差是

$$S_{\hat{p}_{ij}}^2 = \frac{1}{l_i}\hat{p}_{ij}(1-\hat{p}_{ij}) \tag{9.3.5}$$

在第 8 章公式(8.3.7)中我们见到 $\hat{p}_{ij}$ 的样本方差是

$$S_{\hat{p}_{ij}}^2 = \hat{p}_{ij}^2 \sum_{h=i}^{j-1} \hat{p}_h^{-2} S_{\hat{p}_h}^2 \tag{9.3.6}$$

将(9.3.2)式代入(9.3.6)式,注意到

$$\hat{p}_h^{-2} S_{\hat{p}_h}^2 = \hat{p}_h^{-2} \cdot \frac{1}{l_h}\hat{p}_h\hat{q}_h = \left(\frac{1}{l_{h+1}} - \frac{1}{l_h}\right)$$

(9.3.6)式的右侧为

$$\hat{p}_{ij}^2 \sum_{h=i}^{j-1} \hat{p}_h^{-2} S_{\hat{p}_h}^2 = \hat{p}_{ij}^2 \sum_{h=i}^{j-1}\left(\frac{1}{l_{h+1}} - \frac{1}{l_h}\right) = \hat{p}_{ij}^2\left(\frac{1}{l_j} - \frac{1}{l_i}\right) = \frac{1}{l_i}\hat{p}_{ij}(1-\hat{p}_{ij})$$

$$\tag{9.3.7}$$

这就是(9.3.5)式。

x_a 岁观察期望寿命 $\hat{e}_a$ 的样本方差也有两个公式。第一个公式基于 $\hat{e}_a$ 是 x_a 岁以后生活时间的样本均数这一事实,即

$$\hat{e}_a = \bar{Y}_a \tag{9.2.9}$$

利用样本均数的方差公式,我们有

$$S_{\hat{e}_a}^2 = \frac{1}{l_a^2}\sum_{i=a}^{w}\left[(x_i - x_a + a_i n_i) - \hat{e}_a\right]^2 d_i \tag{9.3.8}$$

$\hat{e}_a$ 的样本方差的第二个公式是由第 8 章(8.4.10)式导出的

$$S_{\hat{e}_a}^2 = \sum_{i=a}^{w-1} \hat{p}_{ai}^2 \left[(1-a_i)n_i + \hat{e}_{i+1}\right]^2 S_{\hat{p}_i}^2 \tag{9.3.9}$$

其中,

$$S_{\hat{p}_i}^2 = \frac{1}{l_i}\hat{p}_i\hat{q}_i \tag{9.3.2}$$

Chiang(1960)证明了(9.3.8)式和(9.3.9)式是等价的。

利用上述样本方差的公式,我们可以比较两个或多个人口群体的各种寿命表函数或者作其他统计推断。

4. 果蝇的定群寿命表

寿命表已经应用于人类以外的生物。第一张这样的寿命表是 Pearl 和 Parker(1921)对野生果蝇作的。这里的例子引自 Miller 和 Thomas(1958)。他们研究的目的是估计幼虫聚集和身体大小对成虫寿命的影响。实验时,把不

同数目的幼虫放在小碟里,在同样的实验条件下观察。下面利用一组资料来编制寿命表。

追踪一组 $l_0=270$ 个雄性果蝇,从它们开始成年起到全部死完为止。表 1 中,第(2)列和第(3)列分别记录每个以 5 天为间隔的区间里生存的数目和死亡的数目。第(4)列记录每个区间里 d_x 被 l_x 除的结果,即死亡概率 $\hat{q}_x$。利用关系式(9.2.3)(9.2.5)和(9.2.6)对每个年龄计算 L_x、T_x 和 $\hat{e}_x$,分别记录在第(5)(6)和(7)列。对所有的区间,a_x 都取 0.5。

表 9.1　成年雄性果蝇的寿命表

年龄区间 (天) $x \sim x+n$ (1)	x 天时 生存数 l_x (2)	$x \sim x+n$ 内死亡数 d_x (3)	$(x, x+n)$ 内死亡概率 $\hat{q}_x$ (4)	$(x, x+n)$ 内生活时间 L_x (5)	x 天后 生活时间 T_x (6)	x 天时观察 期望寿命 $\hat{e}_x$ (7)
0～5	270	2	0.00741	1345	11660	43.2
5～10	268	4	0.01493	1330	10315	38.5
10～15	264	3	0.01136	1312	8985	34.0
15～20	261	7	0.02682	1288	7673	29.4
20～25	254	3	0.01181	1262	6385	25.1
25～30	251	3	0.01195	1248	5123	20.4
30～35	248	16	0.06452	1200	3875	15.6
35～40	232	66	0.28448	995	2675	11.5
40～45	166	36	0.21687	740	1680	10.1
45～50	130	54	0.41538	515	940	7.2
50～55	76	42	0.55263	275	425	5.6
55～60	34	21	0.61765	118	150	4.4
60+	13	13	1.00000	32	32	2.5

对雌性成虫也作了一张类似的寿命表(表 9.2)。借助第 3 节中的样本方差可以比较两种性别的期望寿命、生存概率或死亡概率。

为了比较雄性果蝇和雌性果蝇的寿命,我们检验原假设:雄性寿命与雌性寿命相同,备择假设为雄性寿命较长。检验的统计量为

$$Z = \frac{\hat{e}_0(\text{雄}) - \hat{e}_0(\text{雌})}{\text{S.E.}(\text{差})}$$

据表 9.3 的计算,我们得到

$$Z = \frac{43.2 - 37.5}{0.9736} = 5.85$$

它超过了临界值 $Z_{0.99} = 2.33$，检验水准为 1%。于是，我们认为，在 Miller 和 Thomas 所叙述的实验室条件下，雄性果蝇比雌性果蝇活得长些。

表 9.2　成年雌性果蝇的寿命表

年龄区间（天） $x \sim x+n$ (1)	x 天时 生存数 l_x (2)	$(x,x+n)$ 内死亡数 d_x (3)	$(x,x+n)$ 内死亡概率 $\hat{q}_x$ (4)	$(x,x+n)$ 内生活时间 L_x (5)	x 天后 生活时间 T_x (6)	x 天时观察 期望寿命 $\hat{e}_x$ (7)
0～5	275	4	0.01455	1365	10303	37.5
5～10	271	7	0.02583	1338	8938	33.0
10～15	264	3	0.01136	1312	7600	28.8
15～20	261	7	0.02682	1288	6288	24.1
20～25	254	13	0.05118	1238	5000	19.7
25～30	241	22	0.09129	1150	3762	15.6
30～35	219	31	0.14155	1018	2612	11.9
35～40	188	68	0.36170	770	1594	8.5
40～45	120	51	0.42500	472	824	6.9
45～50	69	38	0.55072	250	352	5.1
50～55	31	26	0.83871	90	102	3.3
55+	5	5	1.00000	12	12	2.5

表 9.3　成年雄性果蝇和雌性果蝇寿命比较

	雄	雌	差
期望寿命 $\hat{e}_0$（天）	43.2	37.5	5.7
样本方差 $S^2_{\hat{e}_0}$	0.4890	0.4588	0.9478
标准误 $S_{\hat{e}_0}$	0.6993	0.6773	0.9736

5. 胎儿寿命表

寿命表方法已经应用于胎儿死亡率的研究。然而，胎儿寿命表在几个方面不同于通常的寿命表。

　　首先,生命开始的时间有待讨论。即使我们同意生命是从怀孕开始的,怀孕的精确时间也难以肯定。习惯上把怀孕前最后一次月经期(LMP)的第一天作为怀孕的开始。但是 LMP 和怀孕之间隔因人而异,而且 LMP 的确定也有误差。因此,胎儿寿命表的起始点很难肯定,妊娠期的长度也不能精确估计。

　　其次,早期阶段的妊娠难以觉察。胎儿的存在或消失临床上最早只能在第一次停经后的一个月内识别。而且,妊娠并不是一件容易肯定的事件。在关于妊娠的一项研究中,Taylor(1964)发现:

　　"到医院声称自感已经怀孕的妇女中,90％以上确系怀孕。其余 5％～10％的人在停经一、两个周期之后重新来潮。这些可能是因为早期胎儿死亡或者根本没有怀孕"。

　　由于缺乏可靠的信息,也为了避免不肯定的妊娠,胎儿寿命表常常从较晚的时间开始,诸如 LMP 后的第 4 周(French 和 Bierman,1962),或者 LMP 后的第 6 周(Damiani,1979)或 LMP 后的第 3 周(Shapiro,et al.,1962)。

　　再次,怀孕可能有两个结果:活产和死胎。妊娠研究的主要目标是估计流产风险作为妊娠时间的函数。因此,胎儿寿命表主要关心的是妊娠的结果而不是一个胎儿的期望寿命。

　　最后,妊娠研究常是前瞻性研究。妇女可在妊娠的任一阶段开始被随访研究,直至妊娠终止。例如,French 和 Bierman(1962)曾报告,在他们的研究中"有80％的孕妇在妊娠 20 周之前被随访,69％在 16 周前,50％在 12 周前,包括妊娠 4 至 8 周第一次报告的 19％。"利用寿命表方法人们可以把不同妇女组的经历综合起来建立一个完整的妊娠史,并由此引出有意义的结果。现举例于后。

　　这个例子取自 French 和 Bierman(1962),叙述了他们从 1953 年至 1956年在夏威夷的 Kauai 岛完成的一项前瞻性妊娠研究。这项研究是随访孕妇,从她们自己感觉怀孕开始直到妊娠终止。随访的起点取在 LMP 后的第 4 周,因为这项研究中很少孕妇在第 4 周作首次报告,多数妇女的实际观察是在第 4 周之后开始的。

　　表 9.4 中第(3)到(6)列总结了基本资料。每 4 周为一个区间;第(3)列表示首次报告的妇女数 (r_x);第(4)列为因胎儿死亡而终止妊娠的孕妇数 (f_x);第(5)列为活产数 (b_x),第(6)列为迁出的妇女数 (O_x)。用这些数值来计算各区间开始时的孕妇数(第(2)列):

$$N_{x+n} = N_x + r_x - f_x - b_x - O_x$$

表 9.4　胎儿寿命表函数的计算

（Kauai 妊娠研究 1953～1956）

怀孕期 （周）	区间$(x,x+1)$内的孕妇数					区间$(x,x+1)$上各种结果 的概率估计(‰)		
	开始时	首次报告	结局		迁出	死胎	活产	继续妊娠
			死胎	活产				
(1)	(2)	(3)	(4)	(5)	(6)	(7)	(8)	(9)
$x \sim x+1$	N_x	r_x	f_x	b_x	O_x	Q_{x1}	Q_{x2}	p_x
4～8	0	592	32	0	0	108.11	0.00	891.89
8～12	560	941	72	0	1	69.90	0.00	930.10
12～16	1428	585	77	0	2	44.78	0.00	955.22
16～20	1934	337	28	0	2	13.32	0.00	986.68
20～24	2241	248	20	1	9	8.47	0.42	991.11
24～28	2459	175	8	4	6	3.15	1.57	995.28
28～32	2616	98	8	25	4	3.00	9.39	987.61
32～36	2677	67	8	72	6	2.95	26.59	970.46
36～40	2658	40	9	1074	3	3.36	401.27	595.37
＊40＋	1612	0	11	1601	0	6.82	993.18	0.00

＊包括在 45～57 周终止妊娠的 35 名活产；43 周后无胎儿死亡。

第(7)(8)和(9)列分别是估计区间$(x,x+n)$上胎儿死亡的概率(Q_{x1})、活产的概率(Q_{x2})和区间末继续妊娠的概率(p_x)。我们假定在一个区间里首次报告的妇女都是在这个区间的正中观察到的。对于迁出的妇女也作类似假设。利用下列公式计算各种概率的估计值：

胎儿死亡：
$$\hat{Q}_{x1} = \frac{f_x}{N_x + \frac{1}{2}r_x - \frac{1}{2}O_x}$$

活产：
$$\hat{Q}_{x2} = \frac{h_x}{N_x + \frac{1}{2}r_x - \frac{1}{2}O_x}$$

继续妊娠：
$$\hat{p}_x = 1 - \hat{Q}_{x1} - \hat{Q}_{x2}$$

基于这些概率估计值，他们计算表 9.5 中的全部寿命表函数如下：

继续妊娠数：　　　$l_{x+n} = l_x \hat{p}_x$　　　（第 2 列）

胎儿死亡数：　　　$d_{x1} = l_x \hat{Q}_{x1}$　　　（第 6 列）

活产数：　　　$d_{x2} = l_x \hat{Q}_{x2}$　　　（第 7 列）

终止妊娠概率：　　　　$\hat{q}_x = \hat{Q}_{x1} + \hat{Q}_{x2}$　　　　　　（第 5 列）

终止妊娠数：　　　　　$d_x = d_{x1} + d_{x2}$　　　　　　　（第 8 列）

区间内妊娠时间：　　　$L_x = \dfrac{1}{2}(l_x + l_{x+n})$　　　　（第 9 列）

x 后妊娠时间：　　　　$T_x = L_x + L_{x+n} + \cdots$　　　（第 10 列）

期望妊娠时间：　　　　$\hat{e}_x = \dfrac{T_x}{l_x}$　　　　　　　（第 11 列）

　　表 9.5 不同于普通的寿命表，它增加了第 (3)(4)(6) 和 (7) 列。这几列是为了容纳妊娠的两种可能结果而增加的。两个概率之和 $(\hat{Q}_{x1} + \hat{Q}_{x2})$ 对应于普通寿命表中的 $\hat{q}_x$，而 $(d_{x1} + d_{x2})$ 则对应于 d_x。(11) 列中 x 周以后的期望妊娠时间（阴历月）就是妊娠 x 周时，胎儿的期望寿命，这一列中的数字显然远不如普通寿命表中的期望寿命那样重要。

表 9.5　胎儿寿命表

（Kauai 妊娠研究 1953～1956）

妊娠期 x 时继续		区间 $(x, x+n)$ 中的成员						继续妊娠的月数		x 后平均妊娠时间（月）
（周）	妊娠数	1000×概率			个数			$(x,x+n)$ 内	从 x 起到妊娠终止	
		死胎	活产	总计	死胎	活产	总计			
(1)	(2)	(3)	(4)	(5)	(6)	(7)	(8)	(9)	(10)	(11)
$x \sim x+n$	l_x	$\hat{Q}_{x1}$	$\hat{Q}_{x2}$	$\hat{q}_x$	d_{x1}	d_{x2}	d_x	L_x	T_x	$\hat{e}_x$
4～8	1000.00	108.11	0.00	108.11	108.11	0.00	108.11	945.94	7282.80	7.28
8～12	891.89	69.90	0.00	69.90	62.34	0.00	62.34	860.72	6336.86	7.10
12～16	829.55	44.78	0.00	44.78	37.15	0.00	37.15	810.98	5476.14	6.60
16～20	792.40	13.32	0.00	13.32	10.55	0.00	10.55	787.12	4665.16	5.89
20～24	781.85	8.47	0.42	8.89	6.62	0.33	6.95	778.38	3878.04	4.96
24～28	774.90	3.15	1.57	4.72	2.44	1.22	3.66	773.07	3099.66	4.00
28～32	771.24	3.00	9.39	12.39	2.31	7.24	9.55	766.46	2326.59	3.02
32～36	761.69	2.95	26.59	29.54	2.25	20.25	22.50	750.44	1560.13	2.05
36～40	739.19	3.36	401.27	404.63	2.48	296.61	299.09	589.64	809.69	1.10
40+ *	440.10	6.82	993.18	1000.00	3.00	437.10	440.10	220.05	220.05	0.50

　　* 包括在 45～57 周终止妊娠的 35 名活产；43 周后无胎儿死亡。

　　来源：表 9.4 和表 9.5 取自：French F. E. and Bierman, J. M. (1962). Probability of Fetal Mortality. Public Health Reports, 77, 835～847.

表 9.5 的第(3)列表明,在妊娠的 4~8 周时[1]胎儿死亡概率高达 0.108;妊娠 8~12 周这概率将为 0.070。随着妊娠的发展,概率不断下降,在最后的区间略有向上波动。另一方面,第(4)列表明,妊娠 28 周以前活产的概率可以忽略,多数活产发生在娠妊 36 周以后。基于他们的经验 French 和 Bierman 写道:"Kauai 妊娠研究中随访 4 年的结果表明,由胎儿寿命表得到的结果比前人的报告更近似地反映了早期胎儿死亡率的真值。"这是一个证据,鼓励人们用寿命表作为一种统计分析的方法。

6. 生态学研究的寿命表

特定物种寿命周期的生态学研究通常是在一种自然条件下的观察性研究。然而,自然界是错综复杂的,在许多干扰因素的综合作用下自然环境中的现象永远是变化的。建立一个动物群体在自然环境中的死亡模型比建立实验室条件下的模型要困难得多。Pearl 和 Miner(1935)曾试图建立一个关于低等生物死亡的一般理论,他们在排除许多环境因素方面遇到了大量困难,不得不放弃他们的努力,并提议"需要认真细致地搜集更多的合乎统计学要求的资料,观察一个定群中每个个体从出生到死亡整个生命历史。"从此,生态学研究有许多工作采用了寿命表。

在生态学中有三种寿命表,其区别在于搜集基本资料的方法(Hiekey,1952)。动态寿命表总结几年里一个定群的生存经历,类似于定群寿命表。时间别寿命表类似现时寿命表,以一段观察期内的资料为基础;这类寿命表很少应用于生态学研究,因为对一个自然群体难以计算年龄别死亡率。混合寿命表最常用,它对各式各样不符合动态(定群)寿命表或时间别(现时)寿命表规格的死亡率资料作分析。有些寿命表是利用死亡年龄来计算的。例如,Karl Pearson(1902)在 141 具木乃伊死亡年龄的基础上确定古埃及人的期望寿命。有些寿命表的信息是通过标记-释放的办法搜集的,Paynter(1947)关于一种海鸥(Larus argentatus)的寿命表就属于这一类。在 Bowden 科学站、Kent 岛、Fundy 湾,将海鸥像小鸡一样绑上带子,然后在全北美来观察其死亡。根据死亡时的年龄来计算海鸥群体的寿命表。用标记-释放的办法搜集来的资料一般是有偏的。因为并不是全部被释放的动物都能观察到,所能观察到的比例随年龄变化,而仍然活着的那些海鸥没有包括在资料中。

---

[1] 最高点可能是在 0~4 周时期内,因为参加这项研究的妇女都已经怀孕 4 周以上,4 周以下的死胎信息未包括在内。

Johnson (1980)将她所研究的各种生态学寿命表重新按本章所述的定群寿命表的形式复算了一些。Johnson 利用生态学中的一张有趣的寿命表,即 Murie(1944)所作的在阿拉斯加的 Mount McKinley 国立公园中 Dall 山绵羊(Ovis d. dalli)的寿命表。Murie 搜集了 608 只死羊,根据其头角的形状估计每一只死亡时的年龄。在这一群里,Murie 发现 121 只在生命的第一年里就死去了;7 只在第二年死去,等等;只有两只在第 13 年初活着,并在那年死去。以这 608 只羊为样本,Murie 编制了一张关于 Dall 山绵羊的寿命表(表 9.6)。Johnson 则编制了表 9.7。这两张表说明,基于这些样本,这种羊在其出生时的期望寿命是 7.1 岁。

表 9.6　Dall 山绵羊(Ovis d. dalli)的寿命表

(据死于 1937 年前的 608 只羊的死亡年龄作出,Murio(1944))

年龄区间 (岁)	年龄偏离平均 寿命的百分比	年龄区间内每 千个出生者中 的死亡数	年龄区间起点 每千个出生者 中的生存数	年龄区间内每 千个生存者中 死亡率	期望寿命
$x \sim x+n$	x'	d_x	l_x	$1000\hat{q}_x$	$\hat{e}_x$
0~0.5	−100.0	54	1000	54.0	7.1
0.5~1	−93.0	145	946	153.0	—
1~2	−95.9	12	801	15.0	7.7
2~3	−71.8	13	789	16.5	6.8
3~4	−57.7	12	776	15.5	5.9
4~5	−43.5	30	764	39.0	5.0
5~6	−29.5	46	734	62.6	4.2
6~7	−15.4	48	688	69.8	3.4
7~8	−1.1	69	640	108.0	2.6
8~9	+13.0	132	571	231.0	1.9
9~10	+27.0	187	439	426.0	1.3
10~11	+41.0	156	252	619.0	0.9
11~12	+55.0	90	96	937.0	0.6
12~13	+69.0	3	6	500.0	1.2
13~14	+84.0	3	3	1000.0	0.7

平均寿命为 7.09 岁。

表 9.7 Dall 山绵羊(Ovis d. dalli)的寿命表

(据死于 1937 年前的 608 只羊的死亡年龄作出,Johnson)

年龄区间 (岁) $x \sim x+n$	x 岁时 生存数 l_x	$(x,x+n)$ 内死亡数 d_x	$(x,x+n)$ 内死亡概率 $\hat{q}_x$	$(x,x+n)$ 内生活时间 L_x	x 后的 生活时间 T_x	x 时的观察 期望寿命 $\hat{e}_x$
0~0.5	608	33	0.054	295.8	4312.8	7.09
0.5~1	575	88	0.153	265.5	4017.0	6.99
1~2	487	7	0.015	483.5	3751.5	7.70
2~3	480	8	0.017	476.0	3268.0	6.81
3~4	472	7	0.015	468.5	2792.0	5.92
4~5	465	18	0.039	456.9	2323.5	5.00
5~6	447	28	0.063	433.0	1867.5	4.18
6~7	419	29	0.070	404.5	1434.5	3.42
7~8	390	42	0.108	369.0	1030.0	2.64
8~9	348	80	0.231	308.0	661.0	1.90
9~10	268	114	0.426	211.0	353.0	1.32
10~11	154	95	0.619	106.5	142.0	0.92
11~12	59	55	0.937	31.5	35.5	0.60
12~13	4	2	0.500	3.0	4.0	1.00
13~14	2	2	1.000	1.0	1.0	0.50

7. 家庭生活周期

家庭生活周期(family life cycle,FLC)定义为从结婚(首次)到配偶死去为止的一段时间。这个周期的理论模型包括若干个阶段:形成、扩充、扩充完成、收缩、收缩完成和消失。扩充指生孩子,收缩指孩子的离开。在一个不允许离婚的模型中,配偶之一首先死去的时刻是消失阶段的开始,消失阶段的终点是另一人死去,这也就是家庭生活周期的终止。实际中,家庭生活周期的演进过程并不限于上述顺序,某些阶段不一定存在。关于模型的详细描述可参阅 Feichtinger 和 Hansluwka(1976)。

家庭生活周期对人口的组成、人民的健康以及国家的经济都有影响。从家庭生活周期中发展出的方法学已经应用于各国生育率分析、家庭健康分析以及死亡率影响分析。世界卫生组织已经完成了一项关于"卫生与家庭:FLC 的人口学研究及它们的健康意义"的研究。

许多作者为发展这个模型的概念和构造作了贡献,他们包括 Hiess (1931),Glick 和 Parke(1965),Pressat(1972),Ryder(1973),Le Bras(1973),Muhsam(1976)以及 Hansluwka(1977)等。Myers(1959),Ryder(1976)和 Feichtinger(1977)曾提出了家庭生活周期中各种指标的统计度量。

本节将考虑一个仅仅包括形成、消失和 FLC 结束的模型;我们不考虑扩充和收缩阶段,不考虑离婚和再婚,只考虑由于配偶的死亡才终止婚姻和结束家庭生活周期。下几节中将用统计学观点来描述这个模型,并提及死亡率对婚姻期、媚鳏期以及家庭生活周期的影响。

7.1 生存概率和婚姻终止的概率 设 u 和 v 分别为丈夫和妻子结婚时的年龄。令 x 为婚后的周年数。根据 Feichtinger 和 Hansluwka(1976),我们用记号 $(u,v,0)$ － 婚姻表示结婚时年龄为 u 和 v 的一对已婚夫妇。

用 M'_y 和 M_y 分别表示 $(y,y+1)$ 这一年里男子和女子的年龄别死亡率,这些可由人口统计资料直接算出。男子和女子完全寿命表的主要函数分别记为 q'_y,l'_y,d'_y,e'_y 和 q_y,l_y,d_y,e_y。第 6 章已经给出,y 岁时活着的人在 $(y,y+1)$ 区间内死去的概率可由等式(6.3.1)计算。

$$q_y = \frac{M_y}{1+(1-a'_y)M_y}$$

假定终寿年成数为 $1/2$,即对所有的 y,$a'_y = 1/2$,对于男子,上述方程变为

$$q'_y = \frac{M'_y}{1+(1/2)M'_y}, \qquad y = u, u+1, \cdots \qquad (9.7.1a)$$

对于女子,

$$q_y = \frac{M_y}{1+(1/2)M_y}, \qquad y = v, v+1, \cdots \qquad (9.7.1b)$$

寿命表的其他列均可利用这些概率值算出[①]。

对某社会的家庭生活周期进行研究时,人们会涉及夫妇间事件的联合概率。对于 $(u,v,0)$-婚姻和婚后时间区间 $(x,x+1)$,有 4 个与夫妇生死有关的复合事件,对应的概率是

Pr{丈夫死于婚后 $(x,x+1)$ 年,妻子在婚后 $(x+1)$ 年时生存}

$$= \left(\frac{d'_{u+x}}{l'_u}\right)\left(\frac{l_{v+x+1}}{l_v}\right) \qquad (9.7.2a)$$

---

① 本节记号 q_y,q'_y,e_y,e'_y 等都是相应的概率和期望的估计值,为了简单起见,在未知参数和估计值之间不做区别。

$$\Pr\{\text{丈夫在婚后}(x+1)\text{年时存活,妻子死于婚后}(x,x+1)\text{年}\}$$

$$= \left(\frac{l'_{u+x+1}}{l_u}\right)\left(\frac{d_{v+x}}{l_v}\right) \tag{9.7.2b}$$

$$\Pr\{\text{夫妇均在婚后}(x+1)\text{年时存活}\} = \left(\frac{l'_{u+x+1}}{l'_u}\right)\left(\frac{l_{v+x+1}}{l_v}\right) \tag{9.7.3}$$

和

$$\Pr\{\text{夫妇均死于婚后}(x,x+1)\text{年}\} = \left(\frac{d'_{u+x}}{l'_u}\right)\left(\frac{d_{v+x}}{l_v}\right) \tag{9.7.4}$$

对每个 x,和式

$$\left(\frac{d'_{u+x}}{l'_u}\right)\left(\frac{l_{v+x+1}}{l_v}\right) + \left(\frac{d'_{u+x}}{l'_u}\right)\left(\frac{d_{v+x}}{l_v}\right) = \left(\frac{d'_{u+x}}{l'_u}\right)\left(\frac{l_{v+x}}{l_v}\right) \tag{9.7.5}$$

为丈夫死于 $(x,x+1)$ 这一年中的概率,x 年以后妻子的生或死并未限定。和式

$$\sum_{x=0}^{w}\left[\left(\frac{d'_{u+x}}{l'_u}\right)\left(\frac{l_{v+x+1}}{l_v}\right) + \frac{1}{2}\left(\frac{d'_{u+x}}{l'_u}\right)\left(\frac{d_{v+x}}{l_v}\right)\right] \tag{9.7.6}$$

是由于丈夫死亡而终止婚姻的概率。类似地,和式

$$\sum_{x=0}^{w}\left[\left(\frac{l'_{u+x+1}}{l'_u}\right)\left(\frac{d_{v+x}}{l_v}\right) + \frac{1}{2}\left(\frac{d'_{u+x}}{l'_u}\right)\left(\frac{d_{v+x}}{l_v}\right)\right] \tag{9.7.7}$$

是由于妻子死亡而终止婚姻的概率。

7.2 婚姻期 在一个时间区间里,死亡可能发生于该区间内的任何时刻。假定死亡在一个时间区间里是均匀分布的,那么,死于该区间的人平均说来在该区间里生存了半个区间长度的时间。在本章的全部计算中我们都采用这个假定。如果 $(u,v,0)$-婚姻的丈夫死于婚后 $(x,x+1)$ 年,他在这个区间里生存了半年;妻子在婚后 $(x+1)$ 年时生存,那么婚姻期是 $x+1/2$。类似地,如果妻子死于婚后 $(x,x+1)$ 年,丈夫在婚后 $(x+1)$ 年时存活,那么,婚姻期也是 $x+1/2$。如果夫妇均死于同一年 $(x,x+1)$ 内,那么婚姻期便是 $x+1/3$。

为了证明 $x+1/3$ 这个数,我们将 $(x,x+1)$ 这个区间分成 n 个相等的小区间,分点为 $x=k/n$,$k=0,1,\cdots,n$。假定一对夫妇中首先亡故者死于第 k 个小区间 $(x+(k-1)/n, x+k/n)$,则婚姻期的长度为 $x+(k-0.5)/n$,相应的概率为 $[2(n-k)+1]/n^2$,于是婚姻期为

$$\sum_{k=1}^{n}\left[\left(x + \frac{k-0.5}{n}\right)\frac{2(n-k)+1}{n^2}\right] = x + \frac{2n^2+1}{6n^2}$$

右端当 n 趋于无穷大时趋于 $x+1/3$,证毕。

婚姻期的期望值是 $x+(1/2)$ 和 $x+(1/3)$ 的加权平均,以公式(9.7.2a)、(9.7.2b)和(9.7.4)中相应的概率为权重。换言之,婚姻期的期望值为

$$e_{uv} = \sum_{x=0}^{w} \left\{ (x+1/2) \left[\left(\frac{d'_{u+x}}{l'_u} \right) \left(\frac{l_{v+x+1}}{l_v} \right) + \left(\frac{l'_{u+x+1}}{l'_u} \right) \left(\frac{d_{v+x}}{l_v} \right) \right] \right.$$

$$\left. + (x+1/3) \left(\frac{d'_{u+x}}{l'_u} \right) \left(\frac{d_{v+x}}{l_v} \right) \right\} \tag{9.7.8}$$

求和的上限 w 为使 $l'_{u+w+1}=0$ 或 $l_{v+w+1}=0$ 的最小正整数值。

(9.7.8)式中权重系数之和等于 1,即

$$\frac{1}{l'_u l_v} \sum_{x=0}^{w} (d'_{u+x} l_{v+x+1} + l'_{u+x+1} d_{v+x} + d'_{u+x} d_{v+x}) = 1 \tag{9.7.9}$$

因为对于每个 x 均有

$$d'_{u+x} l_{v+x+1} + l'_{u+x+1} d_{v+x} + d'_{u+x} d_{v+x} = l'_{u+x} l_{v+x} - l'_{u+x+1} l_{v+x+1} \tag{9.7.10}$$

和

$$\sum_{x=0}^{w} (d'_{u+x} l_{v+x+1} + l'_{u+x+1} d_{v+x} + d'_{u+x} d_{v+x}) = \sum_{x=0}^{w} (l'_{u+x} l_{v+x} - l'_{u+x+1} l_{v+x+1}) = l'_u l_v$$

所以,(9.7.9)式得证。

公式(9.7.8)可以简化。首先将 e_{uv} 分写成三个和式:

$$e_{uv} = \frac{1}{l'_u l_v} \left\{ \sum_{x=0}^{w} x [d'_{u+x} l_{v+x+1} + l'_{u+x+1} d_{v+x} + d'_{u+x} d_{v+x}] \right.$$

$$\left. + \frac{1}{2} \sum_{x=0}^{w} [d'_{u+x} l_{v+x+1} + l'_{u+x+1} d_{v+x} + d'_{u+x} d_{v+x}] - \frac{1}{6} \sum_{x=0}^{w} d'_{u+x} d_{v+x} \right\} \tag{9.7.11}$$

第一个和式为

$$\sum_{x=0}^{w} x [d'_{u+x} l_{v+x+1} + l'_{u+x+1} d_{v+x} + d'_{u+x} d_{v+x}]$$

$$= \sum_{x=0}^{w} x (l'_{u+x} l_{v+x} - l'_{u+x+1} l_{v+x+1}) = \sum_{x=0}^{w-1} l'_{u+x+1} l_{v+x+1} \tag{9.7.12}$$

第二个和式等于 $l'_u l_v$。于是,(9.7.8)式简化为

$$e_{uv} = \frac{1}{2} + \frac{1}{l'_u l_v} \left[\sum_{x=0}^{w} l'_{u+x+1} l_{v+x+1} - \frac{1}{6} \sum_{x=0}^{w} d'_{u+x} d_{v+x} \right] \tag{9.7.13}$$

这个公式适合于编制计算机程序。

7.3　孀鳏期　如果丈夫死于 $(x, x+1)$ 区间内,$(u, v, 0)$ -婚姻中的妻子就可能会变成孀妇。孀居期的长短取决于她在这一年里是否存活。如果她在

$x+1$ 时存活,平均说来她就在 $v+x+0.5$ 岁时变为孀妇,孀居期便是 $0.5+e_{v+x+1}$,其中 e_{v+x+1} 为 $v+x+1$ 岁时妇女的期望寿命。

如果她也在 $(x,x+1)$ 这一年中死去,那么她在这一年里的平均孀居时间就是 $1/6$。为了证明这一点,我们把 $(x,x+1)$ 分成个 n 相等的小区间,其孀居期可能的长度从 0 到这一年的 $(n-1)/n$。假定其孀居期是这一年的 k/n,相应的概率为 $(n-k)/n^2$。因此,孀居期为

$$\sum_{k=1}^{n-1}\left(\frac{n-k}{n^2}\right)\left(\frac{k}{n}\right)=\frac{n^2-1}{6n^2}$$

右端当 n 趋于无穷大时趋于 $1/6$。

存活和死亡的概率分别由 $(9.7.2a)$ 和 $(9.7.4)$ 给出。若对婚后的每一年都给予考虑,我们有妻子的孀居期

$$W=\sum_{x=0}^{w}\left\{\left(\frac{d'_{u+x}}{l'_u}\right)\left(\frac{l_{v+x+1}}{l_v}\right)\left[\frac{1}{2}+e_{v+x+1}\right]+\frac{1}{6}\left(\frac{d'_{u+x}}{l'_u}\right)\left(\frac{d_{v+x}}{l_v}\right)\right\}$$

$$(9.7.14)$$

根据类似的理由,我们可求得丈夫的鳏居期为

$$W'=\sum_{x=0}^{w}\left\{\left(\frac{l'_{u+x+1}}{l'_u}\right)\left(\frac{d_{v+x}}{l_v}\right)\left[\frac{1}{2}+e'_{u+x+1}\right]+\frac{1}{6}\left(\frac{d'_{u+x}}{l'_u}\right)\left(\frac{d_{v+x}}{l_v}\right)\right\}$$

$$(9.7.15)$$

必须注意,$(9.7.14)$ 或 $(9.7.15)$ 中的概率之和均不等于 1,因此,W 或 W' 并不是孀居期或鳏居期真正的均数。然而,对于婚姻期和期望寿命,它们有一个直观的关系。

$(u,v,0)$-婚姻的妻子将在期望婚姻期内保持长达 e_{uv} 时间的婚姻关系,此后如果继续生存,必在 W 时间内居孀,这两段时间的和就是她在结婚时的期望寿命。对丈夫也如此。换言之,妻子(或丈夫)在结婚时的期望寿命等于婚姻期和孀居期 W(或鳏居期 W')之和,即对妻子有

$$e_v=e_{uv}+W \qquad\qquad (9.7.16)$$

对丈夫有

$$e'_v=e_{uv}+W' \qquad\qquad (9.7.17)$$

为了证明 $(9.7.16)$ 式,我们回忆一下期望寿命

$$e_v=\frac{1}{2}+\frac{1}{l_v}\sum_{x=0}^{w}l_{v+x+1} \qquad\qquad (9.7.18)$$

利用等式 $(9.7.13)$ 和 $(9.7.14)$ 来写 $(9.7.16)$ 的右端之和,便有

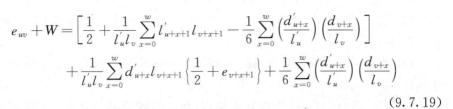

$$e_{uv} + W = \left[\frac{1}{2} + \frac{1}{l'_u l_v} \sum_{x=0}^{w} l'_{u+x+1} l_{v+x+1} - \frac{1}{6} \sum_{x=0}^{w} \left(\frac{d'_{u+x}}{l'_u} \right) \left(\frac{d_{v+x}}{l_v} \right) \right]$$

$$+ \frac{1}{l'_u l_v} \sum_{x=0}^{w} d'_{u+x} l_{v+x+1} \left\{ \frac{1}{2} + e_{v+x+1} \right\} + \frac{1}{6} \sum_{x=0}^{w} \left(\frac{d'_{u+x}}{l'_u} \right) \left(\frac{d_{v+x}}{l_v} \right)$$

$$(9.7.19)$$

其中,
$$\frac{1}{2} + e_{v+x+1} = \frac{1}{2} + \left[\frac{1}{2} + \frac{1}{l_{v+x+1}} \sum_{y=x+1}^{w} l_{v+y+1} \right]$$

因而

$$l_{v+x+1} \left\{ \frac{1}{2} + e_{v+x+1} \right\} = \sum_{y=x}^{w} l_{v+y+1} \qquad (9.7.20)$$

将(9.7.20)代入(9.7.19)式的第三个和式中,给出

$$\sum_{x=0}^{w} d'_{u+x} l_{v+x+1} \left\{ \frac{1}{2} + e_{v+x+1} \right\} = \sum_{x=0}^{w} d'_{u+x} \sum_{y=x}^{w} l_{v+y+1} = \sum_{y=0}^{w} l_{v+y+1} \sum_{x=0}^{w} d'_{u+x}$$

$$(9.7.21)$$

其中死亡数之和为

$$\sum_{x=0}^{w} d'_{u+x} = l'_u - l'_{u+y+1} \qquad (9.7.22)$$

从而(9.7.21)变成

$$\sum_{x=0}^{w} d'_{u+x} l_{v+x+1} \left\{ \frac{1}{2} + e_{v+x+1} \right\} = \sum_{y=0}^{w} l_{v+y+1} (l'_u - l'_{u+y+1})$$

$$= l'_u \sum_{y=0}^{w} l_{v+y+1} - \sum_{y=0}^{w} l'_{u+y+1} l_{v+y+1} \qquad (9.7.23)$$

将(9.7.23)代入(9.7.19)式,简化后得到

$$e_{uv} + W = \frac{1}{2} + \frac{1}{l_v} \sum_{y=0}^{w} l_{v+y+1} \qquad (9.7.24)$$

它等于 e_v,即结婚时妻子的期望寿命。(9.7.17)式也可用类似方法证明。

7.4 家庭生活周期的期望值 概念上很清楚,家庭生活周期等于婚姻期加上孀鳏期。然而,在结婚时不能确定夫妻之间哪一个先亡故。并且妻子的孀居期并不等于丈夫的鳏居期。显然,还不能简单地把两者组合起来。为此,还需重新讨论这个问题。

仍然考虑婚后的 $(x, x+1)$ 年。在开始丧偶的那一年有 4 个互不相容的事件:

(1)丈夫在那一年亡故,妻子却存活;这样,妻子的孀居期为 $\{(1/2) + e_{v+x+1}\}$;

　　(2) 丈夫在那一年存活,妻子却亡故;这样,丈夫的鳏居期为 $\{(1/2)+e'_{u+x+1}\}$;

　　(3) 在那一年双双亡故,这样,丈夫或妻子将在这一年里过 1/6 年的鳏寡生活。

　　对于任一个 x,这 4 个事件互不相容,期望孀鳏期定义为这 4 个孀鳏期的加权平均值,权重系数为相应的概率,公式为

$$E(孀鳏期)=\frac{1}{l'_u l_v}\sum_{x=0}^{w}d'_{u+x}l_{v+x+1}\{(1/2)+e_{v+x+1}\}+l'_{u+x+1}d_{v+x}\{(1/2)+e'_{u+x+1}\}$$
$$+d'_{u+x}d_{v+x}\{(1/6)+(1/6)\} \tag{9.7.25}$$

(9.7.25)式中三个系数即概率值,它们的和等于 1,参见(9.7.9)式。

　　将(9.7.25)式与(9.7.14)、(9.7.15)两式比较,我们发现

$$E(孀鳏期)=W+W' \tag{9.7.26}$$

　　由于期望孀鳏期在代数上是孀居期和鳏居期之和,在度量一对夫妇的孀鳏期时,(9.7.25)式就比 W 或 W' 或两者的其他组合更有意义了,这是一对夫妇所有可能经历的孀鳏期的算术平均值,相应的权重就是概率。因此,$E(孀鳏期)$符合随机变量数学期望的定义。

　　有了期望孀鳏期的正确定义,我们就可以来定义期望家庭生活周期 $E(FLC)$ 了。

$$E(FLC)=E(婚姻期)+E(孀鳏期) \tag{9.7.27}$$

根据前述的(9.7.16)、(9.7.17)和(9.7.26)三式,我们有

$$E(孀鳏期)=e'_u+e_v-2e_{uv} \tag{9.7.28}$$

和

$$E(FLC)=e'_u+e_v-e_{uv} \tag{9.7.29}$$

　　上述内容可小结如下:

　　一对 $(u,v,0)$-婚姻的夫妻,其期望孀鳏期是各种孀鳏期的数学期望;其期望家庭生活周期是期望婚姻期和期望孀鳏期之和,如(9.7.29)式所示,与结婚时双方的期望寿命以及婚姻期有关。

8. 习题

1. 证明 0 岁时样本中个体的平均寿命 $(\bar{Y}_0)$ 等于 0 岁时的期望寿命 $(\hat{e}_0)$。

2. 证明 x_a 岁时期望寿命估计值的样本方差公式(9.3.8)和(9.3.9)相等。

3. 基于表 9.1 和表 9.2 的数据, 对每个 x 计算概率 $\hat{p}_x$ 及其样本方差。

4. 在表 9.1 和表 9.2 中, 对每个 x 计算雌雄果蝇的 $\hat{p}_{0x}$ 及其标准误。

5. (续) 对 $x = 5, 10$ 和 15, 检验假设 $p_{0x}(m) = p_{0x}(f)$, (m: 雄性, f: 雌性)。

6. 利用 (9.3.9) 式在表 9.1 和表 9.2 中对每个 x 计算雌雄果蝇期望寿命 $\hat{e}_x$ 的样本方差。

7. 对 $x = 0, 5, 10, 15$ 和 20 检验假设 $e_x(m) = e_x(f)$ (m: 雄性, f: 雌性)。

8. 核对表 9.4 中胎儿寿命表函数的计算。

9. 核对表 9.5 中胎儿寿命表函数的计算。

10. 基于表 9.4 和表 9.5 给出的信息写一份关于 Kauai 妊娠研究的调查报告。

11. 基于表 9.7 中关于 Dall 山绵羊的定群寿命表计算生存概率 $\hat{p}_{0x}$ 及其标准误。

12. 在表 9.7 中对每个 x 计算期望寿命 $\hat{e}_x$ 的标准误。

13. 求 $x = 0$ 和 $x = 1$ 时 Dall 山绵羊期望寿命的 95% 置信区间。

14. 由 (9.7.8) 式推导关于婚姻期 e_{uv} 的 (9.7.13) 式。

15. 证明关于丈夫的等式

$$e'_u = e_{uv} + W' \qquad (9.7.17)$$

16. 设随机变量 $x + t$ 是在区间 $(x, x+1)$ 内死亡的时间, t 在 0 与 1 之间取值, 假定 t 在区间 $(0,1)$ 上均匀分布, 求 t 的期望与方差。

17. 设随机变量 $x + t_1$ 和 $x + t_2$ 分别是一个 $(u, v, 0)$-婚姻的丈夫和妻子在区间 $(x, x+1)$ 内死亡的时间, 假定 t_1 和 t_2 互相独立并均匀分布在区间 $(0, 1)$ 内。设 $t_{(1)}$ 是 $\min(t_1, t_2)$, 证明

$$E(t_{(1)}) = \frac{1}{3}, \quad Var(t_{(1)}) = \frac{1}{6}$$

18. (续) 设 $t_{(2)}$ 是 $\max(t_1, t_2)$, 求 $t_{(2)}$ 的期望与方差。

19. (续) $t_{(2)} - t_{(1)}$ 是夫妇死亡时间之差, 也是后死者的孀鳏期, 求 $t_{(2)} - t_{(1)}$ 的期望和方差, 将这个方法同 7.3 节的方法相比较。

20. 如果一对在 $u = 25$ 岁, $v = 20$ 岁时结婚的夫妇遵从第 8 章表 8.2 和表 8.3 中 1975 年美国人口的生存经历, 试计算他们的婚姻期 e_{uv}。

21. (续) 计算丈夫的鳏居期 W' 和妻子的孀居期 W。他们满足 $e'_u = e_{uv} + W'$ 和 $e_v = e_{uv} + W$ 吗? 什么是这对夫妇的期望家庭生活周期?

22. 若 $u = v = 20$ 岁, 再做第 20 和 21 题。若 $u = 30$ 岁, $v = 25$ 岁, 再做第 20 和 21 题。

1. 引言

寿命表的概念起源于人类长寿的研究。它是保险精算学、人口学和公共卫生学中特有的课题，因此，寿命表的发展并未引起统计学界的足够注意。事实上，寿命表是一种统计分析方法，用于研究死亡率问题，而且类似于可靠性理论中的统计方法。由统计学看来，人类寿命是随机试验；其结果，生或死具有偶然性。寿命表系统地记录了一定人口中大量个体的生死结果，寿命表中的许多要素都是随机变量，对它们可作纯统计学分析。本章的目的是推导寿命表函数的观察值所服从的概率分布，并讨论这些函数的若干优良性质。我们将主要以定群寿命表来叙述，必要时也将涉及现时寿命表。

我们将采用如下的记号：

$$p_{ij} = \text{Pr}\{x_i \text{ 岁的个体能活到 } x_j \text{ 岁}\}, \quad i \leqslant j; i,j = 0,1,\cdots$$

$$(10.1.1)$$

和

$$1 - p_{ij} = \text{Pr}\{x_i \text{ 岁的个体在 } x_j \text{ 岁之前死去}\}, \quad i \leqslant j; i,j = 0,1,\cdots$$

$$(10.1.2)$$

当 $x_j = x_{i+1}$ 时，我们省去第二个下标，而写 $p_{i,i+1}$ 为 p_i。除了 $x_j = x_{i+1}$ 时令 $1 - p_i = q_i$ 之外，对于概率 $1 - p_{ij}$ 没有特别的记号。此外，用记号 e_i 表示 x_i 岁时（未知的）期望寿命的真值，它可用期望寿命 $\hat{e}_i$ 来估计。

本章中除 l_0 和 a_i 外，寿命表中其他的量均作随机变量处理。基数 l_0 按惯例取一个方便的数，例如 $l_0 = 1000000$，从而 l_i 实为 x_i 岁时生存的频率。在推导其他寿命表函数的概率分布时把 l_0 看成一个常数。L_i 和 T_i 列中各量的分布不予讨论，因为它们的用处不太大。对于最后一个年龄区间（x_w 及以上）需作个说明：在一张常规的寿命表中，最后一个区间总是一端为 $+\infty$，例如，85 岁及

---

① 为彻底理解本章，需有统计理论知识。仅对寿命表应用感兴趣的读者，初读时可越过本章。

表 10.1　简略寿命表

年龄区间 （岁）	x_i 时的 人数	(x_i,x_{i+1}) 中死去 的概率	终寿区 间成数	(x_i,x_{i+1}) 中死去 的人数	(x_i,x_{i+1}) 中的生 存时间	x_i 后的 生存时间	x_i 时观察 期望寿命
$x_i \sim x_{i+1}$	l_i	$\hat{q}_i$	a_i	d_i	L_i	T_i	$\hat{e}_i$
$x_0 \sim x_1$	l_0	$\hat{q}_0$	a_0	d_0	L_0	T_0	$\hat{e}_0$
$\vdots$	$\vdots$	$\vdots$	$\vdots$	$\vdots$	$\vdots$	$\vdots$	$\vdots$
x_w 及以上	l_w	$\hat{q}_w$	a_w	d_w	L_w	T_w	$\hat{e}_w$

以上，就是$(85,+\infty)$。就统计学说来，x_w 是一个随机变量，其讨论见 3.1 节。本章假定所讨论的人口群体具有齐性，其中所有的个体都经受相同的死亡力，并且一个个体的生存与否独立于该年龄组中其他个体的生存与否。

2. x 岁时生存人数 l_x 的概率分布

寿命表中的各种要素总是对某个年龄值（整数）或年龄区间给出的。然而，在推导分布规律时将年龄处理为连续变量比较方便，因此，我们对所有的 x 来推导 x 岁时尚存人数 l_x 的分布。

l_x 的概率分布取决于死亡力或死亡的风险强度 $\mu(x)$，定义如下：

$$\mu(x)\Delta + o(\Delta) = \Pr\{x \text{ 岁活着的个体死于区间}(x,x+\Delta)\text{ 内}\}$$

$$(10.2.1)$$

其中，$o(\Delta)$ 表示 Δ 的某个函数，当 $\Delta \to 0$ 时，比值 $o(\Delta)/\Delta \to 0$。设连续随机变量 X 是一个人的寿命，则分布函数

$$F_X(x) = \Pr\{X \leqslant x\}, \qquad x \geqslant 0 \qquad (10.2.2)$$

为该个体死于 x 岁或 x 岁之前的概率，现考虑区间 $(0, x+\Delta)$ 和相应的分布函数

$$F_X(x+\Delta) = \Pr\{X \leqslant x+\Delta\}$$

一个人死于 $x+\Delta$ 岁之前必定死于 x 岁之前，或活到 x 岁而死于区间 $(x,x+\Delta)$。于是，我们有

$$F_X(x+\Delta) = F_X(x) + [1-F_X(x)][\mu(x)\Delta + o(\Delta)] \quad (10.2.3)$$

或

$$\frac{F_X(x+\Delta) - F_X(x)}{\Delta} = [1-F_X(x)]\left[\mu(x) + \frac{o(\Delta)}{\Delta}\right] \quad (10.2.4)$$

当 $\Delta \to 0$ 时，(10.2.4)式两边取极限，得微分方程

$$\frac{d}{dt}F_X(x) = [1 - F_X(x)]\mu(x) \tag{10.2.5}$$

初始条件为

$$F_X(0) = 0 \tag{10.2.6}$$

利用(10.2.6)求解(10.2.5)式,得到

$$1 - F_X(x) = \exp\left\{-\int_0^x \mu(t)dt\right\} = p_{0x}, \qquad x \geqslant 0 \tag{10.2.7}$$

(10.2.7)式给出了 0 岁时活着的个体生存到 x 岁的概率。

若 0 岁的 l_0 个人都经受同样的死亡力,那么,活到 x 岁的人数 l_x 显然是一个具有生存概率 p_{0x} 的二项随机变量。l_x 的概率分布为

$$\Pr\{l_x = k\} = \frac{l_0!}{k!\,(l_0-k)!}p_{0x}^k\,(1-p_{0x})^{l_0-k}, \qquad k = 0, 1, \cdots, l_0 \tag{10.2.8}$$

对于 $x = x_i$,一个人在年龄区间 $(0, x_i)$ 内生存的概率为

$$p_{0i} = \exp\left\{-\int_0^{x_i}\mu(\tau)d\tau\right\} \tag{10.2.9}$$

尚存人数 l_i 的概率分布为

$$\Pr\{l_i = k \mid l_0\} = \frac{l_0!}{k!\,(l_0-k)!}p_{0i}^k\,(1-p_{0i})^{l_0-k}, \qquad k = 0, 1, \cdots, l_0 \tag{10.2.10}$$

给定 l_0,l_i 的期望值和方差分别为(见第 2 章第 3 节)

$$E(l_i \mid l_0) = l_0 p_{0i} \tag{10.2.11}$$

和

$$Var(l_i \mid l_0) = l_0 p_{0i}(1 - p_{0i}) \tag{10.2.12}$$

一般地,在年龄区间 (x_i, x_j) 内生存的概率为

$$p_{ij} = \exp\left\{-\int_{x_i}^{x_j}\mu(\tau)d\tau\right\}, \qquad i \leqslant j \tag{10.2.13}$$

显然有关系式

$$p_{aj} = p_{ai}p_{ij}, \qquad a \leqslant i \leqslant j \tag{10.2.14}$$

如果我们从 x_i 岁的 l_i 个个体开始,对 $i \leqslant j$,x_j 岁时尚存人数 l_j 也是二项随机变量,概率分布为

$$\Pr\{l_j = k \mid l_i\} = \frac{l_i!}{k!\,(l_i-k)!}p_{ij}^k\,(1-p_{ij})^{l_i-k}, \qquad k = 0, 1, \cdots, l_i \tag{10.2.15}$$

期望值和方差为

$$E(l_j \mid l_i) = l_i p_{ij} \tag{10.2.16}$$

和

$$Var(l_j \mid l_i) = l_i p_{ij}(1 - p_{ij}) \tag{10.2.17}$$

当 $j = i+1$ 时,(10.2.15)式变为

$$\Pr\{l_{i+1} = k \mid l_i\} = \frac{l_i!}{k!\,(l_i - k)!}\, p_i^k\,(1 - p_i)^{l_i - k}, \quad k = 0, 1, \cdots, l_i \tag{10.2.18}$$

直观上很显然,对于 $x_j > x_i$,x_i 岁的 l_i 个人活到 x_j 岁的人数独立于 l_0,$l_1, \cdots, l_{i-1}$。这意味着,对于任意 $k, k = 0, 1, \cdots, l_i$,

$$\Pr\{l_j = k_j \mid l_0, l_1, \cdots, l_i\} = \Pr\{l_j = k_j \mid l_i\} \tag{10.2.19}$$

因此,期望值满足

$$E(l_j \mid l_0, \cdots, l_i) = E(l_j \mid l_i)$$

方差满足

$$Var(l_j \mid l_0, \cdots, l_i) = Var(l_j \mid l_i)$$

换言之,对于任意的 u,序列 $l_0, l_1, \cdots, l_u$ 是一个 Markov 过程。上面的结果也可以从(10.2.13)和(10.2.14)得出。

2.1　死亡定律　(10.2.7)式中的生存概率早在 200 多年前就为寿命表学者所知晓。遗憾的是,虽然这一函数的各种形式已经遍布于许多研究领域,但是直到 20 世纪 60 年代才受到统计学研究者的注意。下面我们将通过 X 的概率密度函数

$$f_X(x) = \frac{dF_X(x)}{dx} = \mu(x)\exp\left\{-\int_0^x \mu(t)dt\right\}, \quad x \geqslant 0 \tag{10.2.20}$$

来介绍若干形式的分布。

Gompertz 分布　在关于人类死亡定律的一篇有名的论文中,Benjamin Gompertz(1825)提出了两种死亡原因:机遇和抗死亡能力的减退。然而,在推导定律时,他只考虑后者,并假定一个人抗死亡能力的减退速度与当时他本人的抗死亡能力成正比。鉴于死亡力 $\mu(t)$ 是该个体死亡趋势的一个度量,Gompertz 用其倒数 $1/\mu(t)$ 为抗死亡的度量。从而有

$$\frac{d}{dt}\left(\frac{1}{\mu(t)}\right) = -h\,\frac{1}{\mu(t)} \tag{10.2.21}$$

或

$$\frac{d}{dt}\mu(t) = h\mu(t) \tag{10.2.21a}$$

其中 h 是正常数。积分(10.2.21a)，得

$$\ln(\mu(t)) = ht + k \tag{10.2.22}$$

这里"ln"表示自然对数。改写(10.2.22)式，就是 Gompertz 的死亡定律

$$\mu(t) = Bc^t, \qquad B > 0, c > 0 \tag{10.2.23}$$

相应的密度函数和分布函数分别为

$$f(x) = Bc^x \exp\{-B[c^x - 1]/\ln c\} \tag{10.2.24}$$

和

$$F_X(x) = 1 - \exp\left\{-\frac{B}{\ln c}(c^x - 1)\right\} \tag{10.2.25}$$

Makeham 分布 1860 年 W. M. Makeham 提议一个修正，

$$\mu(t) = A + Bc^t \tag{10.2.26}$$

它补上了 Gompertz 公式中缺少的"机遇"部分。这时，我们有

$$f(x) = [A + Bc^x] \exp\{-[Ax + B(c^x - 1)/\ln c]\} \tag{10.2.27}$$

和

$$F_X(x) = 1 - \exp\{-[Ax + B(c^x - 1)/\ln c]\} \tag{10.2.28}$$

Weibull 分布 若假定死亡力是 t 的幂函数，$\mu(t) = \mu a t^{a-1}$，我们有

$$f(x) = \mu a x^{a-1} e^{-\mu x^a} \tag{10.2.29}$$

和

$$F_X(x) = 1 - e^{-\mu x^a} \tag{10.2.30}$$

W. Weibull(1939)把这个分布介绍给研究物质寿命的学者，目前已广泛应用于可靠性理论。

指数分布 若 $\mu(t) = \mu$ 是常数，则

$$f(x) = \mu e^{-\mu x} \tag{10.2.31}$$

$$F(x) = 1 - e^{-\mu x} \tag{10.2.32}$$

这是在寿命试验中常用的公式(Epstein and Sobel (1953))。

3. 存活人数的联合概率分布

对于给定的 u，我们考虑 l_0 已知时 $l_1, l_2, \cdots, l_u$ 的联合概率分布

$$\Pr\{l_1 = k_1, \cdots, l_u = k_u | l_0\} \tag{10.3.1}$$

由乘法公式和(10.2.19)式的 Markov 性质，

$$\Pr\{l_1 = k_1, l_2 = k_2, \cdots, l_u = k_u \mid l_0\}$$

$$= \Pr\{l_1 = k_1 \mid l_0\} \Pr\{l_2 = k_2 \mid k_1\} \cdots \Pr\{l_u = k_u \mid k_{u-1}\} \qquad (10.3.2)$$

将(10.2.18)式代入(10.3.2)式,得到一串二项分布:

$$\Pr\{l_1 = k_1, \cdots, l_u = k_u \mid l_0\}$$

$$= \prod_{i=0}^{u-1} \frac{k_i!}{k_{i+1}!\,(k_i - k_{i+1})!} p_i^{k_{i+1}} (1 - p_i)^{k_i - k_{i+1}}, \qquad k_{i+1} = 0, 1, \cdots, k_i; k_0 = l_0$$

$$(10.3.3)$$

公式(10.3.3)表明,在一串时间点 x_i 观察一个定群时,区间 (x_i, x_{i+1}) 结束时尚存人数 l_{i+1} 服从二项分布,并且仅仅依赖于 x_i 时的人数 $l_i = k_i, i = 0, 1, \cdots$。

l_i 和 l_j 间的协方差可由(10.3.3)式求得,然而下面的方法比较简单:据定义,协方差是

$$Cov(l_i, l_j) = E(l_i l_j) - E(l_i) E(l_j) = E(l_i l_j) - (l_0 p_{0i})(l_0 p_{0j}) \qquad (10.3.4)$$

其中

$$E(l_i l_j) = E[l_i E(l_j \mid l_i)] = E[l_i^2 p_{ij}] = E[l_i^2] p_{ij} \qquad (10.3.5)$$

因为 l_i 是 l_0 次独立试验中的一个二项随机变量,故有

$$E[l_i^2] = l_0 p_{0i}(1 - p_{0i}) + [l_0 p_{0i}]^2 \qquad (10.3.6)$$

将(10.3.5)和(10.3.6)两式代入(10.3.4)式,利用关系式 $p_{0i} p_{ij} = p_{0j}$,便得协方差

$$Cov(l_i, l_j) = l_0 p_{0j}(1 - p_{0i}), \qquad i \leqslant j; i, j = 0, 1, \cdots, u \qquad (10.3.7)$$

当 $j = i$ 时,(10.3.7)式就是 l_i 的方差(等式(10.2.12))。

l_i 和 l_j 间的相关系数 $\rho_{l_i l_j}$ 为

$$\rho_{l_i l_j} = \frac{p_{0j}(1 - p_{0i})}{\sqrt{p_{0i}(1 - p_{0i}) p_{0j}(1 - p_{0j})}} = \sqrt{\frac{p_{0j}(1 - p_{0i})}{p_{0i}(1 - p_{0j})}} \qquad (10.3.8)$$

只要 $0 < i < j$,这相关系数总是正的。这表明,x_i 时活着的个体越多,x_j 时的生存者也越多。对给定的 i,相关系数随 x_j 的增大而减少。因而,x_j 越是远离 x_i,x_i 时状况对 x_j 时状况的影响就越减弱。上述内容可总结成如下的定理:

定理 1 对给定的 u,寿命表中的尚存人数 $l_1, l_2, \cdots, l_u$ 形成一个二项分布链;联合概率分布、期望值和相关系数分别由(10.3.3)、(10.2.11)、(10.3.7)和(10.3.8)诸式给出。

3.1 瓮模型 寿命表函数可以从另一个完全不同的途径引出。作为例

子,考虑从编号为 $0,1,\cdots$ 的无限多个瓮中有返回地摸球的试验。第 i 个瓮中,白球和黑球的比例分别为 p_i 和 q_i,$0 < p_i < 1$,$p_i + q_i = 1$。从第 0 个瓮开始,摸出 l_0 个球,其中 l_1 个是白球;然后从第 1 个瓮中摸出 l_1 个球,其中 l_2 个是白球;再从第 2 个瓮中摸出 l_2 个球,其中 l_3 个是白球等等。一般地,从第 i 个瓮中摸出的 l_{i+1} 个白球数就是从下一个瓮中即第 $i+1$ 个瓮中摸球的数目。当摸出的白球数为 0 时,试验停止。设被摸球的最后一个瓮是第 W 个瓮,那么对 $i \leqslant w$,$l_i > 0$,相反,$i > w$ 时,$l_i = 0$。

瓮模型和寿命表问题间的对应关系是显然的。假如,l_0 是定群的初始数量,p_i (或 q_i) 是在一个年龄区间里生存(或死亡)的概率,l_i 是 x_i 岁时的生存数,$i = 0,1,\cdots$。W 是最后一个年龄区间的起点,它是一个随机变量,现在我们来讨论 W 的分布。

我们注意到,$W = w$ 时,必有 $l_w = k_w$ 个球从第 w 个瓮中摸出,$1 \leqslant k_w \leqslant l_0$,并且全部 k_w 个球一定都是黑球。于是,我们有概率

$$\Pr\{W = w\} = \sum_{k_w=1}^{l_0} \frac{l_0!}{k_w!\,(l_0 - k_w)!} p_{0w}^{k_w} (1 - p_{0w})^{l_0 - k_w} (1 - p_w)^{k_w},$$
$$w = 0,1,\cdots \qquad (10.3.9)$$

为方便起见,其中,

$$p_{0w} = p_0 p_1 \cdots p_{w-1} \qquad (10.3.10)$$

通过直接计算可将 (10.3.9) 式中的概率改写为

$$\Pr\{W = w\} = (1 - p_{0,w+1})^{l_0} - (1 - p_{0w})^{l_0} \qquad (10.3.11)$$

W 的期望就容易求得了。W 的期望为

$$E(W) = \sum_{w=0}^{\infty} w\left[(1 - p_{0,w+1})^{l_0} - (1 - p_{0w})^{l_0}\right] \qquad (10.3.12)$$

对给定的 v,我们有部分和

$$\sum_{w=0}^{v} w\left[(1 - p_{0,w+1})^{l_0} - (1 - p_{0w})^{l_0}\right] = \sum_{w=1}^{v} w\left[(1 - p_{0,v+1})^{l_0} - (1 - p_{0w})^{l_0}\right]$$
$$(10.3.13)$$

令 $v \to \infty$ 和 $p_{0,v+1} \to 0$,由 (10.3.13) 式,我们有

$$E(W) = \sum_{w=1}^{\infty} \left[1 - (1 - p_{0w})^{l_0}\right] \qquad (10.3.14)$$

对 $l_0 = 1$,

$$E(W) = p_{01} + p_{02} + p_{03} + \cdots \qquad (10.3.15)$$

这与期望寿命 e_0 密切有关(参见 (10.6.18) 式)。

若死亡力与年龄无关,对 $0 \leqslant \tau < \infty, \mu(\tau) = \mu$,则每个瓮中白球的比例为常数 $p_i = p$。这时,$p_{0i} = p^i$,

$$\Pr\{W = w\} = (1 - p^{w+1})^{l_0} - (1 - p^w)^{l_0}$$

$$= \sum_{k=1}^{l_0} (-1)^{k+1} \frac{l_0!}{k!(l_0 - k)!} (1 - p^k) p^{wk} \quad (10.3.16)$$

期望和方差均有类似形式。利用(10.3.16)式,我们来计算期望和方差,可得期望为

$$E(W) = \sum_{k=1}^{l_0} (-1)^{k+1} \frac{l_0!}{k!(l_0 - k)!} (1 - p^k)^{-1} p^k \quad (10.3.17)$$

方差为

$$Var(W) = \sum_{k=1}^{l_0} (-1)^{k+1} \frac{l_0!}{k!(l_0 - k)!} (1 + p^k)(1 - p^k)^{-2} p^k - [E(W)]^2$$

$$(10.3.18)$$

当 $l_0 = 1$ 时,W 具有几何分布,且

$$E(W) = \frac{p}{1 - p} \quad (10.3.17a)$$

和

$$Var(W) = \frac{p}{(1 - p)^2} \quad (10.3.18a)$$

4. 死亡数的联合概率分布

如果一张寿命表包括了定群中所有个体的生命起止时间,各年龄区间死亡数之和就等于该定群的人口数。用记号表示,

$$d_0 + d_1 + \cdots + d_w = l_0 \quad (10.4.1)$$

其中 d_w 是年龄区间 $(x_w$ 及以上)中的死亡数。在定群中,每个个体在区间 (x_i, x_{i+1}) 内死亡的概率是 $p_{0i} q_i, i = 0, 1, \cdots, w$。因为在寿命表所包括的时间范围内,每个个体均死亡一次且只死一次,所以

$$p_{00} q_0 + \cdots + p_{0w} q_w = 1 \quad (10.4.2)$$

其中 $p_{00} = 1$ 和 $q_w = 1$。(10.4.1)式和(10.4.2)式定义了一个多项分布。于是,寿命表中的死亡数 $d_0, \cdots, d_w$ 有联合概率分布

$$\Pr\{d_0 = \delta_0, \cdots, d_w = \delta_w\} = \frac{l_0!}{\delta_0! \cdots \delta_w!} (p_{00} q_0)^{\delta_0} \cdots (p_{0w} q_w)^{\delta_w}$$

$$(10.4.3)$$

期望,方差和协方差分别为

$$E(d_i \mid l_0) = l_0 p_{0i} q_i \tag{10.4.4}$$

$$Var(d_i) = l_0 p_{0i} q_i (1 - p_{0i} q_i) \tag{10.4.5}$$

$$Cov(d_i, d_j) = -l_0 p_{0i} q_i p_{0j} q_j, \qquad i \neq j; i,j = 0,1,\cdots,w \tag{10.4.6}$$

上面的讨论选择年龄 0 只是为了方便,对于给定的任何年龄 x_a,一个 x_a 岁的个体在区间 (x_i, x_{i+1}) 内死去的概率为 $p_{ai} q_i$,而和

$$\sum_{i=a}^{w} p_{ai} q_i = 1 \tag{10.4.7}$$

因此,在 x_a 以后的区间上死亡数也有一个多项分布。

5. $\hat{p}_j$ 和 $\hat{q}_j$ 的优良性

估计值 $\hat{p}_j$ 和 $\hat{q}_j$ 互补,

$$\hat{p}_j + \hat{q}_j = 1, \qquad j = 0,1,\cdots \tag{10.5.1}$$

因此,它们有相同的优良性。在以下的讨论中,我们只需考虑 $\hat{p}_j$。

5.1 $\hat{p}_j$ 的最大似然估计 对定群 l_0 中的任一个体,引入随机变量序列 $\{\varepsilon_i\}$,定义如下:

$$\varepsilon_i = \begin{cases} 1, & \text{若个体死于} (x_i, x_{i+1}) \text{内} \\ 0, & \text{否则} \end{cases}$$

相应的概率为

$$Pr\{\varepsilon_i = 1\} = p_{0i} q_i = p_{0i}(1 - p_i)$$
$$Pr\{\varepsilon_i = 0\} = 1 - p_{0i}(1 - p_i) \tag{10.5.3}$$

显然,

$$\sum_{i=0}^{\infty} \varepsilon_i = 1$$
$$Pr\{\varepsilon_0 = 1\} + Pr\{\varepsilon_1 = 1\} + \cdots = q_0 + p_{01} q_1 + \cdots = 1 \tag{10.5.4}$$

这表示在 x_0 岁时活着的个体迟早死亡的概率为 1。这个序列中随机变量的联合概率为

$$\prod_{i=0}^{\infty} [p_{0i}(1 - p_i)]^{\varepsilon_i} \tag{10.5.5}$$

就整个人群而言,有 l_0 个随机变量序列 $\{\varepsilon_{ia}\}$,$\alpha = 1,\cdots,l_0$。对任意 α,令 $f_\alpha(\varepsilon_{ia}; p_i)$ 为相应的概率函数,

$$f_\alpha(\epsilon_{i\alpha};p_i) = \begin{cases} \prod\limits_{i=0}^{\infty} \big[p_{0i}(1-p_i)\big]^{\epsilon_{i\alpha}}, & \text{若} \sum\limits_{i=0}^{\infty} \epsilon_{i\alpha} = 1 \\ 0, & \text{否则} \end{cases} \tag{10.5.6}$$

若假定一个个体的生存与否独立于其他个体，l_0 个序列间便是随机独立的；这样，l_0 个序列的联合概率分布为

$$f(\epsilon_{i\alpha};p_i) = \prod_{\alpha=1}^{l_0} f_\alpha(\epsilon_{i\alpha};p_i) = \prod_{\alpha=1}^{l_0} \prod_{i=0}^{\infty} \big[p_{0i}(1-p_i)\big]^{\epsilon_{i\alpha}} \tag{10.5.7}$$

我们称之为随机变量 $\epsilon_{i\alpha}$ 的似然函数。将

$$\sum_{\alpha=1}^{l_0} \epsilon_{i\alpha} = d_i \tag{10.5.8}$$

代入(10.5.7)式，重写(10.5.7)式为

$$L = f(\epsilon_{i\alpha};p_i) = \prod_{i=0}^{\infty} \big[p_{0i}(1-p_i)\big]^{d_i} \tag{10.5.9}$$

最大似然估计是似然函数达到最大的 p_j 值，可以借助微分学求得最大值。对(10.5.9)式取对数，

$$\log L = \log f(\epsilon_{i\alpha};p_i) = \sum_{i=0}^{\infty} d_i \log\big[p_{0i}(1-p_i)\big] \tag{10.5.10}$$

并令 $\log L$ 的导数等于 0，我们有方程

$$\frac{\partial}{\partial p_j}\log L = \frac{-d_j}{1-p_j} + \frac{\sum\limits_{i=j+1}^{\infty} d_i}{p_j} = 0, \qquad j = 0,1\cdots \tag{10.5.11}$$

从而有最大似然估计

$$\hat{p}_j = \frac{\sum\limits_{i=j+1}^{\infty} d_i}{\sum\limits_{i=j}^{\infty} d_i} = \frac{l_{j+1}}{l_j} \tag{10.5.12}$$

其中，

$$l_j = \sum_{i=j}^{\infty} d_i \tag{10.5.13}$$

为 x_j 岁时生存者的数目。必须注意，如果所有 l_w 个个体在 x_w 岁时活着却死于区间 (x_w, x_{w+1})，则对所有的 $i > w$，$\epsilon_{i\alpha} = 0$，$d_i = 0$ 和 $l_i = 0$。因此，若 $i > w$，区间 (x_i, x_{i+1}) 对似然函数没有贡献。总之，(10.5.12)式中的最大似然估计仅对 $l_j > 0$，即 $j \leqslant w$ 有定义。基于这一点，我们来计算一阶和二阶矩。

第 2 节中我们已指出，给定 $l_j > 0$ 时，l_{j+1} 具有二项分布，因此，

$$E[\hat{p}_j] = E\left(\frac{l_{j+1}}{l_j}\right) = E\left[\frac{1}{l_j}E(l_{j+1}\,|\,l_j)\right] = p_j \qquad (10.5.14)$$

于是，$\hat{p}_j$（和 $\hat{q}_j$）是相应概率 p_j 的无偏估计。直接的计算也给出

$$E[\hat{p}_j^2] = E\left(\frac{1}{l_j}\right)p_j(1-p_j) + p_j^2 \qquad (10.5.15)$$

和方差

$$Var(\hat{p}_j) = E\left(\frac{1}{l_j}\right)p_j(1-p_j) = Var(\hat{q}_j) \qquad (10.5.16)$$

当 l_0 较大时，(10.5.16)式近似于

$$Var(\hat{p}_j) \approx \frac{1}{E(l_j)}p_j(1-p_j) \qquad (10.5.17)$$

这个近似式留待读者验证。

为了计算 $\hat{p}_j$ 和 $\hat{p}_k$ 间的协方差，$j < k$，我们要求 l_k（因而 l_j 和 l_{j+1}）是正的。计算条件期望

$$E[\hat{p}_k\,|\,\hat{p}_j] = E\left[\frac{l_{k+1}}{l_k}\,|\,\hat{p}_j\right] = E\left[\frac{1}{l_k}E(l_{k+1}\,|\,l_k)\,|\,\hat{p}_j\right] = p_k = E(\hat{p}_k)$$

$$(10.5.18)$$

从而有

$$E[\hat{p}_j\hat{p}_k] = E[\hat{p}_j E(\hat{p}_k\,|\,\hat{p}_j)] = E[\hat{p}_j]E[\hat{p}_k]$$

和

$$Cov(\hat{p}_j,\hat{p}_k) = 0 \qquad (10.5.19)$$

因此，$\hat{p}_j$ 和 $\hat{p}_k$ 间的相关系数为 0。

(5.19)式仅对不重迭的年龄区间成立。如果两个区间从 x_α 岁开始，分别以 x_j 和 x_k 为终点，$\hat{p}_{\alpha j}$ 和 $\hat{p}_{\alpha k}$ 间的协方差不等于 0。通过简单计算可以证明

$$Cov(\hat{p}_{\alpha j},\hat{p}_{\alpha k}) = E\left(\frac{1}{l_\alpha}\right)p_{\alpha k}(1-p_{\alpha j}), \qquad \alpha < j \leqslant k \qquad (10.5.20)$$

当 $k = j$ 时，这就变成 $\hat{p}_{\alpha j}$ 的方差了。

虽然 $\hat{p}_j$ 和 $\hat{p}_k$ 的协方差为 0，但它们的分布并不独立。下面给出 $j = 0$ 和 $k = 1$ 情形下的证明。为了证明 $\hat{p}_0$ 和 $\hat{p}_1$ 的分布不独立，只需证明

$$E(\hat{p}_0^2)E(\hat{p}_1^2) > E(\hat{p}_0^2\hat{p}_1^2) \qquad (10.5.21)$$

鉴于(10.5.15)，(10.5.21)式的左端为

$$E\left[\frac{l_1^2}{l_0^2}\right]\left[E\left(\frac{1}{l_1}\right)p_1q_1 + p_1^2\right] \qquad (10.5.22)$$

而右端可写为

$$E\left[\frac{l_1^2}{l_0^2}\left(\frac{1}{l_1}p_1q_1 + p_1^2\right)\right] \qquad (10.5.23)$$

因此,当且仅当

$$E(l_1^2)E\left(\frac{1}{l_1}\right) > E(l_1) \qquad (10.5.24)$$

时,(10.5.21)式成立。其实,这是容易证明的,利用

$$E\left(\frac{1}{l_1}\right) > \frac{1}{E(l_1)} \qquad (10.5.25)$$

和

$$E(l_1^2) > [E(l_1)]^2 \qquad (10.5.26)$$

便有

$$E(l_1^2)E\left(\frac{1}{l_1}\right) > E\left(\frac{l_1^2}{l_1}\right) > E(l_1)$$

因此,(10.5.21)式以及 $\hat{p}_0$ 和 $\hat{p}_1$ 的分布不独立便得证。

5.2　$\hat{p}_j$ 的无偏估计的方差的 Cramér-Rao 下界　(10.5.16)式是 (10.5.12)式所给 $\hat{p}_j$ 的精确方差公式。现在我们来对这个无偏估计的方差求下限。令 $\bar{p}_j$ 是 p_j 的任一无偏估计。根据 Cramér-Rao 定理, $\bar{p}_j$ 的方差满足不等式①

$$Var(\bar{p}_j) \geqslant \frac{1}{-E\left(\dfrac{\partial^2}{\partial p_j^2}\log L\right)} \qquad (10.5.27)$$

其中 $\log L$ 是(10.5.10)式所定义的对数似然函数。我们先来简略地证明 (10.5.27)式。

导数 $\partial \log L/\partial p_j$ 显然是一个随机变量,它的期望是

$$E\left[\frac{\partial}{\partial p}\log L\right] = E\left[\frac{1}{L}\frac{\partial}{\partial p_j}L\right] = \frac{\partial}{\partial p_j}E(1) = 0 \qquad (10.5.28)$$

和

---

① 必须指出,当对参数 p_j, $j = 0,1,\cdots$ 作联合估计时,方差的下限是期望 $E(\partial^2 \log L/\partial p_j^2)$ 和 $E(\partial^2 \log L/\partial p_j \partial p_k)$ 的函数, $j, k = 0,1,\cdots$ 。然而,(10.5.27)式还是成立的,因为在我们这里,只要 $j \neq k$,"混合"偏导数的期望等于 0。

$$E\left[\frac{\partial^2}{\partial p_j^2}\log L\right]=E\left[\frac{1}{L}\frac{\partial^2}{\partial p_j^2}L-\left(\frac{1}{L}\frac{\partial}{\partial p_j}L\right)^2\right]=\frac{\partial^2}{\partial p_j^2}E(1)-E\left[\left(\frac{\partial}{\partial p_j}\log L\right)^2\right]$$

$$=-E\left[\left(\frac{\partial}{\partial p_j}\log L\right)^2\right]\qquad(10.5.29)$$

由此,我们有 $\partial\log L/\partial p_j$ 的方差

$$Var\left(\frac{\partial}{\partial p_j}\log L\right)=E\left[\left(\frac{\partial}{\partial p_j}\log L\right)^2\right]=-E\left[\frac{\partial^2}{\partial p_j^2}\log L\right]\qquad(10.5.30)$$

设 $\tilde{p}_j$ 是 p_j 的任一无偏估计,则 $\tilde{p}_j$ 和 $\partial\log L/\partial p_j$ 之间的协方差为1。这一点可由如下的计算来证明:

$$Cov\left(\tilde{p}_j,\frac{\partial}{\partial p_j}\log L\right)=E\left[\tilde{p}_j\frac{\partial}{\partial p_j}\log L\right]=E\left[\tilde{p}_j\frac{1}{L}\frac{\partial}{\partial p_j}L\right]$$

$$=\frac{\partial}{\partial p_j}E[\tilde{p}_j]=\frac{\partial}{\partial p_j}p_j=1\qquad(10.5.31)$$

由于两个随机变量间协方差的平方不会超过两个方差的乘积,我们有

$$Var(\tilde{p}_j)Var\left(\frac{\partial}{\partial p_j}\log L\right)\geqslant 1\qquad(10.5.32)$$

将(10.5.30)式代入(10.5.32)式,(10.5.27)式便得到了证明。

在我们这里,

$$-E\left[\frac{\partial^2}{\partial p_j^2}\log L\right]=\frac{l_0 p_{0j}}{p_j(1-p_j)}\qquad(10.5.33)$$

所以,下界为

$$\frac{1}{l_0 p_{0j}}p_j(1-p_j)\qquad(10.5.34)$$

(10.5.34)式这个下界和(10.5.16)式中的精确公式之差别就在于 $1/l_0 p_{0j}$ 和 $E(1/l_j)$ 的差别。因此,相对于下界,p_j 的效率为 $\left[l_0 p_{0j}E\left(\frac{1}{l_j}\right)\right]^{-1}$。然而,在下一节我们将证明,(10.5.12)式给出的最大似然估计 $\hat{p}_j$ 在 p_j 的各种无偏估计中具有最小的方差。这样,在本问题中,下界不可能达到。

5.3 $\hat{p}_j$ 的充分性和有效性 我们首先定义充分统计量。设 $X_1,\cdots,X_n$ 为随机变量的一个样本,函数 $T_k(X_1,\cdots,X_n)(k=1,\cdots,r)$ 为统计量,联合概率(密度)函数 $f(x_1,\cdots,x_n;\theta_1,\cdots,\theta_r)$ 依赖于未知参数 $\theta_1,\cdots,\theta_r$。当且仅当联合概率(密度)函数 $f(x_1,\cdots,x_n;\theta_1,\cdots,\theta_r)$ 可以分解因式为

$$f(x_1,\cdots,x_n;\theta_1,\cdots,\theta_r)=g(T_1,\cdots,T_r;\theta_1,\cdots,\theta_r)h(x_1,\cdots,x_n;T_1,\cdots,T_r)$$

$$(10.5.35)$$

其中, g 是 $T_k = T_k(X_1, \cdots, X_n)$ $(k=1, \cdots, r)$ 和参数 $\theta_1, \cdots, \theta_r$ 的函数, 而 h 独立于参数 $\theta_1, \cdots, \theta_r$, 则统计量 $T_k(X_1, \cdots, X_n)$ $(k=1, \cdots, r)$ 称为 $\theta_1, \cdots, \theta_r$ 的联合充分统计量。(10.5.35)这个分解式表明, 给定充分统计量 $T_1, \cdots, T_r$ 的取值后, $x_1, \cdots, x_n$ 的任何函数都不能给参数 $\theta_1, \cdots, \theta_r$ 增添更多的信息。换言之, 充分统计量提取了样本中关于参数的全部信息。充分统计量的概念是 Fisher(1922)引入的, 而上述分解式是 Neyman(1935)发展的。关于参数估计的充分性和其他优良性的详细讨论, 读者可参阅 Lehmann(1959), Hogg 和 Craig(1965), Kendall 和 Stuart(1961), 以及其他有关统计学的标准教科书。

在这里的情形下, 随机变量是 ε_{ia}, 参数是 $p_0, p_1, \cdots$; ε_{ia} 的联合概率, 由(10.5.7)或(10.5.9)式给出,

$$f(\varepsilon_{ia}; p_i) = \prod_{i=0}^{\infty} \left[p_{0i}(1-p_i) \right]^{d_i} \qquad (10.5.9)$$

利用关系式 $l_i = d_i + d_{i+1} + \cdots$, 我们重写(10.5.9)式为

$$f(\varepsilon_{ia}; p_i) = \prod_{i=0}^{\infty} (1-p_i)^{d_i} p_i^{l_{i+1}} \qquad (10.5.36)$$

它容易分解因式为

$$f(\varepsilon_{ia}; p_i) = g(l_i; p_i) h(\varepsilon_{ia}; l_i) \qquad (10.5.37)$$

其中,

$$g(l_i; p_i) = \prod_{i=0}^{\infty} \frac{l_i!}{(l_i - l_{i+1})! \, l_{i+1}!} (1-p_i)^{l_i - l_{i+1}} p_i^{l_{i+1}} \qquad (10.5.38)$$

$$h(\varepsilon_{ia}; l_i) = \prod_{i=0}^{\infty} \frac{\left(\sum_{a=1}^{l_0} \varepsilon_{ia} \right)! \left(l_i - \sum_{a=1}^{l_0} \varepsilon_{ia} \right)!}{l_i!} \qquad (10.5.39)$$

根据 Fisher-Neyman 的因子分解准则, 统计量 $l_i, i = 0, 1, \cdots$ 是 $p_i, i = 0, 1, \cdots$ 的联合充分统计量。

对 p_j 的任一无偏估计 $\tilde{p}_j$, 我们要证

$$Var(\tilde{p}_j) \geqslant Var(\hat{p}_j) \qquad (10.5.40)$$

等式成立当且仅当 $\tilde{p}_j = \hat{p}_j$。要证(10.5.40)式, 我们注意到, 由于 l_j 和 l_{j+1} 是 p_j 的充分统计量, 条件期望

$$E[\tilde{p}_j | l_j, l_{j+1}] = \theta(l_j, l_{j+1}) \qquad (10.5.41)$$

不依赖于 p_j。由于 $\tilde{p}_j$ 为无偏的, 对于任意的 $0 \leqslant p_j \leqslant 1$,

$$p_j = E(\tilde{p}_j) = E[E(\tilde{p}_j | l_j, l_{j+1})] = E[\theta(l_j, l_{j+1})] \qquad (10.5.42)$$

如果 l_j 限于取正值, 那么 l_j 和 l_{j+1} 的联合概率分布为

$$\frac{1}{1-(1-p_{0j})^{l_0}}\left[\binom{l_0}{l_j}p_j^{l_j}(1-p_0)^{l_0-l_j}\right]\left[\binom{l_j}{l_{j+1}}p_j^{l_{j+1}}(1-p_j)^{l_j-l_{j+1}}\right],$$

$$l_j=1,2,\cdots,l_0;l_{j+1}=0,1,\cdots,l_j \tag{10.5.43}$$

把(10.5.43)代入(10.5.42)得恒等式

$$p_j\equiv\sum_{l_j=1}^{l_0}\sum_{l_{j+1}=0}^{l_0}\frac{\theta(l_i,l_{j+1})}{1-(1-p_{0j})^{l_0}}\left[\binom{l_0}{l_j}p_{0j}^{l_j}(1-p_{0j})^{l_0-l_j}\right]\left[\binom{l_j}{l_{j+1}}p_j^{l_{j+1}}(1-p_j)^{l_j-l_{j+1}}\right]$$

$$\tag{10.5.44}$$

由于(10.5.44)是 p_j 的一个恒等式,它有唯一解

$$\theta(l_j,l_{j+1})=\frac{l_{j+1}}{l_j} \tag{10.5.45}$$

这就意味着

$$E[\tilde{p}_j\,|\,l_j,l_{j+1}]=\hat{p}_j \tag{10.5.46}$$

$\tilde{p}_j$ 的方差可以计算如下:

$$Var(\tilde{p}_j)=E(\tilde{p}_j-p_j)^2=E[(\tilde{p}_j-\hat{p}_j)+(\hat{p}_j-p_j)]^2$$

$$=E(\tilde{p}_j-\hat{p}_j)^2+E(\hat{p}_j-p_j)^2+2E[(\tilde{p}_j-\hat{p}_j)(\hat{p}_j-p_j)] \tag{10.5.47}$$

其中交叉积的期望

$$E[(\tilde{p}_j-\hat{p}_j)(\hat{p}_j-p_j)]=E\{E[(\tilde{p}_j-\hat{p}_j)(\hat{p}_j-p_j)\,|\,l_j,l_{j+1}]\}$$

$$=E\{E[(\tilde{p}_j-\hat{p}_j)\,|\,l_j,l_{j+1}](\hat{p}_j-p_j)\}=0$$

$$\tag{10.5.48}$$

因此,

$$Var(\tilde{p}_j)=E\,(\tilde{p}_j-\hat{p}_j)^2+Var(\hat{p}_j) \tag{10.5.49}$$

$$Var(\tilde{p}_j)\geqslant Var(\hat{p}_j) \tag{10.5.50}$$

这就是所要证明的。仅当 $\tilde{p}_j=\hat{p}_j$ 时,这两个方差相等。至此,我们有下面的定理:

定理 2 寿命表中的估计 $\hat{p}_j$ 和 $\hat{q}_j$ 是相应的概率 p_j 和 q_j 的唯一、无偏、有效最大似然估计。

6. 年龄 x_α 岁时观察期望寿命 $\hat{e}_\alpha$ 的分布

观察期望寿命总结了整个人口群体的死亡经历。如果对于 $j\geqslant i$,所有个体都服从所估计的死亡概率 $\hat{q}_j$,那么 x_i 岁时的期望寿命表示该年龄的个体还能生存的平均年数。这自然是寿命表中最有用的一列。

考虑一个给定年龄 x_a，在 x_a 时的观察期望寿命为 $\hat{e}_a$。设 Y_a 表示个体在 x_a 岁以后的未来生存时间。第 9 章 (9.2.9) 式已经指出，$\hat{e}_a$ 是 l_a 个个体 x_a 岁以后未来生存时间的样本均数，即

$$\hat{e}_a = \bar{Y}_a \qquad\qquad (10.6.1)$$

根据第 3 章的中心极限定理，观察期望寿命具有正态分布，期望为

$$E(\hat{e}_a) = E(\bar{Y}_a) \qquad\qquad (10.6.2)$$

方差 (参阅第 5 节的 (10.5.16) 式) 为

$$Var(\hat{e}_a) = E\left(\frac{1}{l_a}\right) Var(Y_a) \qquad\qquad (10.6.3)$$

可见，我们只需讨论 Y_a 的分布就够了。

显然，Y_a 是一个连续随机变量，取任意非负实数值。对给定的个体，设 y_a 是随机变量 Y_a 的取值，则 $x_a + y_a$ 是该个体的寿命。设 dy_a 为无穷小时间区间，假定 Y_a 在 y_a 和 $y_a + dy_a$ 之间取值。当且仅当个体在年龄区间 $(x_a, x_a + y_a)$ 内生存，而在区间 $(x_a + y_a, x_a + y_a + dy_a)$ 内死去时，我们有

$$f(y_a)\,dy_a = \exp\left\{-\int_{x_a}^{x_a + y_a} \mu(\tau)\,d\tau\right\} \mu(x_a + y_a)\,dy_a, \qquad y_a \geqslant 0$$

$$(10.6.4)$$

现在我们来证明 (10.6.4) 式中的函数 $f(y_a)$ 非负，从 $y_a = 0$ 至 $y_a = +\infty$ 的积分等于 1，因此它确实是概率密度函数。(10.6.4) 式右端 dy_a 前的因子非负是显然的。关于积分

$$\int_0^\infty f(y_a)\,dy_a = \int_0^\infty \exp\left\{-\int_{x_a}^{x_a + y_a} \mu(\tau)\,d\tau\right\} \mu(x_a + y_a)\,dy_a \quad (10.6.5)$$

我们定义

$$\varphi = \int_{x_a}^{x_a + y_a} \mu(\tau)\,d\tau = \int_0^{y_a} \mu(x_a + t)\,dt \qquad\qquad (10.6.6)$$

并将微分

$$d\varphi = \mu(x_a + y_a)\,dy_a \qquad\qquad (10.6.7)$$

代入 (10.6.5) 式，便有

$$\int_0^\infty f(y_a)\,dy_a = \int_0^\infty e^{-\varphi}\,d\varphi = 1 \qquad\qquad (10.6.8)$$

证毕。

随机变量 Y_a 的数学期望是 x_a 岁后生存时间的期望值，因而也是 x_a 岁时的期望寿命。根据记号 e_a 的定义，我们有

$$e_a = \int_0^\infty f(y_a) dy_a = \int_0^\infty y_a \exp\left\{-\int_{x_a}^{x_a+y_a} \mu(\tau)d\tau\right\} \mu(x_a + y_a) dy_a$$

$$(10.6.9)$$

和方差

$$\sigma_{Y_a}^2 = \int_0^\infty (y_a - e^a)^2 f(y_a) dy_a \qquad (10.6.10)$$

可见,期望值 e_a 和方差 $\sigma_{Y_a}^2$ 均依赖于死亡力 $\mu(\tau)$。

习惯上,x_a 岁时的期望寿命定义为

$$e_a = \int_0^\infty \exp\left\{-\int_{x_a}^{x_a+y_a} \mu(\tau)d\tau\right\} dy_a \qquad (10.6.11)$$

证明(10.6.9)和(10.6.11)两式的等价性是有益的。我们从分部积分(10.6.9)式入手,令

$$u = y_a, du = dy_a, \ v = -\exp\left\{-\int_{x_a}^{x_a+y_a} \mu(\tau)d\tau\right\} \qquad (10.6.12)$$

$$dv = \int_0^\infty \exp\left\{-\int_{x_a}^{x_a+y_a} \mu(\tau)d\tau\right\} \mu(x_a + y_a) dy_a \qquad (10.6.13)$$

于是有

$$\int_0^\infty y_a \exp\left\{-\int_{x_a}^{x_a+y_a} \mu(\tau)d\tau\right\} \mu(x_a + y_a) dy_a$$

$$= -y_a \exp\left\{-\int_{x_a}^{x_a+y_a} \mu(\tau)d\tau \Big|_0^\infty\right\} + \int_0^\infty \exp\left\{-\int_{x_a}^{x_a+y_a} \mu(\tau)d\tau\right\} dy_a$$

$$(10.6.14)$$

右端第一项为 0,第二项和(10.6.11)式相同,这就证明了(10.6.9)和(10.6.11)的等价性。

寿命表中 $\hat{e}_a$ 的公式为

$$\hat{e}_a = \frac{L_a + L_{a+1} + \cdots + L_w}{L_a} \qquad (10.6.15)$$

或

$$\hat{e}_a = a_a n_a + \sum_{j=a+1}^w c_j \hat{p}_{aj} \qquad (10.6.16)$$

其中,

$$c_j = (1 - a_{j-1}) n_{j-1} + a_j n_j \qquad (10.6.17)$$

a_j 为 (x_j, x_{j+1}) 的终寿区间成数,n_j 为区间长度。由于 $\hat{p}_{aj}$ 是概率 p_{aj} 的一个无偏估计,$\hat{e}_a$ 的期望也可由下式给出:

$$e_a = a_a n_a + \sum_{j=a+1}^w c_j p_{aj} \qquad (10.6.18)$$

这等价于(10.6.9)式。

(10.6.3)式给出了 $\hat{e}_a$ 的方差公式,利用(10.6.10)式,有

$$Var(\hat{e}_a) = E\left(\frac{1}{l_i}\right)\int_0^\infty (y_a - e_a)^2 f(y_a)dy_a \qquad (10.6.19)$$

由于 $\hat{e}_a$ 是 $\hat{p}_{aj}$ 的线性函数,我们可以采用第 8 章对现时寿命表推导 $\hat{e}_a$ 的样本方差所采用的办法来推导另一个关于 $\hat{e}_a$ 的方差公式,其结果和那里的公式也类似。在(10.6.16)式中求 $\hat{e}_a$ 关于 $\hat{p}_i$ 的导数,经过简化容易得到

$$Var(\hat{e}_a) = \sum_{i=a}^{w-1} \{p_{ai}^2[(1-a_i)n_i + e_{i+1}]^2 Var(\hat{p}_i)\} \qquad (10.6.20)$$

其中,

$$Var(\hat{p}_i) = E\left(\frac{1}{l_i}\right)p_i q_i \qquad (10.6.21)$$

至此,我们有

定理 3 如果在年龄区间 (x_i, x_{i+1}) 内的 d_i 个死亡者平均说来每人在该区间内存活了 $a_i n_i$ 岁,$i=a,a+1,\cdots,w$,那么对于较大的 l_a,由(10.6.15)式给出的 x_a 岁时的观察期望寿命 $\hat{e}_a$ 的概率分布渐近正态,均数和方差分别由(10.6.18)式和(10.6.20)式给出。

7. 最大似然估计——一个附录

为了帮助读者更好地理解本章的内容,这里简短地回顾一下最大似然估计的方法和估计量的优良性这个概念。为了简单起见,我们的讨论限于独立、同分布(i.i.d.)随机变量,但其论点对非独立的随机变量同样适用。

设随机变量 $X_1,\cdots,X_n$ 具有共同的密度函数 $f(x;\theta)$,这里的 θ 是一个待估计的参数。$X_1,\cdots,X_n$ 的联合密度函数称为似然函数,即

$$L(\theta;x) = f(x_1;\theta)\cdots f(x_n;\theta) \qquad (10.7.1)$$

其中 L 是 θ 的函数。对于离散分布,$f(x;\theta)$ 是概率函数。

如果统计量 $\hat{\theta}(x_1,\cdots,x_n)$ 使 $L(\hat{\theta};x)$ 成为 $L(\theta;x)$ 的最大值,则 $\hat{\theta}$ 称为 θ 的最大似然估计。最大似然原则就是要寻找 $(x_1,\cdots,x_n)$ 的一个函数 $\hat{\theta}$ 使得函数 L 达到最大值。由于使 L 最大的值也使 L 的对数最大,为了方便,我们常从所谓最大似然方程

$$\frac{d}{d\theta}\log L(\theta;x) = 0 \qquad (10.7.2)$$

确定一个最大似然估计量。如果一个分布涉及两个参数,$f(x;\theta_1,\theta_2)$,那么

似然函数(10.7.1)将含两个参数,而(10.7.2)中就有两个联立方程。

然而,最大似然估计量不一定存在,或者方程(10.7.2)可能有不止一个解。但是许多熟知的分布都存在唯一的最大似然估计量,使得这一估计方法很实用。现举例说明求估计量的方法。

例1 设有 i.i.d. 的双值变量 $X_1,\cdots,X_n$,概率函数为

$$\Pr\{X_i=1\}=p \quad \text{和} \quad \Pr\{X_i=0\}=1-p, \qquad i=1,\cdots,n$$

$$(10.7.3)$$

为了便于估计 p,这一概率函数可重新写为

$$f(x_i;p)=p^{x_i}(1-p)^{1-x_i}, \qquad i=1,\cdots,n \qquad (10.7.4)$$

因此似然函数具有简单形式,

$$L(p,x)=\sum_{i=1}^{n}f(x_i;p)=p^{\sum x_i}(1-p)^{\sum(1-x_i)} \qquad (10.7.5)$$

和式 $\sum x_i$ 等于样本中"1"的总个数,是一个二项随机变量。似然函数的对数是

$$\log L(p,x)=\sum_{i=1}^{n}x_i\log p+\sum_{i=1}^{n}(1-x_i)\log(1-p) \qquad (10.7.6)$$

对(10.7.6)右端取导数,给出似然方程

$$\frac{1}{\hat{p}}\sum_{i=1}^{n}x_i-\frac{1}{1-\hat{p}}\sum_{i=1}^{n}(1-x_i)=0 \qquad (10.7.7)$$

及 p 的最大似然估计

$$\hat{p}=\frac{1}{n}\sum_{i=1}^{n}x_i \qquad (10.7.8)$$

因此,样本频率是概率 p 的最大似然估计。

例2 设 $X_1,\cdots,X_n$ 为 i.i.d. 随机样本,具有正态密度函数

$$f(x;\theta)=\frac{1}{\sqrt{2\pi}}e^{-\frac{1}{2}(x-\theta)^2} \qquad (10.7.9)$$

似然函数是

$$L(\theta;x)=\left(\frac{1}{\sqrt{2\pi}}\right)^n\exp\left\{-\frac{1}{2}\sum_{i=1}^{n}(x_i-\theta)^2\right\} \qquad (10.7.10)$$

它的对数是

$$\log L(\theta;x)=-n\log\sqrt{2\pi}-\frac{1}{2}\sum_{i=1}^{n}(x_i-\theta)^2 \qquad (10.7.11)$$

最大似然方程

$$\frac{d}{d\theta}\log L(\theta;x)=0$$

有唯一解

$$\hat{\theta}=\frac{1}{n}\sum_{i=1}^{n}x_i=\bar{X} \tag{10.7.12}$$

因此,样本均值是正态分布总体均值的最大似然估计。

　　例3　如果把例 2 中的密度函数改换为

$$f(x;\theta_1,\theta_2)=\frac{1}{\sqrt{2\pi\theta_2}}\exp\left\{-\frac{1}{2\theta_2}(x-\theta_1)^2\right\} \tag{10.7.13}$$

于是似然函数的对数含两个参数,均值 θ_1 和方差 θ_2:

$$\log L(\theta_1,\theta_2;x)=-n\log\sqrt{2\pi}-\frac{n}{2}\log\theta_2-\sum_{i=1}^{n}(x_i-\theta_1)^2/2\theta_2 \tag{10.7.14}$$

(10.7.14)式分别对 θ_1 和 θ_2 求导便得两个联立方程

$$\frac{\partial}{\partial\theta_1}\log L=0:\qquad \sum_{i=1}^{n}(x_i-\hat{\theta}_1)=0$$

$$\frac{\partial}{\partial\theta_2}\log L=0:\qquad n\hat{\theta}_2-\sum_{i=1}^{n}(x_i-\hat{\theta}_1)^2=0 \tag{10.7.15}$$

它们的解是

$$\hat{\theta}_1=\bar{X} \tag{10.7.16}$$

和

$$\hat{\theta}_2=\frac{1}{n}\sum_{i=1}^{n}(x_i-\bar{X})^2 \tag{10.7.17}$$

　　例4　设 $X_1,\cdots,X_n$, i.i.d. ,来自指数分布

$$f(x;\theta)=\theta e^{-\theta x} \tag{10.7.18}$$

对数似然函数是

$$\log L(\theta;x)=n\log\theta-\theta\sum_{i=1}^{n}x_i \tag{10.7.19}$$

导数是

$$\frac{d}{d\theta}\log L(\theta;x)=\frac{n}{\theta}-\sum_{i=1}^{n}x_i$$

令导数等于零便得最大似然估计量

$$\hat{\theta}=\frac{1}{\bar{X}} \tag{10.7.20}$$

7.1 估计量的优良性

无偏性　一个估计量 $\hat{\theta}(X_1,\cdots,X_n)$ 称为无偏,如果 $E[\hat{\theta}(X_1,\cdots,X_n)]=\theta$ 。在例 2 中,样本均值是总体均值的一个无偏估计量,但(10.7.17)中方差的估计量,由于

$$E\left[\frac{1}{n}\sum_{i=1}^{n}(X_i-\bar{X})^2\right]=\frac{n-1}{n}\theta_2$$

不是一个无偏的估计量。方差的一个无偏估计量是

$$S^2=\frac{1}{n-1}\sum_{i=1}^{n}(X_i-\bar{X})^2$$

因为,当 $n\to\infty$ 时,因子 $\frac{n-1}{n}\to 1$,对大的 n,(10.7.17)式的偏性可以忽略。一般说来,最大似然估计量是无偏的,至少是渐近无偏的。

一致性　一个估计量 $\hat{\theta}_n$ 称为一致,如果它依概率收敛于参数的真值 θ_0;用符号表示,即对任意 $\varepsilon>0$,

$$\lim_{n\to\infty}\mathrm{Pr}\{|\hat{\theta}_n-\theta_0|<\varepsilon\}=1$$

最大似然估计量是一致的。

有效性(方差最小)　最大似然估计量在下述意义下是有效的,即它的方差小于或等于任何另一个估计量的方差。如果 $\hat{\theta}$ 是一个最大似然(无偏)估计量而 $\tilde{\theta}$ 是任何另一个(无偏)估计量,那么

$$Var(\hat{\theta})\leqslant Var(\tilde{\theta})$$

渐近正态性　当样本量 n 充分大时,最大似然估计量 $\hat{\theta}_n$ 渐近正态,这个正态分布的均值为 θ,方差为

$$Var(\hat{\theta}_n)=\frac{1}{-E\left[\frac{d^2}{d\theta^2}\log L(\theta;x)\right]} \tag{10.7.21}$$

例 5　在关于双值变量的例 1 中,我们取(10.7.6)中对数似然函数的二阶导数以求得

$$E\left[\frac{d^2}{d\theta^2}\log L(\theta;X)\right]=-\frac{n}{p(1-p)}$$

因此,估计量 $\hat{p}$ 的渐近方差是

$$\sigma^2=\frac{p(1-p)}{n}$$

8. 习题

1. 求(10.2.29)式中 Weibull 分布的期望值和方差。

2. 求(10.2.31)式中指数分布的期望值和方差。

3. 直接由(10.2.15)式的概率分布推导(10.2.16)式中 l_j 的期望和 (10.2.17)式中 l_j 的方差公式。

4. 直接由(10.3.3)式的联合概率分布推导(10.3.4)式中 l_j 和 l_i 的协方差公式。

5. 由(10.4.3)式中的概率分布推导(10.4.4)式中的期望值、(10.4.5)式中的方差和(10.4.6)式中的协方差公式。

6. 由(10.5.9)式中的似然函数求出 p_i 的最大似然估计。

7. 推导(10.5.20)式中 $\hat{p}_{aj}$ 和 $\hat{p}_{ak}$ 的协方差公式。

8. 证明 $\theta(l_j, l_{j+1}) = l_{j+1}/l_j$ 是方程(10.5.44)的唯一解。

9. 设 L 是死亡数的似然函数

$$L = \frac{l_0!}{d_0!\,d_1!\,d_2!\,l_3!}\,(p_{00}q_0)^{d_0}\,(p_{01}q_0)^{d_1}\,(p_{02}q_2)^{d_2}\,p_{03}^{l_3}$$

求 p_1 的最大似然估计 $\hat{p}_1$ 和 $\hat{p}_1$ 的渐近方差。

10. 证明 $\hat{p}_i$ 和 $\hat{p}_{i+1}$ 并不线性相关。

11. 证明期望寿命 $\hat{e}_a$ 的方差公式(10.6.20)。

12. 推导 $\hat{e}_1$ 和 $\hat{e}_2$ 的协方差公式。

13. 推导不等式(10.5.25)时,我们曾利用这样的事实,即如果 X（或 l_1）是一个正的随机变量,则

$$E\left(\frac{1}{X}\right) > \frac{1}{E(X)}$$

试证明这个不等式。

14. 证明 7.1 节中的样本方差

$$S^2 = \frac{1}{n-1} \sum_{i=1}^{n} (X_i - \bar{X})^2$$

是无偏估计。

15. 就(10.7.18)式中的指数分布求(10.7.20)式估计值 $\hat{\theta} = 1/\bar{X}$ 的渐近方差。

16. 如果(10.7.13)式中正态分布的方差 θ_2 是已知的,求(10.7.16)式估计值 $\theta_1 = \bar{X}$ 的渐近方差。

第 11 章　医学随访研究

1. 引言

医学随访研究和产品寿命试验有一个共同的目标,即对一个确定群体估计期望寿命和生存概率。这类研究常常需要在有关生存的信息尚未齐全就停止进行,因此称为删失(censoring)。关于随访病人的研究和灯泡之类的寿命试验实质上是相同的,虽然样本量的不同可能需要采取不同的处理办法。我们将考察若干大样本的肿瘤生存资料,并采用与医学随访研究一致的术语。

典型的随访研究总是从一个明确规定的起点开始,诸如自入院之日起随访一组具有共同发病经历的个体等。这类研究的目的可能是评价某种治疗措施,其做法是对经过治疗的病人与未经治疗的病人比较他们的期望寿命和生存概率,或者对经过治疗的病人与一般人群比较期望寿命和生存概率。在研究工作结束时,常剩下一些个体,他们的死亡资料不完整,有些病人研究工作结束而停止观察;有些病人由于失访而未被继续研究;有些病人由于与本研究项目无关的其他原因而死亡。停止观察与失访的区别是显然的。在研究期间,每个病人在任何时刻都有失访的可能性,但是,停止观察只能发生在一定的时间区间里,它取决于病人开始加入研究的时间和研究工作结束的时间。

无论如何,上述不完全资料(incomplete data)的三种来源在生存概率和期望寿命的估计方面提出了一些有趣的统计学问题,关于随访资料的分析方法已经有许多工作,包括 Greenwood(1925),Frost(1933),Berkson 和 Gage (1952),Fix 和 Neyman(1951),Boag (1949),Elveback (1958),Armitage (1959),Kaplan 和 Meler (1958),Dorn (1950),Littell (1952),Cutler 和 Ederer (1958),Kuzma (1967) 和 Drolette (1975)。本章所提到的多数内容可参阅 Chiang (1961a)。

其他原因的死亡和失访造成的不完全资料的分析需要竞争风险的概念,其详细讨论可参看 Birnbaum (1978),Chiang(1968),David 和 Moeschberger (1978)。本章的目的是将第 10 章中所述的寿命表方法应用于随访研究的特殊情形,其中有一些病人由于研究工作结束而停止观察。第 2 节是时间区间 $(x,$

$x+1)$ 内生存概率的估计,并简短小结了多种估计量的公式。第 3 节是 x 岁生存概率 p_{0x} 的估计。在第 4 节,我们介绍一个对不完全信息计算期望寿命 $\hat{e}_x$ 的方法。第 5 节通过宫颈癌病人的寿命表介绍理论的应用。

2. 区间 $(x, x+1)$ 内生存概率 p_x 的估计

考虑在 y 年这段时间内进行的一项随访研究。在研究期内先后共有 N_0 个病人参与这项研究,对死于观察期内的病人,一直观察到死亡为止,对死于观察期之后的病人,则一直观察到研究工作结束为止。对这 N_0 个病人,均以各自开始接受本项研究的时刻为共同的起点。对一个指定的病人,时刻 0 就表示他开始接受研究的时刻。这样,如果病人 A 于 1975 年 1 月 1 日开始接受研究,病人 B 于 1978 年 7 月 1 日开始接受研究,他们的起点便分别为 1975 年 1 月 1 日和 1978 年 7 月 1 日。病人 A 接受研究的一周年是 1976 年 1 月 1 日,而病人 B 的一周年便是 1979 年 7 月 1 日。在医学随访研究中习惯于采用周年(从开始接受研究之日起算)为时间尺度。典型的区间记为 $(x, x+1), x=0, 1, \cdots, y-1$,这里 x 为随访所持续的精确时间。记号 p_x 将用来表示在 x 时活着的病人到 $x+1$ 时仍然活着的概率,而 q_x 则是 x 时活着的病人将在 $(x, x+1)$ 内死亡的概率,$p_x + q_x = 1$。

2.1 基本随机变量和似然函数 对每个区间 $(x, x+1)$,设 N_x 为区间开始时活着的病人数。显然,N_x 也是在停止观察时至少已经随访了 x 年的人数[①]。由于死亡以及停止观察时不断有人退出研究,N_x 将随 x 的增大而减小,表 11.1 反映了这一特点。

表 11.1 在区间 $(x, x+1)$ 内退出情形和存活情形所决定的 N_x 个病人的分布

存活情形	区间内的退出情形		
	病人总数	在整个区间内被观察的人数*	在区间内退出的人数**
总计	N_x	m_x	n_x
存活	$s_x + w_x$	s_x	w_x
死亡	D_x	d_x	d_x'

* 在停止观察之前随访进行了多于 $(x+1)$ 年的存活者。

* * 在停止观察之前随访进行的时间介于 x 年和 $(x+1)$ 年之间的存活者。

---

① 本章所示方法既适用于每个病人各有不同停止观察时刻的资料,也适用于具有同一停止研究时刻的资料。

在区间 $(x, x+1)$ 开始时的 N_x 个病人可以根据他们参与研究的时间分成互不相容的两个组。一组 m_x 个病人早于停止研究前的 $(x+1)$ 年加入随访,他们在整个区间 $(x, x+1)$ 内都接受了观察;另一组 n_x 个病人,在停止研究之前 x 和 $(x+1)$ 年之间加入了随访。这组病人都在区间 $(x, x+1)$ 内退出随访。在前一组 m_x 个病人中,有 d_x 个亡故于区间内,s_x 个活到区间的末端 $(x+1)$,s_x 就等于 N_{x+1};在后一组的 n_x 个病人中,d_x' 个在停止观察之前死去,w_x 个在停止观察时仍活着。$d_x + d_x' = D_x$ 是在区间内死亡者的总数。s_x, d_x, w_x 和 d_x' 为基本随机变量,将用以估计概率 p_x 和 q_x。

首先考虑 m_x 个病人的那一组,每个人都有在 $(x, x+1)$ 区间存活的概率 p_x 和死亡的概率 $q_x = 1 - p_x$。在该区间末端存活的人数 s_x 这个随机变量服从二项分布

$$c_1 p_x^{s_x} (1-p_x)^{d_x} \tag{11.2.1}$$

其中,二项系数 c_1 与估计 p_x 无关。存活人数和死亡人数的期望值分别为

$$E(s_x | m_x) = m_x p_x \quad 和 \quad E(d_x | m_x) = m_x (1-p_x) \tag{11.2.2}$$

在停止观察时存活的人数 w_x 这个随机变量也服从二项分布。如果我们令

$$p_x(1/2) = \text{Pr} \{一个病人在 (x, x+1) 区间内退出研究时仍活着\} \tag{11.2.3}$$

于是 w_x 的概率分布为

$$c_2 [p_x(1/2)]^{w_x} [1-p_x(1/2)]^{d_x'} \tag{11.2.4}$$

其中,二项系数 c_2 也与估计 p_x 无关。

对于全部 N_x 个病人,有两个独立的二项分布,似然函数为

$$L(x; p_x) = p_x^{s_x} (1-p_x)^{d_x} [p_x(1/2)]^{w_x} [1-p_x(1/2)]^{d_x'} \tag{11.2.5}$$

当 $p_x(1/2)$ 的表达式确定时,p_x 的最大似然估计可由 (11.2.5) 式求得。

2.2 p_x 的估计量公式 对于区间 $(x, x+1)$ 中存活概率的估计,文献中提供了若干公式,有关评述可参阅 Kuzma (1967) 和 Drolette(1975)。

2.2.1 保险精算方法 保险精算方法在医学随访研究中应用最广。这个方法首先是 Frost (1933) 在结核病随访研究中提出的,后来 Berkson 和 Gage (1950),Merrell 和 Shulman(1955),Cutler 和 Ederler(1958) 以及其他人也都叙述过这一方法。该方法并没有把病人分成 m_x 和 n_x 两个组。估计的公式是

$$\dot{p}_x = 1 - \frac{D_x}{N_x - w_x/2} \tag{11.2.6}$$

基本假定是:每一个退出者在这个区间里被观察的时间是区间长度的一半。如果把(11.2.6)式中的比值看作是 $\left(N_x - \dfrac{1}{2}w_x\right)$ 次独立重复试验中的一个二项概率,那么 $\dot{p}_x$ 的样本方差为

$$Var(\dot{p}_x) = \frac{1}{N_x - w_x/2}\dot{p}_x\dot{q}_x \qquad (11.2.7)$$

虽然(11.2.6)式完全出于直观的想法,但因其简洁而受到了流行病和医学研究者的欢迎。

2.2.2 估计量 A (11.2.3)式中所定义的概率 $p_x(1/2)$ 依赖于退出的时间。一般地,病人开始被随访和病人的死亡都是随机发生的,因此可以假定在区间 $(x,x+1)$ 内退出研究是一个随机事件。在这个假定下,

$$p_x(1/2) = \int_x^{x+1}\exp\left\{-\int_x^t\mu(\tau)d\tau\right\}dt \qquad (11.2.8)$$

若在区间 $(x,x+1)$ 内死亡力是常数,$\mu(\tau)=\mu_x$,则

$$p_x(1/2) = \int_x^{x+1}e^{-(t-x)\mu_x}dt = \frac{1}{\mu_x}(1-e^{-\mu_x}) = -\frac{1}{\log p_x}(1-p_x)$$
$$(11.2.9)$$

将(11.2.9)式代入(11.2.5)式,我们有似然函数

$$L_A(x;p_x) = p_x^{s_x}(1-p_x)^{d_x+w_x}\left[\log p_x\right]^{-n_x}\left[(1-p_x)+\log p_x\right]^{d'_x}$$
$$(11.2.10)$$

求 $L_A(x;p_x)$ 的对数关于 p_x 的导数并令其为 0,便得到最大似然方程

$$\frac{s_x}{\hat{p}_x} - \frac{d_x+w_x}{1-\hat{p}_x} - \frac{n_x}{\hat{p}_x\log\hat{p}_x} + \frac{d'_x(1-\hat{p}_x)}{\left[(1-\hat{p}_x)+\log\hat{p}_x\right]\hat{p}_x} = 0$$
$$(11.2.11)$$

这个方程的解便是 p_x 的最大似然估计,这个估计称为估计量 A (Chiang (1961a))。(11.2.11)式没有简单的解析解,其数值解可用计算机求得。

2.2.3 估计量 B 当病人的退出研究随机地发生在区间 $(x,x+1)$ 内时,被观察的平均时间等于区间 $(x,x+1)$ 之长的一半,即平均说来,被观察的区间为 $(x,x+1/2)$。半区间 $(x,x+1/2)$ 上的存活概率为

$$p_x(1/2) = e^{-\frac{1}{2}\mu_x} = p_x^{1/2} \qquad (11.2.12)$$

由于区间 $(x,x+1)$ 上的存活概率通常接近 1,$p_x^{1/2}$ 近似于(11.2.9)式中的概率,或

$$p_x^{1/2} \approx -\frac{1}{\log p_x}(1-p_x) \qquad (11.2.13)$$

对一部分 p_x 值,我们同时计算了(11.2.13)式的两端,表 11.2 中的结果印证了这一近似性。

表 11.2 $p_x^{1/2}$ 和 $-(1-p_x)/\log p_x$ 之间的对比

p_x	$p_x^{1/2}$	$-(1-p_x)/\log p_x$
0.70	0.837	0.841
0.75	0.866	0.869
0.80	0.894	0.896
0.85	0.922	0.923
0.90	0.949	0.949
0.95	0.975	0.975

取 $p_x^{1/2}$ 为退出时的生存概率,$(1-p_x^{1/2})$ 为退出前死亡的概率,随机变量 w_x 有概率分布

$$c_2 p_x^{w_x/2}(1-p_x^{1/2})^{d_x'} \tag{11.2.14}$$

期望生存数和期望死亡数分别为

$$E(w_x|n_x)=n_x p_x^{1/2} \quad 和 \quad E(d_x'|n_x)=n_x(1-p_x^{1/2}) \tag{11.2.15}$$

相应的似然函数为

$$L_B(x;p_x)=p_x^{(s_x+w_x/2)}(1-p_x)^{d_x}(1-p_x^{1/2})^{d_x'} \tag{11.2.16}$$

对 $\log L_B(x;p_x)$ 求关于 p_x 的导数并令其为 0,得到关于 $p_x^{1/2}$ 的一个二次方程:

$$(N_x-n_x/2)\hat{p}_x+d_x'\hat{p}_x^{1/2}/2-(s_x+w_x/2)=0 \tag{11.2.17}$$

这个方程的解便是最大似然估计

$$\hat{p}_x=\left[\frac{-d_x'/2+\sqrt{d_x'^2/4+4(N_x-n_x/2)(s_x+w_x/2)}}{2(N_x-n_x/2)}\right]^2$$

$$\tag{11.2.18}$$

在 $(x,x+1)$ 内死亡概率为

$$\hat{q}_x=1-\hat{p}_x \tag{11.2.19}$$

$\hat{p}_x$ 的渐近方差为

$$Var(\hat{p}_x)=\frac{\hat{p}_x\hat{q}_x}{M_x} \tag{11.2.20}$$

其中, $M_x=m_x+n_x(1+\hat{p}_x^{1/2})^{-1}$

(11.2.18)式中的 $\hat{p}_x$ 称为估计量 B(Chiang(1961a))。

2.2.4 Elvebeck 估计量 当区间充分短时,可作一线性近似

$$p_x(1/2) = 1 - q_x/2 = (1 + p_x)/2 \qquad (11.2.21)$$

似然函数为

$$L_E(x; p_x) = p_x^{s_x}(1 - p_x)^{D_x}(1 + p_x)^{w_x} \qquad (11.2.22)$$

由此引出一个估计量

$$p_x^* = \frac{w_x - D_x + \sqrt{(w_x - D_x)^2 + 4N_x s_x}}{2N_x} \qquad (11.2.23)$$

其渐近方差为

$$Var(p_x^*) = \frac{p_x^*(1 - p_x^*)^2}{(N_x + n_x)\left(1 + p_x^* - \dfrac{n_x}{N_x + n_x}\right)} \qquad (11.2.24)$$

2.2.5 Drolette 估计量 估计量 A、估计量 B 和 Elvebeck 估计量均基于退出研究的随机分布这一假定。当采用周年随访的办法时,即要求病人每一周年检查一次时,只在区间 $(x, x+1)$ 的端点确定病人的生存和死亡。没有病人在区间里面退出。在这类随访研究中, $n_x = 0$, $m_x = N_x$;似然函数可简单地写为

$$L_D(x; p_x) = p_x^{s_x}(1 - p_x)^{d_x} \qquad (11.2.25)$$

p_x 的估计为

$$p_x^{**} = \frac{s_x}{m_x} \qquad (11.2.26)$$

方差为

$$Var(p_x^{**}) = \frac{1}{m_x} p_x^{**} q_x^{**} \qquad (11.2.27)$$

2.2.6 Kaplan-Meier 估计量 本方法中,若某病人退出随访,那么估计 p_x 时他就不在考虑之列。这个方法要求了解退出者和死亡者的前后次序。假定在时刻 τ 有 1 个退出者,在时刻 t 有 1 个死亡者,那么 p_x 的估计公式取决于 τ 和 t 在时间轴上的相对位置。

情形 1 $x \leqslant \tau < t \leqslant x + 1$,退出发生在死亡之前。我们把时间区间 $(x, x+1)$ 分成三个相邻的子区间 (x, τ),(τ, t) 和 $(t, x+1)$。在区间 $(x, x+1)$ 内存活的概率等于在三个相邻子区间里生存概率的乘积:

$$p_x = \Pr\{x, x+1\} = \Pr\{x, \tau\} \times \Pr\{\tau, t\} \times \Pr\{t, x+1\}$$

三个概率的估计分别为

$$\Pr(x, \tau) = \frac{N_x}{N_x} = 1, \text{因为在} (x, \tau) \text{内没有死亡者}$$

$$\mathrm{Pr}(\tau,t)=\frac{N_x-2}{N_x-1},\ \text{因为在}\ \tau\ \text{时有一个退出者,在}\ t\ \text{时有一个死亡者}$$

以及

$$\mathrm{Pr}(t,x+1)=\frac{N_x-2}{N_x-2}=1,\ \text{因为在}(t,x+1)\text{内无死亡者}$$

由此,p_x 的估计为

$$p_x'=\frac{N_x-2}{N_x-1} \tag{11.2.28}$$

情形 2 $\ x\leqslant t<\tau\leqslant x+1$,死亡发生在退出之前。在区间$(x,x+1)$内存活的概率为

$$p_x=\mathrm{Pr}\{x,t\}\mathrm{Pr}\{t,\tau\}\mathrm{Pr}\{\tau,x+1\}$$

因为死亡发生在第一个子区间,而不是在第二、三两个子区间,所以估计为

$$p_x'=\left(\frac{N_x-1}{N_x}\right)\left(\frac{N_x-1}{N_x-1}\right)\left(\frac{N_x-2}{N_x-2}\right)=\frac{N_x-1}{N_x} \tag{11.2.29}$$

虽然(11.2.28)和(11.2.29)两个估计不同,但两者的分子都是(第一个)死亡者之后所观察的病人数,而分母比分子多 1。一般地,退出的时刻记为 $\tau_i, i=1,$ $\cdots,w_x$,而死亡的时刻记为 $t_j, x\leqslant t_j\leqslant x+1, j=1,\cdots,D_x$,$\tau_i$ 和 t_i 的 w_x+D_x 个值合并成一个依次递增的系列。设 N_j' 为第 j 个死亡者之后继续观察的病人数,$j=1,\cdots,D_x$。于是 p_x 的估计公式为

$$p_x'=\prod_{j=1}^{D_x}\frac{N_j'}{N_j'+1} \tag{11.2.30}$$

p_x' 的方差近似于

$$Var(p_x')\approx p_x'\sum_{j=1}^{D_x}\left[N_j'(N_j'+1)\right]^{-1} \tag{11.2.31}$$

2.2.7 估计量 C 若已知 D_x 个病人的死亡时刻和 w_x 个病人的退出时刻,则有 N_x 个观察值。相应的估计量 C 是本节所讨论的所有估计量之中最有效的估计(方差最小)。现在我们设 $x+t_j$ 是 $(x,x+1)$ 区间内第 j 个病人死亡的时刻,$j=1,\cdots,D_x$。t_j 是取值在 0 与 1 之间的连续随机变量,有密度函数

$$f(t_j;x)=\exp\{t_j\mu_x\}\mu_x=-p_x^{t_j}\log p_x, \qquad 0\leqslant t_j\leqslant 1; j=1,\cdots,D_x$$

$$\tag{11.2.32}$$

设 $x+\tau_i$ 是区间 $(x,x+1)$ 内第 i 个退出的时刻,$i=1,\cdots,w_x$。变量 τ_i 也是取值在 0 与 1 之间的连续随机变量,密度函数为

$$g(\tau_i;x)=\exp\{\tau_i\mu_x\}=p_x^{\tau_i}, \qquad 0\leqslant\tau_i\leqslant 1; i=1,\cdots,w_x$$

$$\tag{11.2.33}$$

最后,任一个病人在区间 $(x, x+1)$ 内的生存概率是 p_x。由此,对全部 N_x 个随机变量,似然函数为

$$L_C(x; p_x) = p_x^{s_x} \left(\prod_{i=1}^{w_x} p_x^{\tau_i} \right) \prod_{j=1}^{D_x} (p_x^{t_j} \log p_x) = p_x^{T_x} (\log p_x)^{D_x}$$

(11.2.34)

其中,

$$T_x = s_x + \sum_{i=1}^{w_x} \tau_i + \sum_{j=1}^{D_x} t_j$$

(11.2.35)

是区间 $(x, x+1)$ 内 N_x 个病人观察时间的总和。使(11.2.34)中的似然函数最大便得估计量 C(Chiang(1961a))

$$\tilde{p}_x = e^{-D_x/T_x} = e^{-\tilde{\mu}_x}$$

(11.2.36)

幂指数

$$\tilde{\mu}_x = \frac{D_x}{T_x}$$

(11.2.37)

是死亡力 μ_x 的一个估计量,它等于区间 $(x, x+1)$ 内的死亡数除以 N_x 个病人(在时刻 x 存活的人)被观察时间的总和。这样,(11.2.37)中的 $\tilde{\mu}_x$ 正好就是第 4 章(4.2.1)式所定义的区间 $(x, x+1)$ 上的年龄别死亡率,$\tilde{p}_x$ 的对数是年龄别死亡率乘(-1),或

$$\log \tilde{p}_x = -\frac{D_x}{T_x}$$

这是死亡分析中一个熟知的公式。

估计量 $\tilde{p}_x$ 的渐近方差为

$$Var(\tilde{p}_x) = \tilde{p}_x^2 \left(\frac{D_x}{T_x^2} \right)$$

(11.2.38)

(11.2.36)式中的估计 $\tilde{p}_x$ 和(11.2.38)式中的方差在实际计算方面都是简单的。

2.3 关于各种估计量的小结 对生存概率 p_x 这样的参数所作的统计估计依赖于可供分析的信息。信息越多,所需的假定就越少,估计量也越好。估计量"好"的判别标准在理论上和在实践上可以很不相同。对一个估计量作理论评价常着重于样本量(在我们这里就是 N_x)趋于无穷大时该估计量的渐近性质。在实践中,一个估计量的公式简练、直观、意义明确都是更为重要的。认真的实际工作者可以通过搜集较多的信息来达到上述两方面的要求。

p_x 的各种估计量小结于表 11.3。选择哪一种估计量与所能取得的信息有

关。估计量 C 和 Kaplan-Meier 估计量要求的条件最多,Drolette 估计量要求的最少。所有的估计量均是一致的且渐近正态。估计量 C 比其他估计量受欢迎,因为公式简单,方差最小。一般说,随访研究是很繁重的工作,需要大量财力、物力和时间,即使一项中等规模的研究也是如此。然而,用(11.2.37)式来计算每个区间 $(x, x+1)$ 上的年龄别死亡率只要求具备退出和死亡的时刻。为此,在实际工作中,要特别注意记录这些项目,便可以用估计量 C 来推算概率 p_x 。

表 11.3　关于区间 $(x, x+1)$ 上存活概率多种估计量的小结

估计量(公式号)	理论基础	估计方法	需要的信息	参考
保险精算估计(11.2.6)	启示性	直观	N_x , D_x , w_x	Berkson&Gage (1952) Cutler&Ederer (1958) Merrell&Shulman (1955)
估计量 A (11.2.11)	参数,精确	最大似然	N_x , n_x , s_x , d_x'	Chiang (1961a)
估计量 B (11.2.18)	参数,近似	最大似然	N_x , n_x , s_x , d_x'	Chiang (1961a)
Elvebeck 估计量(11.2.23)	参数,近似	最大似然	N_x , w_x , s_x , D_x	Elvebeck (1958)
Drolette 估计量(11.2.26)	非参数	最大似然	m_x , s_x	Drolette (1975)
Kaplan-Meier 估计量 (11.2.30)	非参数	非参数	τ_i 和 t_j 的相对值	Kaplan&Meier (1958)
估计量 C (11.2.36)	参数,精确	最大似然	$D_x , \sum \tau_i$ 和 $\sum t_j$	Chiang (1961a)

2.4　估计量的一致性　上面提到的各种估计量都是一致性估计,即 N_x 很大时,他们都接近未知的概率 p_x 。而且,估计量 A 、估计量 B 、估计量 C 、Elveback 估计量和 Drolette 估计量都有 Fisher 意义下的一致性,即当随机变量 (d_x , d_x' , w_x , s_x) 都用相应的期望值代替时,估计值就和概率相等了。

以估计量 B 为例,将期望值

$$E(s_x)=m_x p_x , \quad E(w_x)=n_x p_x^{1/2} , \quad E(d_x')=n_x (1-p_x^{1/2})$$

代入(11.2.18)式,我们发现

$$p_x = \left[\frac{-n_x(1-p_x^{1/2})/2 + \sqrt{n_x^2 (1-p_x^{1/2})^2/4 + 4(N_x - n_x/2)[m_x p_x + n_x p_x^{1/2}/2]}}{2(N_x - n_x/2)} \right]^2$$

$$(11.2.39)$$

(11.2.39)式左右恒等是不难验证的,因为 $m_x = (N_x - n_x/2) - n_x/2$,根号下的第二项可写为

$$4(N_x - n_x/2)\left[\{(N_x - n_x/2) - n_x/2\} p_x + n_x p_x^{1/2}/2\right]$$
$$= 4(N_x - n_x/2)^2 p_x + 4(N_x - n_x/2) p_x^{1/2}\left[n_x(1 - p_x^{1/2})/2\right] \qquad (11.2.40)$$

这样,根号下就变成完全平方了:

$$(\sqrt{})^2 = \left[n_x(1 - p_x^{1/2})/2 + 2(N_x - n_x/2) p_x^{1/2}\right]^2 \qquad (11.2.41)$$

将(11.2.41)代入(11.2.39)式的右端,便有

$$\left[\frac{-n_x(1 - p_x^{1/2})/2 + \left[n_x(1 - p_x^{1/2})/2 + 2(N_x - n_x/2) p_x^{1/2}\right]}{2\left(N_x - \dfrac{1}{2}n_x\right)}\right]^2 = p_x$$

这就证明了估计量 B 具有 Fisher 意义下的一致性。

3. 生存概率 p_{ij} 的估计

一旦对每个区间都确定了估计值 $\hat{p}_x$ 和 $\hat{q}_x$,随访病人的寿命表就可以制作了,其方法与现时寿命表相同。鉴于在实践中的重要性,下面讨论存活概率和期望寿命。

在 $x = i$ 时活着的病人到 $x = j$ 时仍存活的概率用下式来估计:

$$\hat{p}_{ij} = \hat{p}_i \hat{p}_{i+1} \cdots \hat{p}_{j-1}, \qquad i < j; i, j = 1, 2, \cdots, y \qquad (11.3.1)$$

其中 $\hat{p}_x$ 可以是第 2 节中的任何一种估计。由于 $\hat{p}_x$,$x = 1, 2, \cdots, y$ 是互不相关的,$\hat{p}_{ij}$ 的样本方差的公式与第 8 章(8.3.7)式相同,

$$S_{\hat{p}_{ij}}^2 = \hat{p}_{ij}^2 \sum_{h=i}^{j=1} \hat{p}_h^{-2} S_{\hat{p}_h}^2 \qquad (11.3.2)$$

其中,样本方差 $S_{\hat{p}_h}^2$ 由第 2 节给出。

当 $i = 0$ 和 $j = x$ 时,(11.3.1)式便是 x 岁时生存概率的估计,

$$\hat{p}_{0x} = \hat{p}_0 \hat{p}_1 \cdots \hat{p}_{x-1} \qquad (11.3.3)$$

4. 期望寿命 e_x 的估计

根据第 10 章(10.6.16)式,α 时的观察期望寿命由下式计算[1]:

$$\hat{e}_\alpha = 1/2 + \hat{p}_a + \hat{p}_a \hat{p}_{a+1} + \cdots + \hat{p}_a \hat{p}_{a+1} \cdots \hat{p}_{y-1} + \hat{p}_a \hat{p}_{a+1} \cdots \hat{p}_y + \cdots \qquad (11.4.1)$$

---

[1] 为简单起见,假定 $n_x = 1$,$a_x = 1/2$,因此在 $\hat{e}_x$ 的公式中 $c_x = 1$。

现考虑为时 y 年的一项研究。若第 1 年就加入该研究的病人在研究结束时没有存活者，$\hat{p}_{y-1}$ 等于 0，这时 $\hat{e}_{\alpha}$ 可由 (11.4.1) 式计算。一般地，到研究结束时还会有 w_{y-1} 个人存活着，这时 $\hat{p}_{y-1}$ 大于 0，而 $\hat{p}_{y}$, $\hat{p}_{y+1}$, ⋯ 等不可能在研究期限内作出估计，$\hat{e}_{\alpha}$ 就不能用 (11.4.1) 式计算。

通常，w_{y-1} 的值较小，我们能以一定的准确度来估计 $\hat{e}_{\alpha}$。我们改写 (11.4.1) 式为

$$\hat{e}_{\alpha} = 1/2 + \hat{p}_{\alpha} + \hat{p}_{\alpha}\hat{p}_{\alpha+1} + \cdots + \hat{p}_{\alpha}\hat{p}_{\alpha+1}\cdots\hat{p}_{y-1} + \hat{p}_{\alpha y}(\hat{p}_{y} + \hat{p}_{y}\hat{p}_{y+1} + \cdots)$$

$$(11.4.2)$$

其中 $\hat{p}_{\alpha y} = \hat{p}_{\alpha}\hat{p}_{\alpha+1}\cdots\hat{p}_{y-1}$。在 (11.4.2) 式的右端，前面几项都可以从已有资料来计算，问题就在于估计最后一项中的 $\hat{p}_{y}$, $\hat{p}_{y+1}$, ⋯ 等。

考虑时刻 y 以后的典型区间 $(z, z+1)$，生存概率为 p_z。如果时刻 y 以后的死亡力是常数，区间 $(z, z+1)$ 上的生存概率便与 z 无关，即

$$p_z = p, \qquad z = y, y+1, \cdots \tag{11.4.3}$$

在这个假定之下，我们可以用 $\hat{p}_{\alpha y}(\hat{p} + \hat{p}^2 + \cdots)$ 来代替 (11.4.2) 式的最后一项，或

$$\hat{p}_{\alpha y}(\hat{p} + \hat{p}^2 + \cdots) = \hat{p}_{\alpha y}\frac{\hat{p}}{1 - \hat{p}} \tag{11.4.4}$$

结果我们有

$$\hat{e}_{\alpha} = 1/2 + \hat{p}_{\alpha} + \hat{p}_{\alpha}\hat{p}_{\alpha+1} + \cdots + \hat{p}_{\alpha}\hat{p}_{\alpha+1}\cdots\hat{p}_{y-1} + \hat{p}_{\alpha y}\frac{\hat{p}}{1 - \hat{p}} \tag{11.4.5}$$

若死亡力为常数的假定从 $y-1$ 开始就成立，那么，可以令 $\hat{p} = \hat{p}_{y-1}$。然而，为了使样本方差较小，借以估计 $\hat{p}$ 的样本量必须尽可能大。假定存在时刻 t，对于 $t < y$，概率 $\hat{p}_{t}$, $\hat{p}_{t+1}$, ⋯ 接近相等，那么时刻 t 以后就有一个恒定死亡力的趋向。这时，观察期望寿命的公式为

$$\hat{e}_{\alpha} = 1/2 + \hat{p}_{\alpha} + \hat{p}_{\alpha}\hat{p}_{\alpha+1} + \cdots + \hat{p}_{\alpha}\hat{p}_{\alpha+1}\cdots\hat{p}_{y-1} + \hat{p}_{\alpha y}\frac{\hat{p}_{t}}{1 - \hat{p}_{t}},$$

$$\alpha = 0, \cdots, y-1 \tag{11.4.6}$$

把 y 时刻以后的死亡力假定为常数以及用 $\hat{p}_{t}$ 代替 p 所引进的误差仅仅出现在 (11.4.6) 式的最后一项。当 α 较小时，$\hat{p}_{\alpha y}$ 也较小，这个方法所引入的误差对 $\hat{e}_{\alpha}$ 的影响就很小。

4.1 观察期望寿命的样本方差 第 10 章中已经证明，任意两个不重迭区间上的生存概率的估计值之间协方差为 0；因此，观察期望寿命的样本方差可

以由下式计算：

$$S_{\hat{e}_\alpha}^2 = \sum_{x \geqslant \alpha} \left\{ \frac{\partial}{\partial \hat{p}_x} \hat{e}_\alpha \right\}^2 S_{\hat{p}_x}^2 \tag{11.4.7}$$

在观察点 $\hat{p}_x$，$x \geqslant \alpha$，求导数的结果是

$$\left\{ \frac{\partial}{\partial \hat{p}_x} \hat{e}_\alpha \right\} = \hat{p}_{\alpha x} \left[\hat{e}_{x+1} + \frac{1}{2} \right], \qquad x \neq t \tag{11.4.8}$$

其中，

$$\hat{p}_{\alpha x} = \hat{p}_\alpha \hat{p}_{\alpha+1} \cdots \hat{p}_{x-1}$$

$$\left\{ \frac{\partial}{\partial \hat{p}_t} \hat{e}_\alpha \right\} = \hat{p}_{\alpha x} \left[\hat{e}_{t+1} + \frac{1}{2} + \frac{\hat{p}_{ty}}{(1 - \hat{p}_t)^2} \right], \qquad \alpha \leqslant t \tag{11.4.9}$$

对于 $t < \alpha$，(11.4.6)式中的 $\hat{p}_\alpha, \hat{p}_{\alpha+1}, \cdots, \hat{p}_{y-1}$ 和 $\hat{p}_{\alpha y}$ 不包含 $\hat{p}_t$，因此

$$\left\{ \frac{\partial}{\partial \hat{p}_t} \hat{e}_\alpha \right\} = \frac{\partial}{\partial \hat{p}_t} p_{\alpha y} \left(\frac{\hat{p}_t}{1 - \hat{p}_t} \right) = \hat{p}_{\alpha y} \frac{1}{(1 - \hat{p}_t)^2}, \qquad \alpha > t \tag{11.4.10}$$

将(11.4.8)、(11.4.9)和(11.4.10)代入(11.4.7)式，得到 $\hat{e}_\alpha$ 的样本方差

$$S_{\hat{e}_\alpha}^2 = \sum_{\substack{x=\alpha \\ x \neq t}}^{y-1} \hat{p}_{\alpha x}^2 \left[\hat{e}_{x+1} + \frac{1}{2} \right]^2 S_{\hat{p}_x}^2 + \hat{p}_{\alpha t}^2 \left[\hat{e}_{t+1} + \frac{1}{2} + \frac{\hat{p}_{ty}}{(1 - \hat{p}_t)^2} \right]^2 S_{\hat{p}_t}^2, \qquad \alpha \leqslant t \tag{11.4.11}$$

和

$$S_{\hat{e}_\alpha}^2 = \sum_{x=\alpha}^{y-1} \hat{p}_{\alpha x}^2 \left[\hat{e}_{x+1} + \frac{1}{2} \right]^2 S_{\hat{p}_x}^2 + \frac{\hat{p}_{\alpha y}^2}{(1 - \hat{p}_t)^4} S_{\hat{p}_t}^2, \qquad \alpha > t \tag{11.4.12}$$

$\hat{p}_x$ 的值和 $\hat{p}_x$ 的样本方差由第 2 节给出。

在(11.4.11)或(11.4.12)中，将和式的第 1 项（对应于 $x = \alpha$）单独写出，便有递推公式

$$S_{\hat{e}_\alpha}^2 = \left[\hat{e}_{\alpha+1} + \frac{1}{2} \right]^2 S_{\hat{p}_\alpha}^2 + \hat{p}_\alpha^2 S_{\hat{e}_{\alpha+1}}^2, \qquad \alpha \neq t \tag{11.4.13}$$

因此，$\hat{e}_\alpha$ 的方差可以从最大的 α 值开始递推计算。

5. 对随访群体编制寿命表的一个例子

现利用美国加利福尼亚州卫生局肿瘤登记处搜集的资料来说明本节中诸方法的应用。资料中包括 5982 名于 1942 年 1 月 1 日至 1954 年 12 月 31 日期间在加利福尼亚医院和门诊部就医的女病人，均确诊为宫颈癌。为便于叙述，研究的截止日定为 1954 年 12 月 31 日，每个病人进入随访研究的日期定为入

院日期。观察每个病人,直到其死亡或直到截止日为止。因为缺乏关于死亡时刻和退出时刻的信息,这里我们采用第 2 节的估计量 B。

第一步是编制一张类似于表 11.4 的寿命表,根据每个时间区间里死亡和退出的资料反映病人生存的经历。区间长度的选择(第 1 列)依赖于课题的性质;通常取一年为间隔。参加这项研究的总病人数为第 2 列第 1 行所示的 N_0 = 5982。其中有 m_0 = 5317 名(第 3 列)在整个区间 $(0,1)$ 内进行了观察。m_0 个病人中,s_0 = 4030(第 4 列)个病人活到了一周年,d_0 = 1287(第 5 列)个在第 1 年随访期间死。此外,有 n_0 = 685(第 6 列)个病人在区间 $(0,1)$ 内退出,其中,w_0 = 576(第 7 列)人一直活到了截止日,d_0' = 89(第 8 列)人在截止日之前死去。第 2 个区间是从第 1 个区间存活下来的 s_0 = 4030 个病人开始的,即 N_1 = 4043,记在第 2 行第 2 列中。这 N_1 个病人又相继分成退出和存活两种

表 11.4　宫颈癌诊断后的生存经历,1942～1954 美国加利福尼亚州开始诊断的病例

自确诊日起的区间(年)	x 时生存数	整个区间 $(x,x+1)$ 上观察人数 *			区间 $(x,x+1)$ 内退出人数 **		
		总数	区间上生存数	区间上死亡数	总数	退出时生存数	退出前死亡数
$(x,x+1)$	N_x	m_x	s_x	d_x	n_x	w_x	d_x'
(1)	(2)	(3)	(4)	(5)	(6)	(7)	(8)
0～1	5982	5317	4030	1287	665	576	89
1～2	4030	3489	2845	644	541	501	40
2～3	2845	2367	2117	250	478	459	19
3～4	2117	1724	1573	151	393	379	14
4～5	1573	1263	1176	87	310	306	4
5～6	1176	918	861	57	258	254	4
6～7	861	692	660	32	169	167	2
7～8	660	496	474	22	164	161	3
8～9	474	356	344	12	118	116	2
9～10	344	256	245	11	88	85	3
10～11	245	164	158	6	81	78	3
11～12	158	76	72	4	82	80	2
12～13	72	0	0	0	72	72	0

* N_x 中在停止观察之前随访时间多于 $x+1$ 年的人数。

** N_x 中在停止观察之前,随访时间介于 x 与 $x+1$ 年之间的人数。

来源:Tumor Registry,Department of Health Services,State of California.

情形。N_1 个病人中，$m_1 = 3489$(第 3 列)人是 1953 年 1 月 1 日入院者中存活的人数，因此，在整个区间 $(1, 2)$ 中进行了观察；$n_1 = 541$(第 6 列)人是 1953 年期间入院者中的存活者，因此会在区间 $(1, 2)$ 内退出。在最后一个区间 $(12, 13)$ 的起点，1942 年入院者中有 $N_{12} = 72$ 人存活，他们在最后一个区间上全部会退出，故 $n_{12} = 72$(第 6 列最后一行)。这 72 人中，$w_{12} = 72$(第 7 列)人活到了截止日，这意味着 $\hat{p}_{12}$ 大于 0，而对 $z \geqslant 12$，$\hat{p}_z$ 不能直接估计。

我们利用这份资料编制了一张关于宫颈癌的寿命表，其步骤类似于第 6 章中现时寿命表的编制，为了阅读方便，我们愿意重复叙述如下：

(1) $\hat{p}_x$ 和 $\hat{q}_x$　对每个区间 $(x, x+1)$，利用 (11.2.18) 和 (11.2.19) 式计算 $\hat{p}_x$ 和 $\hat{q}_x$。

(2) d_x 和 l_x　假定 $l_0 = 100000$；利用 $\hat{q}_0, \hat{q}_1, \cdots$ 等由

$$d_x = l_x \hat{q}_x \qquad 和 \qquad l_{x+1} = l_x - d_x$$

对 $x = 0, 1, \cdots, 12$ 求得 d_x 和 l_x。

(3) a_x 和 L_x　假定终寿年成数 $a_x = 0.5$，这很适合于我们所遇到的这类研究。L_x 由

$$L_x = l_{x+1} + a_x d_x$$

来计算；将 $a_x = 0.5$ 和 $d_x = l_x - l_{x+1}$ 代入，得到一个更方便的公式

$$L_x = (l_x + l_{x+1})/2, \qquad x = 0, 1, \cdots, 12$$

(4) 观察期以外的 T_x 和 $\hat{e}_x$　随访研究中获得的资料还不足以编制寿命表的全部内容，因为观察的时间有限(本例中仅 13 年)。为此，利用

$$\hat{e}_a = 1/2 + \hat{p}_a + \hat{p}_a \hat{p}_{a+1} + \cdots + \hat{p}_a \hat{p}_{a+1} \cdots \hat{p}_{y-1} + \hat{p}_{ay} \left(\frac{\hat{p}_t}{1 - \hat{p}_t} \right)$$

$$(11.4.6)$$

和

$$\hat{e}_{13} = \frac{1}{2} + \frac{\hat{p}_t}{1 - \hat{p}_t} \qquad\qquad (11.2.19a)$$

借助 $\hat{p}_{11}$ 来估计 $\hat{p}_t$

$$\hat{p}_t = \hat{p}_{11} = 1 - \hat{q}_{11} = 1 - 0.05106 = 0.94894$$

从而有

$$\hat{e}_{13} = \frac{1}{2} + \frac{0.94894}{1 - 0.94894} = 19.0848$$

$$T_{13} = l_{13} \hat{e}_{13} = 34277 \times 19.0848 = 654170$$

(5) T_x 和 $\hat{e}_x$　现在可以通过简单计算来求 T_x 和 $\hat{e}_x$。例如，

$$T_{12}=L_{12}+T_{13}$$

一般地，$$T_x=L_x+T_{x+1}, \qquad x=0,1,\cdots,12$$

而 $\hat{e}_x$（除 $\hat{e}_{13}$ 外）可由

$$\hat{e}_x=\frac{T_x}{l_x}, \qquad x=0,1,\cdots,12$$

来计算，结果在表 11.5 中给出。

表 11.5　确诊为宫颈癌病人的寿命表，1942～1954 年美国加利福尼亚州开始诊断的病例

确诊日起区间（年） $(x,x+1)$ (1)	x 时生存人数 l_x (2)	$(x,x+1)$内死亡概率 q_x (3)	$(x,x+1)$内死亡人数 d_x (4)	终寿年成数 a_x (5)	$(x,x+1)$内生存时间 L_x (6)	x 后生存时间 T_x (7)	x 时观察期望寿命 $\hat{e}_x$ (8)
0～1	100000	0.24254	24254	0.5	87873	1289575	12.90
1～2	75746	0.18143	13743	0.5	68875	1201702	15.86
2～3	62003	0.10303	6388	0.5	58809	1132827	18.27
3～4	55615	0.08576	4770	0.5	53230	1074018	19.31
4～5	50845	0.06413	3261	0.5	49215	1020788	20.08
5～6	47584	0.05820	2769	0.5	46200	971573	20.42
6～7	44815	0.04376	1961	0.5	43835	925373	20.65
7～8	42854	0.04320	1841	0.5	41929	881538	20.57
8～9	41003	0.03369	1381	0.5	40313	839609	20.48
9～10	39622	0.04655	1844	0.5	38700	799296	20.17
10～11	37778	0.04385	1657	0.5	36950	760596	20.13
11～12	36121	0.05106	1844	0.5	35199	723646	20.03
12～13	34277	0.00000	0	0.5	34277	688447	20.08
13	34277					654170	19.08*

* 关于 $\hat{e}_{13}$ 和 T_{13} 的计算见(11.2.19a)式。

为了比较不同研究组的生存经历或作其他的统计推断，我们对每个 x 计算生存概率，死亡概率以及期望寿命等的标准误（(11.3.2)，(11.2.20)以及(11.4.11)～(11.4.13)等）。主要寿命表函数的数值及其标准误可见

表 11.6。

表 11.6 与表 11.5 的寿命表有关的主要寿命函数估计值及其标准误

确诊日起区间（年）$(x,x+1)$	x 年存活概率 $\hat{p}_{0x}$		$(x,x+1)$ 内死亡概率 $\hat{q}_x$		x 时观察期望寿命*	
	$1000\hat{p}_{0x}$	$1000S_{\hat{p}_{0x}}$	$1000\hat{q}_x$	$1000S_{\hat{q}_x}$	$\hat{e}_x$	$S_{\hat{e}_x}$
(1)	(2)	(3)	(4)	(5)	(6)	(7)
0~1	1000.00	0.00	242.54	5.69	12.90	2.83
1~2	757.46	5.69	181.43	6.26	15.86	3.74
2~3	620.03	6.65	103.03	5.95	18.27	4.57
3~4	556.15	6.80	85.76	6.38	19.31	5.09
4~5	508.45	7.33	64.13	6.50	20.08	5.56
5~6	475.84	7.61	58.20	7.23	20.42	5.94
6~7	448.15	7.95	43.76	7.34	20.65	6.31
7~8	428.54	8.29	43.20	8.45	20.57	6.60
8~9	410.03	8.71	33.69	8.85	20.48	6.89
9~10	396.22	9.17	46.55	12.15	20.17	7.13
10~11	377.78	9.98	48.85	14.30	20.13	7.47
11~12	361.21	10.97	51.06	20.30	20.03	7.81
12~13	342.77	12.73	0.00	0.00	20.08	7.79
13	342.77	12.73	—	—	19.08	7.79

* $t=11$

来源：Tumor Registry，Department of Health Services，State of California.

例如，在 $x=2$，$S_{\hat{q}_x}$ 的计算如下，利用公式

$$S_{\hat{q}_x}^2 = \frac{\hat{q}_x(1-\hat{q}_x)}{M_x}$$

其中，$M_x = m_x + n_x(1+\hat{p}_x^{1/2})^{-1}$

$M_2 = m_2 + n_2(1+\hat{p}_2^{1/2})^{-1} = 2367 + 478(1+0.8967^{1/2})^{-1} = 2612.495$

$S_{\hat{q}_2}^2 = \frac{\hat{q}_2(1-\hat{q}_2)}{M_2} = \frac{0.10303(0.89697)}{2612.495} = 0.00003537$

$S_{\hat{q}_2} = \sqrt{0.00003537} = 0.00595 = S_{\hat{p}_2}$

利用 $S_{\hat{p}_{0x}}^2 = \hat{p}_{0x}^2 \sum_{u=0}^{x-1} \hat{p}_u^{-2} S_{\hat{p}_u}^2$ 来计算 $S_{\hat{p}_{0x}}$：

193

$$S_{\hat{p}_{03}}^2 = \hat{p}_{03}^2 \sum_{u=0}^{2} \hat{p}_u^{-2} S_{\hat{p}_u}^2$$

$$= (0.55615)^2 \left[\frac{(0.00569)^2}{(0.75746)^2} + \frac{(0.00626)^2}{(0.81857)^2} + \frac{(0.00595)^2}{(0.98697)^2} \right]$$

$$= (0.30930)[0.0001513] = 0.00004680$$

$$S_{\hat{p}_{03}} = \sqrt{0.00004680} = 0.00684$$

利用 $S_{\hat{e}_a}^2 = \hat{p}_a S_{\hat{e}_{a+1}}^2 + [\hat{e}_{a+1} + 0.5]^2 S_{\hat{p}_a}^2$：

$$S_{\hat{e}_2}^2 = \hat{p}_2 S_{\hat{e}_3}^2 + [\hat{e}_3 + 0.5]^2 S_{\hat{p}_2}^2$$

$$= (1 - 0.10303)^2 (5.09)^2 + [19.31 + 0.5]^2 (0.00595)^2$$

$$= 20.84450 + 0.01389 = 20.8584$$

$$S_{\hat{e}_2} = \sqrt{20.8584} = 4.57$$

6. 习题

1. 由(11.2.16)式中的似然函数 $L_B(x; p_x)$ 求(11.2.16)式中的估计量 B。

2. 由(11.2.22)式中的似然函数 $L_E(x; p_x)$ 求(11.2.23)式中的 Elvebeck 估计量。

3. 验证(11.2.34)式中的似然函数 $L_C(x; p_x)$，并由此推导(11.2.36)式中的估计量 C 和(11.2.38)式中的渐近方差。

4. 参考表 11.1，并假定 $N_x = 100, m_x = 95, s_x = 91, n_x = 5$ 和 $w_x = 4$。利用这些资料作 p_x 的下列估计和相应的渐近方差：(1)保险精算方法；(2)估计量 A；(3)估计量 B；(4)Elvebeck 估计量。

5. (续)假定 $w_x = 4$ 个病人的平均退出时间为 $\bar{\tau} = 0.55$，$D_x = 5$ 个病人的平均死亡时间为 $\bar{t} = 0.45$。计算估计量 C 和相应的渐近方差。

6. (续)在第 4 题中，假定把退出时间 $\tau_1, \cdots, \tau_4$ 和死亡时间 $t_1, \cdots, t_5$ 混排，其次序为 $\tau_1 < t_1 < \tau_2 < \tau_3 < t_3 < \tau_4 < t_4 < t_5$。求 Kaplan-Meier 估计量和相应的估计方差。

7. 验证表 11.5 中的计算。

8. 验证表 11.6 中的计算。

9. 利用保险精算方法就表 11.4 的资料计算关于宫颈癌病人的寿命表。

10. 利用 Elvebeck 估计量就表 11.4 的资料计算寿命表。

11. 求确诊为患有宫颈癌的病人 5 年存活率的 95% 置信区间(基于表

11.5 和表 11.6 关于 1942 ～ 1954 年加利福尼亚州同类患者的生存经历)。

12.(续)检验一个确诊为患有宫颈癌的病人从诊断之日起前 3 年的生存概率(p_{03})是否小于后三年的生存概率(p_{36})。

13.(续)检验假设 $q_0 = q_1$。

14. 根据表 11.6 画出宫颈癌患者的生存曲线,并讨论曲线的形态。

15.(续)根据表 11.5 画出宫颈癌患者在区间(x, $x+1$)上死亡概率 $\hat{q}_x$ 关于 x 的图形,并讨论曲线的形态。

16.(续)画出宫颈癌患者在区间(x, $x+1$)上生存概率 $\hat{p}_x(=1-\hat{q}_x)$ 关于 x 的图形,并讨论曲线的形态。上述三条曲线($\hat{p}_{0x}, \hat{q}_x, \hat{p}_x$)中哪一条能较好地反映患者生与死的变化? 请解释。

17. 求确诊时患者的期望寿命 e_0 的 95% 置信区间。确诊后一周年时期望寿命 e_1 的 95% 置信区间。

第 12 章 一种新的寿命表——生存和疾病的阶段[①]

1. 引言

从三个世纪前 Graunt(1662) 和 Halley(1693) 的开创性工作以来,几乎每一张寿命表都以出生日期为起点,年龄为参考尺度。一般都认为死亡力依赖于年龄,期望寿命按年龄 0, 1, 5, … 来计算。在肿瘤或其他疾病的随访研究中应用寿命表时,这一习惯破除了。这类研究将病人进入研究的时刻作为寿命表的起点,从这一起点算起的时间区间代替了普通寿命表的年龄区间。之所以作这样的变更是因为肿瘤等疾病的患者死亡的可能性比同年龄的正常人死亡的可能性大得多,死亡力是得病后时间的函数。然而,在这类研究中寿命表的方法学基本未变 (参见第 11 章)。

将一个病例的发生作为起点,这在医学随访研究中是合理的。然而,对于疾病按阶段发展的一些研究说来,这样的改变还嫌不够。例如,肿瘤的自然演变,肿物的生长、大小和转移决定了疾病的阶段性。糖尿病的发展也有阶段——从化学的糖尿病到临床的糖尿病,到复杂的糖尿病。一般地,慢性病随着时间由轻度经过中度发展到严重阶段乃至死亡。这个过程常是不可逆的,但病人可能在任何阶段死亡。不同阶段的病人有不同的死亡力,在一阶段的病人还可能进入下一阶段而受到更大死亡力的威胁。这是个动态过程,疾病的阶段是病人生死的决定因素。因此,病人寿命的长短必须看作是年龄和疾病阶段两者的函数。Chiang(1980a) 提出一个描述生存和疾病阶段间关系的随机模型,并推导了密度函数、分布函数和参数的最大似然估计。本章的目的是从方法学角度提出一种新的寿命表来处理这类课题。

本章所述的新寿命表可以应用于许多领域,只要对"阶段"这个概念有明确的定义,最终的结局不一定是死亡。例如,这种新寿命表可以应用于人类生殖和生育间隔的分析,其中术语"阶段"表示出生的次序,最终的结局是完成家庭的扩充。第 6 节给出了一个例子。

[①] 对应用感兴趣的读者初读时可以越过第 3、4 两节。

2. 关于寿命表的说明

考虑一种可以分成若干阶段的慢性病。设疾病总是从阶段 i 发展到阶段 $i+1(i=1,\cdots,s-1)$。病人可以从任何一个阶段进入死亡阶段 R。一个进入阶段 $i+1$ 的病人在阶段 i 停留的时间记为 τ_i，一个在阶段 i 内死亡的病人在阶段 i 内停留的时间记为 t_i。为了便于区别，我们称 τ_i 为等待时间，t_i 为在阶段 i 的生存时间。假定一组 l_i 个个体，得病时平均年龄为 x_i，此后一直对他们进行随访观察。这一组中，d_1 个个体在阶段 1 死去，平均生存时间为 $\bar{t}_1$，l_2 个个体近入阶段 2，他们在阶段 1 的平均等待时间为 $\bar{\tau}_1$，他们进入阶段 2 时的平均年龄为 x_2。对这 l_2 个个体继续进行随访，直到他们进入阶段 3 或在阶段 2 中死去，等等。最后有 l_s 个个体进入末一个阶段，平均年龄为 x_s。在 x_s 以后的平均生存时间为 $\bar{t}_s$。现将这个过程概述于图 12.1。

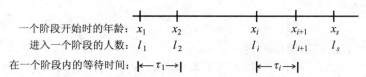

一个阶段开始时的年龄：x_1　x_2　x_i　x_{i+1}　x_s

进入一个阶段的人数：l_1　l_2　l_i　l_{i+1}　l_s

在一个阶段内的等待时间：$|\!\leftarrow \tau_1 \rightarrow\!|$　$|\!\leftarrow \tau_i \rightarrow\!|$

图 12.1　多阶段过程寿命表参数的示意图

表 12.1　生存和疾病具有阶段性的寿命表

疾病的阶段	进入阶段 i 平均年龄	进入阶段 i 人数	阶段 i 内死亡人数	由阶段 i 进入阶段 $i+1$ 概率	阶段 i 内死亡概率	阶段 i 内平均等待时间	阶段 i 内平均生存时间	阶段 i 内总生存时间	x_i 后总生存时间	x_i 时期望寿命
i	x_i	l_i	d_i	$\hat{p}_i$	$\hat{q}_i$	$\bar{\tau}_i$	$\bar{t}_i$	L_i	T_i	$\hat{e}_i$
(1)	(2)	(3)	(4)	(5)	(6)	(7)	(8)	(9)	(10)	(11)
1	x_1	l_1	d_1	$\hat{p}_1$	$\hat{q}_1$	$\bar{\tau}_1$	$\bar{t}_1$	L_1	T_1	$\hat{e}_1$
2	x_2	l_2	d_2	$\hat{p}_2$	$\hat{q}_2$	$\bar{\tau}_2$	$\bar{t}_2$	L_2	T_2	$\hat{e}_2$
$\vdots$	$\vdots$	$\vdots$	$\vdots$	$\vdots$	$\vdots$	$\vdots$	$\vdots$	$\vdots$	$\vdots$	$\vdots$
i	x_i	l_i	d_i	$\hat{p}_i$	$\hat{q}_i$	$\bar{\tau}_i$	$\bar{t}_i$	L_i	T_i	$\hat{e}_i$
$\vdots$	$\vdots$	$\vdots$	$\vdots$	$\vdots$	$\vdots$	$\vdots$	$\vdots$	$\vdots$	$\vdots$	$\vdots$
s	x_s	l_s	d_s	0	1	0	$\bar{t}_s$	L_s	T_s	$\hat{e}_s$

由一个定群 l_1 的经历导出的信息记在表 12.1。表 12.1 的前 4 列表示阶段 (i)、阶段 i 的区间 (x_i,x_{i+1})、进入阶段 i 的人数 (l_i) 以及在阶段 i 内死亡的人数 (d_i)。根据这些数据，我们计算由阶段 i 进入阶段 $i+1$ 的概率

$$\hat{p}_i = \frac{l_{i+1}}{l_i}, \qquad i = 1, \cdots, s-1 \qquad (12.2.1)$$

连同 $\hat{p}_s = 0$，记于第(5)列，并计算在阶段 i 内死亡的概率

$$\hat{q}_i = \frac{d_i}{l_i}, \qquad i = 1, \cdots, s-1 \qquad (11.2.2)$$

连同 $\hat{q}_s = 1$ 记于第(6)列。在第(7)和(8)两列中我们分别记下平均等待时间 $\bar{\tau}_i$ 和平均生存时间 $\bar{t}_i$。

从 x_i 开始，死于阶段 i 内的 d_i 个病人死亡前在该阶段内生活了 $d_i\bar{t}_i$ 年，而进入阶段 $i+1$ 的 l_{i+1} 个病人在阶段 i 内生活了 $l_{i+1}\bar{\tau}_i = l_{i+1}(x_{i+1} - x_i)$ 年。因此，在阶段 i 内的总生存时间为

$$L_i = l_{i+1}(x_{i+1} - x_i) + d_i\bar{t}_i, \qquad i = 1, \cdots, s-1 \qquad (12.2.3)$$

把这些记于第(9)列。对所有的 $L_j, j = 1, \cdots, s-1$ 求和，得到这一群人在 x_i 之后的总生存时间，即

$$T_i = L_i + \cdots + L_s, \qquad i = 1, \cdots, s \qquad (12.2.4)$$

连同 $T_s = L_s$，记于第(10)列。

第(11)列中 x_i 时的期望寿命和普通的寿命表一样，可用下式求得：

$$\hat{e}_i = \frac{T_i}{l_i}, \qquad i = 1, \cdots, s \qquad (12.2.5)$$

3. 寿命表的生物统计函数

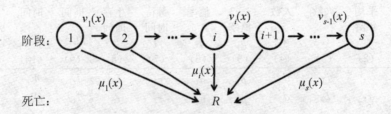

图 12.2　疾病进展与死亡的多阶段过程

我们可将疾病和死亡的多阶段过程简述于图 12.2。其中，箭头表示发生的定向转移，或者从一个阶段到另一个阶段 $(i \rightarrow i+1)$，或者从一个阶段到死亡阶段 $(i \rightarrow R)$。对处于阶段 i，年龄为 x_i 的一个个体，我们将发病力 $\nu_i(x)$ 定义为：对于 $i = 1, \cdots, s-1$，

$$\nu_i(x)\Delta + o(\Delta) = \Pr\{\text{个体在时间段}(x,x+\Delta)\text{内进入阶段}\ i+1\}$$
$$(12.3.1)$$

同时将死亡率 $\mu_i(x)$ 定义为：对于 $i=1,\cdots,s$，

$$\mu_i(x)\Delta + o(\Delta) = \Pr\{\text{个体在}(x,x+\Delta)\text{内由阶段}\ i\ \text{进入死亡阶段}\ R\}$$
$$(12.3.2)$$

进而，对 $i=1,\cdots,s-1$，令

$$\nu_{ii}(x) = -\big[\nu_i(x) + \mu_i(x)\big] \qquad (12.3.3)$$
$$\nu_{ss}(x) = -\mu_s(x) \qquad (12.3.4)$$

于是，对 $i=1,\cdots,s$，

$$1 + \nu_{ii}(x)\Delta + o(\Delta) = \{\text{个体在时间段}(x,x+\Delta)\text{内仍处于阶段}\ i\}$$
$$(12.3.5)$$

发病力 $\nu_i(x)$ 和死亡力 $\mu_i(x)$（又称危险函数和强度函数）是阶段 (i) 和年龄 (x) 的函数。为了推导出寿命表中生物统计函数的表达式，我们假定这些函数都是两个因子的乘积：

$$\nu_i(x) = \nu_i\theta(x),\ \mu_i(x) = \mu_i\theta(x),\ \nu_{ii}(x) = \nu_{ii}\theta(x) \qquad (12.3.6)$$
$$\nu_{ii} = -(\nu_i + \mu_i) \qquad (12.3.7)$$

第一个因子（ν_i 或 μ_i）依赖于个体所处的阶段 (i)，第二个因子 $\theta(x)$ 是发生转化时个体的年龄。

3.1　从阶段 i 进展到阶段 $i+1$ 的概率 p_i

$$p_i = \Pr\{x_i\ \text{岁时处于阶段}\ i\ \text{的个体将进入阶段}\ i+1\}$$
$$= \int_0^\infty \exp\left\{\int_{x_i}^{x_i+\tau}\nu_{ii}\theta(\xi)d\xi\right\}\nu_i\theta(x_i+\tau)d\tau \qquad (12.3.8)$$

其中，指数函数是从 x_i 到 $x_i+\tau$ 仍处于阶段 i 的概率，而和式 $\nu_i\theta(x_i+\tau)d\tau + o(d\tau)$ 则是在时间段 $(x_i+\tau,x_i+\tau+d\tau)$ 内从阶段 i 进入阶段 $i+1$ 的概率。因为对于不同的 τ 值。对应的转移 $i \to i+1$ 是互不相容的，应用加法定理，从 $\tau=0$ 到 $\tau=\infty$ 的积分就是从阶段 i 进入阶段 $i+1$ 的概率。这个积分存在时，结果就是

$$p_i = \frac{\nu_i}{-\nu_{ii}} = \frac{\nu_i}{\nu_i + \mu_i} \qquad (12.3.9)$$

3.2　在阶段 i 死亡的概率 q_i　根据类似的理由，我们计算

$$q_i = \Pr\{x_i\ \text{岁的个体在阶段内}\ i\ \text{内死亡}\}$$
$$= \int_0^\infty \exp\left\{\int_{x_i}^{x_i+t}\nu_{ii}\theta(\xi)d\xi\right\}\mu_i\theta(x_i+t)dt = \frac{\mu_i}{-\nu_{ii}} = \frac{\mu_i}{\nu_i + \mu_i} \qquad (12.3.10)$$

因为处于阶段 i 的个体,不是进入阶段 $i+1$ 就是死亡,故

$$p_i + q_i = 1 \tag{12.3.11}$$

由(12.3.9)和(12.3.10)式,这也是显然的。

3.3 阶段 i 内的等待时间 τ_i 对处于阶段 i 年龄为 x_i 的个体,设 τ_i 为进入阶段 $i+1$ 之前在阶段 i 内停留的时间长度。τ_i 的密度函数为

$$h_i(\tau) = \exp\left\{\int_{x_i}^{x_i+\tau} \nu_{ii}\theta(\xi)d\xi\right\} \nu_i\theta(x_i+\tau) \tag{12.3.12}$$

分布函数为

$$H_i(\tau) = \int_0^\tau h_i(\xi)d\xi = \frac{-\nu_i}{\nu_{ii}}\left[1 - \exp\left\{\int_{x_i}^{x_i+\tau}\nu_{ii}\theta(\xi)d\xi\right\}\right] \tag{12.3.13}$$

当 $\tau \to \infty$ 时,

$$H_i(\infty) = \frac{-\nu_i}{\nu_{ii}} < 1 \tag{12.3.14}$$

这说明等待时间 τ_i 是一个非正规随机变量。差值

$$1 - \frac{-\nu_i}{\nu_{ii}} = \frac{\mu_i}{\nu_i + \mu_i} = q_i \tag{12.3.15}$$

是该个体不进入阶段 $i+1$ 而进入死亡阶段 R 的概率。

3.4 在阶段 i 内的生存时间 t_i 对处于阶段 i 年龄为 x_i 的个体,设 t_i 为其死亡之前在阶段 i 内停留的时间。t_i 的密度函数为

$$g_i(t) = \exp\left\{\int_{x_i}^{x_i+t} \nu_{ii}\theta(\xi)d\xi\right\} \mu_i\theta(x_i+t) \tag{12.3.16}$$

分布函数为

$$G_i(t) = \int_0^t g_i(\xi)d\xi = \frac{-\mu_i}{\nu_{ii}}\left[1 - \exp\left\{\int_{x_i}^{x_i+t}\nu_{ii}\theta(\xi)d\xi\right\}\right] \tag{12.3.17}$$

当 $t \to \infty$ 时,

$$G_i(\infty) = \frac{-\mu_i}{\nu_{ii}} < 1 \tag{12.3.18}$$

这说明生存时间 t_i 也是一个非正规随机变量。差值

$$1 - \frac{-\mu_i}{\nu_{ii}} = \frac{\nu_i}{\nu_i + \mu_i} = p_i$$

是该个体不进入死亡阶段 R 而进入阶段 $i+1$ 的概率。

3.5 x_i 以后的生存时间 Y_i 对处于阶段 i 年龄为 x_i 的个体,设 Y_i 为其在 x_i 之后的生存时间。Y_i 的密度函数 $f_{Y_i}(t)$ 和分布函数 $F_{Y_i}(t)$ 可以推导如下:由定义,

$$f_{Y_i}(t)dt = \Pr\{t < Y_i \leqslant t+dt\} \qquad (12.3.19)$$

为上述个体在时间段 (x_i+t, x_i+t+dt) 内死亡的概率。因为个体可能处于阶段 i, $i+1$, $\cdots$, s 中的任一个阶段,密度函数就是 $s-i+1$ 项之和,即

$$f_{Y_i}(t)dt = f_i(t)dt + f_{i+1}(t)dt + \cdots + f_j(t)dt + \cdots + f_s(t)dt$$

$$(12.3.20)$$

(12.3.20)式中的每一个 $f_j(t)dt$ 对应于转移序列 $i \to i+1 \to \cdots \to j \to R$。例如,第一项 $f_i(t)dt + o(dt)$ 为在时间段 x_i+t, x_i+t+dt 内发生转移 $i \to R$ 的概率;所以

$$f_i(t)dt = \exp\left\{\nu_{ii}\int_{x_i}^{x_i+t}\theta(\xi)d\xi\right\}\mu_i\theta(x_i+t)dt \qquad (12.3.21)$$

(12.3.21)式中的指数函数是个体在整个区间 (x_i, x_i+t) 上处于阶段 i 的概率,而和 $\mu_i\theta(x_i+t)dt + o(dt)$ 是区间 (x_i+t, x_i+t+dt) 上个体由阶段 i 进入死亡阶段 R 的概率。

函数 $f_{i+1}(t)$ 对应于转移序列 $i \to i+1 \to R$。对于任意 τ,如果在 $(x_i+\tau, x_i+\tau+d\tau)$ 内发生了转移 $i \to i+1$,则转移序列 $i \to i+1 \to R$ 的概率为

$$\exp\left\{\nu_{ii}\int_{x_i}^{x_i+\tau}\theta(\xi)d\xi\right\}\nu_i\theta(x_i+\tau)d\tau \exp\left\{\nu_{i+1,i+1}\int_{x_i+\tau}^{x_i+t}\theta(\xi)d\xi\right\}\mu_{i+1}\theta(x_i+t)dt$$

$$(12.3.22)$$

对(12.3.22)式作 $\tau=0$ 到 $\tau=t$ 的积分,得到

$$f_{i+1}(t) = \nu_i\mu_{i+1}(x_i+t)\left[\sum_{\substack{l,\alpha=i \\ l \neq \alpha}}^{i+1}\frac{1}{\nu_{ll}-\nu_{\alpha\alpha}}\exp\left\{\nu_{ll}\int_{x_i}^{x_i+t}\theta(\xi)d\xi\right\}\right]$$

$$(12.3.23)$$

一般地,$f_j(t)dt$ 对应于序列 $i \to i+1 \to \cdots \to j \to R$,我们有

$$f_j(t) = \nu_i\cdots\nu_{j-1}\mu_j\theta(x_i+t)\sum_{l=i}^{j}\frac{1}{\prod\limits_{\substack{\alpha=i \\ \alpha \neq l}}^{j}(\nu_{ll}-\nu_{\alpha\alpha})}\exp\left\{\nu_{ll}\int_{x_i}^{x_i+t}\theta(\xi)d\xi\right\},$$

$$j=i,\cdots,s \qquad (12.3.24)$$

对于 $j=i,\cdots,s$,将(12.3.24)代入(12.3.20)式,给出 x_i 以后生存时间的密度函数

$$f_{Y_i}(t) = \sum_{j=i}^{s}\nu_i\cdots\nu_{j-1}\mu_j\theta(x_i+t)\sum_{l=i}^{j}\frac{1}{\prod\limits_{\substack{\alpha=i \\ \alpha \neq l}}^{j}(\nu_{ll}-\nu_{\alpha\alpha})}\exp\left\{\nu_{ll}\int_{x_i}^{x_i+t}\theta(\xi)d\xi\right\},$$

$$i=1,\cdots,s \qquad (12.3.25)$$

Y_i 的分布函数可直接由密度函数推算出：

$$F_{Y_i}(t) = \int_0^t f_{Y_i}(\xi)d\xi$$

$$= -\sum_{j=i}^{s} \nu_i \cdots \nu_{j-1}\mu_j \sum_{l=i}^{j} \frac{1}{\prod_{\substack{\alpha=i \\ \alpha \neq l}}^{j}(\nu_{ll} - \nu_{\alpha\alpha})\nu_{ll}} \left[1 - \exp\left\{ \nu_{ll} \int_{x_i}^{x_i+t} \theta(\xi)d\xi \right\} \right],$$

$$i = 1, \cdots, s \qquad (12.3.26)$$

当 $t \to \infty$ 时，指数函数趋于 0，(12.3.26)式简化为

$$F_{Y_i}(\infty) = -\sum_{j=i}^{s} \nu_i \cdots \nu_{j-1}\mu_j \sum_{l=i}^{j} \frac{1}{\prod_{\substack{\alpha=i \\ \alpha \neq l}}^{j}(\nu_{ll} - \nu_{\alpha\alpha})\nu_{ll}}, \qquad i = 1, \cdots, s$$

$$(12.3.27)$$

因为处于阶段 i 的个体总是要死的，我们期望对任一个 i 均有

$$F_{Y_i}(\infty) = 1, \qquad i = 1, \cdots, s \qquad (12.3.28)$$

从 Chiang(1980a)可以看到(12.3.28)式的代数证明。由此，对每个 i，Y_i 都是正规的随机变量，$i = 1, \cdots, s$。

3.6 x_i 时的期望寿命 e_i Y_i 的数学期望就是年龄为 x_i 时的期望寿命，或

$$E[Y_i] = e_i, \qquad i = 1, \cdots, s \qquad (12.3.29)$$

利用密度函数 $f_{Y_i}(t)$ 来计算，

$$e_i = \int_0^\infty t f_{Y_i}(t)dt$$

将 $f_{Y_i}(t)$ 的表达式代入并积分，便有

$$e_i = -\sum_{j=i}^{s} \nu_i \cdots \nu_{j-1}\mu_j \sum_{l=i}^{j} \frac{1}{\prod_{\substack{\alpha=i \\ \alpha \neq l}}^{j}(\nu_{ll} - \nu_{\alpha\alpha})\nu_{ll}} \int_0^\infty \exp\left\{ \nu_{ll} \int_{x_i}^{x_i+t} \theta(\xi)d\xi \right\} dt,$$

$$i = 1, \cdots, s \qquad (12.3.30)$$

可见，期望寿命依赖于特定的函数 $\theta(x)$。

当转移 $j \to j+1$ 和 $j \to R$ 不依赖于年龄时，$\theta(\xi) = 1$，(12.3.30)式中的积分变为

$$\int_0^\infty e^{\nu_{ii}t}dt = \frac{-1}{\nu_{ii}}$$

(12.3.30)式中 x_i 时的期望寿命简化为

$$e_i = -\sum_{j=i}^{s} \nu_i \cdots \nu_{j-1} \mu_j \sum_{l=i}^{j} \frac{1}{\prod_{\substack{\alpha=i \\ \alpha \neq l}}^{j} (\nu_{ll} - \nu_{\alpha\alpha}) \nu_{ll}^2} \qquad (12.3.31)$$

从不同的观点来推导期望 e_i 是有启发性的。令随机变量 Z_j 为在阶段 j 停留的时间[1],它服从以 $-\nu_{jj}$ 为参数的指数分布,故

$$E(Z_j) = \frac{1}{-\nu_{jj}}, \qquad E(Z_j^2) = \frac{2}{\nu_{jj}^2} \qquad (12.3.32)$$

显然,$Z_1, \cdots, Z_n$ 为独立分布的随机变量。现引入示性函数 ε_{ij}

$$\varepsilon_{ij} = \begin{cases} 1, & \text{若病人由阶段 } i \text{ 进入阶段 } j \\ 0, & \text{其他} \end{cases}$$

其期望为

$$E(\varepsilon_{ij}) = p_{ij}, \qquad E(\varepsilon_{ij}^2) = p_{ij} \qquad (12.3.33)$$

其中,

$$p_{ij} = p_i p_{i+1} \cdots p_{j-1} = \sum_{\alpha=i}^{j-1} \frac{\nu_\alpha}{-\nu_{\alpha\alpha}} \qquad (12.3.34)$$

ε_{ij} 的方差为

$$Var(\varepsilon_{ij}) = (1 - p_{ij})p_{ij}, \qquad i < j ; i, j = 1, \cdots, s \qquad (12.3.35)$$

由于一个病人由阶段 i 进入阶段 j 必须进入到每一个中间阶段 α,$i < \alpha < j$,示性函数 $\varepsilon_{i\alpha}$ 和 ε_{ij} 是不独立的随机变量,它们的协方差为

$$Cov(\varepsilon_{i\alpha}, \varepsilon_{ij}) = Var(\varepsilon_{i\alpha})p_{\alpha j} = (1 - p_{i\alpha})p_{ij}$$
$$i < \alpha < j ; i, j = 1, \cdots, s \qquad (12.3.36)$$

处于阶段 i、年龄为 x_i 的病人在其死亡之前可能进入一系列阶段 (j),在阶段 j 停留一段时间 (Z_j)。若某个体有转移 $i \to i+1 \to \cdots \to j$,$i \leqslant j \leqslant s$,其在 x_i 之后的生存时间为 Z_j 的和,$j = i, i+1, \cdots, s$。换言之,

$$Y_i = Z_i + \sum_{j=i+1}^{s} \varepsilon_{ij} Z_j, \qquad i = 1, \cdots, s \qquad (12.3.37)$$

Y_i 的期望显然为

$$e_i = E(Y_i) = \frac{1}{-\nu_{ii}} + \sum_{j=i+1}^{s} p_{ij} \frac{1}{-\nu_{jj}}, \qquad i = 1, \cdots, s \qquad (12.3.38)$$

e_i 的两个表达式(12.3.31)和(12.3.38)应当是相等的。Chiang(1980b)给出了证明。

---

[1] 若 $j \to j+1$,则 $Z_j = \tau_j$;若 $j \to R$,则 $Z_j = t_j$

由(12.3.37)式也可以得到 Y_i 的方差

$$Var(Y_i) = \sum_{j=i}^{s} Var[\varepsilon_{ij}Z_j] + 2\sum_{a=i+1}^{s-1}\sum_{j=a+1}^{s} Cov[\varepsilon_{ia}Z_a, \varepsilon_{ij}Z_j] \quad (12.3.39)$$

其中乘积 $\varepsilon_{ij}Z_j$ 的方差为[①]

$$Var(\varepsilon_{ij}Z_j) = (2 - p_{ij})p_{ij}\frac{1}{\nu_{jj}^2} \quad (12.3.40)$$

$\varepsilon_{ia}Z_a$ 和 $\varepsilon_{ij}Z_j$ 间的协方差为[②]

$$Cov(\varepsilon_{ia}Z_a, \varepsilon_{ij}Z_j) = Cov(\varepsilon_{ia}, \varepsilon_{ij})E(Z_a)E(Z_j) = (1-p_{ia})p_{ij}\frac{1}{\nu_{aa}\nu_{jj}}$$

$$(12.3.41)$$

将(12.3.40)和(12.3.41)代入(12.3.39)式便得到欲求的 Y_i 方差公式：

$$Var(Y_i) = \sum_{j=i}^{s}(2-p_{ij})p_{ij}\frac{1}{\nu_{jj}^2} + 2\sum_{a=i+1}^{s-1}(1-p_{ia})\sum_{j=a+1}^{s}p_{ij}\frac{1}{\nu_{aa}\nu_{jj}},$$

$$i \leqslant a < j; \; a, i, j = 1, \cdots s \quad (12.3.42)$$

4. 寿命表函数的概率分布

在这种新的寿命表中,观察量的概率分布类似于普通寿命表。解决了第3节中一些生物统计函数的理论问题,我们现在就可以来叙述各观察量的概率分布了。有关理论上的详细讨论可参阅第十章。

4.1 $l_2, \cdots, l_s$ 的联合分布 给定一个由 l_1 个人组成的定群,从阶段1进入阶段 i 的人数服从二项分布

$$\Pr\{l_i = k_i \mid l_1\} = \binom{l_1}{k_i}p_{1i}^{m_i}(1-p_{1i})^{l_1-k_i}, \qquad k_i = 0, 1, \cdots, l_1 \quad (12.4.1)$$

其中 p_{1i} 是转移序列 $1 \to 2 \to \cdots \to i$ 的概率,由(12.3.34)给出。进入阶段2, $\cdots, s$ 的人数 $l_2, \cdots, l_s$ 服从二项分布链

$$\Pr\{l_2 = k_2, \cdots, l_s = k_s \mid l_1\} = \prod_{i=1}^{s-1}\binom{k_i}{k_{i+1}}p_i^{k_{i+1}}q_i^{k_i-k_{i+1}},$$

$$k_{i+1} = 0, \cdots, k_i \quad (12.4.2)$$

其中 $k_1 = l_1$。容易证明,协方差

---

① 译者注: 若 X, Y 为随机变量,相互独立,则 $Var(X \cdot Y) = E(Y^2Var(X) + E(X^2)Var(Y))$。

② 译者注: 若 X, Y, A, B 为随机变量,A, B 独立于 X, Y,则 $Cov(AX, BY) = E(AB)Cov(X, Y)$。

$$Cov(l_i = l_j \mid l_1) = l_1(1 - p_{1i})p_{1j} > 0, \qquad 1 \leqslant i < j \leqslant s$$

$$(12.4.3)$$

（参阅(12.3.36)式）。因此，l_i 和 l_j 是正相关的。但对固定的 i，协方差随 j 的增大而减小。

4.2　$d_1, \cdots, d_s$ 的概率分布　和普通寿命表一样，$d_1, \cdots, d_s$ 服从多项分布

$$\Pr\{d_1 = \delta_1, \cdots, d_s = \delta_s \mid l_1\} = \frac{l_1!}{\delta_1! \cdots \delta_s!} \prod_{i=1}^{s} (p_{1i}q_i)^{\delta_i} \quad (12.4.4)$$

其中，δ_i 是满足 $\delta_1 + \cdots + \delta_s = l_1$ 的非负整数。期望、方差和协方差分别为

$$E(d_i \mid l_1) = l_1 p_{1i} q_i \tag{12.4.5}$$

$$Var(d_i \mid l_1) = l_1 p_{1i} q_i (1 - p_{1i} q_i) \tag{12.4.6}$$

$$Cov(d_i, d_j \mid l_1) = -l_1 p_{1i} q_i p_{1j} q_j, \qquad i \neq j, i,j = 2, \cdots, s$$

$$(12.4.7)$$

4.3　L_i 和 T_i 的期望和方差　由第 3.5 节，这些观察量直接和随机变量 Y_i 与 Z_i 有关。即

$$L_i = l_i Z_i \tag{12.4.8}$$

$$T_i = l_i Y_i$$

我们利用(12.4.8)式来求 L_i 的期望。因为 l_i 和 Z_i 互相独立，我们有

$$E(L_i \mid l_i) = -l_i p_{1i} \frac{1}{\nu_{ii}}, \qquad i = 1, \cdots, s \tag{12.4.9}$$

和 L_i 的方差

$$Var(L_i \mid l_1) = [l_1 p_{1i} + 2(1 - p_{1j})] l_1 p_{1i} \frac{1}{\nu_{ii}^2}, \qquad i = 1, \cdots, s$$

$$(12.4.10)$$

类似地，我们可以利用(12.3.38)式中 Y_i 的期望和(12.3.42)式中 Y_i 的方差来得到 T_i 的期望

$$E(T_i \mid l_1) = -l_1 p_{1i} \left[\sum_{j=i}^{s} p_{ij} \frac{1}{\nu_{jj}} \right] \tag{12.4.11}$$

并利用(12.3.38)和(12.3.42)的结果，由下式计算 T_i 的方差：

$$Var(T_i \mid l_i) = l_1 p_{1i} [l_1 p_{1i} + (1 - p_{1i})] Var(Y_i) + l_1 p_{1i} (1 - p_{1i}) [E(Y_i)]^2$$

$$(12.4.12)$$

4.4　$\hat{e}_i$ 的期望和方差　年龄为 x_i 时的观察期望寿命（$\hat{e}_i$）是 x_i 以后的样本平均生存时间，或

$$\hat{e}_i = \bar{Y}_i \qquad\qquad (12.4.13)$$

样本量为 l_i，从而有 $\hat{e}_i$ 的期望为

$$E(\hat{e}_i) = E(Y_i) = -\sum_{j=i}^{s} p_{ij} \frac{1}{\nu_{jj}} \qquad\qquad (12.4.14)$$

$\hat{e}_i$ 的方差为

$$Var(\hat{e}_i) = E\left(\frac{1}{l_i}\right) Var(Y_i) \qquad\qquad (12.4.15)$$

当 l_i 较大时，$E\left(\dfrac{1}{l}\right)$ 可以近似于 $\dfrac{1}{E(l_i)}$，

$$E\left(\frac{1}{l_i}\right) \approx \frac{1}{E(l_i)} = \frac{1}{l_1 p_{1i}}$$

因而方差具有形式

$$Var(\hat{e}_i) \approx \frac{1}{l_1 p_{1i}} Var(Y_i) \qquad\qquad (12.4.16)$$

其中，$Var(Y_i)$ 由 (12.3.42) 式给出。

5. 子集的寿命表及其与整群寿命表的关系

我们可以对包括各种年龄、种族、性别等成员的整群病人编制一张寿命表，或者也可以对病人中的每一个特定子集来编制寿命表。整群寿命表和子集寿命表有密切关系。整群病人的寿命表中每个元素是子集寿命表中相应元素的和或加权平均值。假定把病人群体按阶段 1 开始时的年龄分成若干组，对每个年龄组我们给寿命表中的每个量附加一个下标。于是，参照表 12.1，对第 α 个年龄组有 $x_{i\alpha}, l_{i\alpha}, d_{i\alpha}, \hat{p}_{i\alpha}, \hat{q}_{i\alpha}, \bar{\tau}_{i\alpha}, \bar{t}_{i\alpha}, L_{i\alpha}, T_{i\alpha}$ 和 $\hat{e}_{i\alpha}$。显然，l_i 和 d_i 分别是 $l_{i\alpha}$ 与 $d_{i\alpha}$ 的和，即

$$l_i = \sum_{\alpha} l_{i\alpha} \quad \text{和} \quad d_i = \sum_{\alpha} d_{i\alpha}, \qquad i = 1, \cdots, s \qquad (12.5.1)$$

其中，求和号表示对所有的年龄组求和。阶段 i 的年龄 (x_i)、等待时间 $(\bar{\tau}_i)$ 和生存时间 $(\bar{t}_i)$ 分别是相应量 $x_{i\alpha}, \bar{\tau}_{i\alpha}$ 和 $\bar{t}_{i\alpha}$ 的加权平均值，

$$x_i = \sum_{\alpha} \frac{l_{i\alpha}}{l_i} x_{i\alpha}, \qquad i = 1, \cdots, s \qquad (12.5.2)$$

$$\bar{\tau}_i = \sum_{\alpha} \frac{l_{i+1,\alpha}}{l_{i+1}} \bar{\tau}_{i\alpha}, \qquad i = 1, \cdots, s \qquad (12.5.3)$$

$$\bar{t}_i = \sum_{\alpha} \frac{d_{i\alpha}}{d_i} \bar{t}_{i\alpha}, \qquad i = 1, \cdots, s \qquad (12.5.4)$$

通过简单计算可以给出各种概率间的关系

$$\hat{p}_i = \sum_\alpha \frac{l_{i\alpha}}{l_i} \hat{p}_{i\alpha}, \qquad i = 1, \cdots, s \qquad (12.5.5)$$

$$\hat{q}_i = \sum_\alpha \frac{l_{i\alpha}}{l_i} \hat{q}_{i\alpha}, \qquad i = 1, \cdots, s \qquad (12.5.6)$$

以及 x_i 以后的总生存时间之间的关系

$$T_i = \sum_\alpha T_{i\alpha}, \qquad i = 1, \cdots, s \qquad (12.5.7)$$

从而得出，x_i 时的观察期望寿命 $\hat{e}_i$ 是相应的期望寿命 $\hat{e}_{i\alpha}$ 的加权平均值

$$\hat{e}_i = \sum_\alpha \frac{l_{i\alpha}}{l_i} \hat{e}_{i\alpha}, \qquad i = 1, \cdots, s \qquad (12.5.8)$$

6. 研究人类生殖的生育表

人类生殖的研究几乎总是参考妇女的年龄，因为妇女的生育率与年龄有关。生育率和出生率都是按妇女的年龄来计算的。甚至在人类生育的数学模型中，妇女的年龄也被当作基本变量。由于 20 世纪 50 年代前期开始采用有效的避孕措施，生不生孩子不单纯取决于妇女的生育能力，而常常取决于夫妇的共同决策。这样，妇女的年龄在决定生殖方面就不再起首要的作用。而胎次或产次在人类生殖模式中却表现为重要因素了。

鉴于这一新发展，本节不以妇女的年龄而以产次为研究人类生殖的基本变量，并提出一种生育表，根据产次来总结生殖经历，并采用寿命表的方法构造这种表。表中的每个区间相应于妇女的产次，每生一胎就确定一个区间的起点，而妇女的年龄则作为时间轴上的尺度。妇女的待产时间作随机变量处理。在6.1 节，我们将定义产次别生育率、再产概率以及它们间的关系，并导出这些量和表中其他元素的最大似然估计。6.2 节将说明这种表各栏的意义，6.3 节则是现时生育表所需的计算准备。我们利用美国 1978 年白种人的资料来说明表的构造。

现在已有许多文献报告了人类生育和生殖的研究。A. J. Lotka（1925）提出固有率来度量人口的自然增长；C. Gini（1924）将产次间隔作等待时间处理；L. Henry（1972）利用产次间隔独立于产次的假设提出若干数学公式来度量人类的生育。K. Srinivasan（1966）运用一个概率模型来研究产次间隔；J. A. Menken 和 M. C. Sheps（1972）从抽样的观点讨论了产次间隔的分布。有些生育研究应用了寿命表方法。J. M. Hoem（1970）讨论了寿命表型的生

育模型；F. W. Oechsli（1975）在他的一个人口模型中同时考虑了妇女的年龄和产次。C. M. Suchindran，N. K. Namboodir 和 K. West（1979）利用寿命表方法研究了人口生殖的增减。M. C. Sheps 和 J. A. Menken（1973）在怀孕和生产的研究中讨论了一些模型。G. Rodriguez 和 J. Hobcroft（1980）以寿命表的形式分析了哥伦比亚人口总体的产次间隔。然而，在上述所有的研究工作中，妇女的年龄作主要变量处理。这里提出的生育表比较现实地切合人口生殖的新特点，而且也消除了传统方法固有的复杂性。

6.1 生育表诸元素的最大似然估计 根据随机的观点，人类生殖是一个有阶段的过程；每个阶段由一个孩子的出生来定义。这个过程一个阶段又一个阶段地向前推进，直到家庭的扩充完成为止。一个产次为 0 的妇女（没有孩子）可能在她的生殖期内始终没有孩子，也可能有了一个孩子随后停止生殖，或者可能再生第二个孩子然后停止，等等。某个妇女一旦生产，她的生殖机能就重新开始。这个过程可能在任何阶段（产次）停止。描述人类生殖的参数是一系列生育率 $(r_0(x), r_1(x), \cdots)$，这些生育率在所研究人口总体的生殖期内普遍适用。每一个 $r_i(x)$ 是妇女年龄 x 和产次 i 的函数。这些生育率决定一个妇女可能生育孩子的期望数、待产时间以及所研究人口总体的生育模式。为方便起见，我们设 $r_i(x) = r_i \theta(x)$，从而对妇女生殖期内的任何年龄 x，

$$r_i \theta(x) \Delta x + o(\Delta x) = \Pr\{x \text{ 岁的 } i \text{ 产次妇女在} (x, x+\Delta x) \text{ 内再生一个孩子}\},$$
$$i = 0, 1, 2, \cdots \qquad (12.6.1)$$

这里 r_i 是关于产次 i 的生育率，或产次别生育率，而 $\theta(x)$ 是妇女生产孩子时的年龄 x 的函数。然而，妇女生产孩子的年龄可能和她将来的生殖有关系。例如，在较大年龄生第一个孩子的妇女与较小年龄生第一个孩子的妇女相比就不太会有更多的孩子。

对于产次为 i，年龄为 x_i 的一个妇女，指数函数

$$\exp\left\{-r_i \int_{x_i}^{x} \theta(\tau) d\tau\right\} \qquad (12.6.2)$$

是她在年龄区间 (x_i, x) 内不再生孩子的概率。若 $x = x_w$，这里 x_w 是生殖期结束时的年龄，则

$$\exp\left\{-r_i \int_{x_i}^{x_w} \theta(\tau) d\tau\right\} = q_i \qquad (12.6.2a)$$

是她在第 i 产之后停止生殖的概率，而

$$p_i = 1 - \exp\left\{-r_i \int_{x_i}^{x_w} \theta(\tau) d\tau\right\} \qquad (12.6.3)$$

是她将再生孩子的概率。p_i 称为再产概率。

考虑 l_0 个妇女构成的一个样本,她们的产次为 0,平均年龄为 x_0,观察她们的整个生殖经历。对于该样本中第 α 个妇女,我们引入一个向量

$$(\delta_{0\alpha}, \delta_{1\alpha}, \delta_{2\alpha}, \cdots)' \tag{12.6.4}$$

使得对于 $i = 0, 1, \cdots;\ \alpha = 1, 2, \cdots, l_0$,

$$\delta_{i\alpha} = \begin{cases} 1, & \text{若在她一生中共有 } i \text{ 个孩子} \\ 0, & \text{其他} \end{cases} \tag{12.6.5}$$

和数

$$\sum_{\alpha=1}^{l_0} \varepsilon_{i\alpha} = d_i \tag{12.6.6}$$

是这个样本中具有 i 个孩子的妇女总数,而和数

$$\sum_{i=j}^{l_0} \sum_{\alpha=1}^{l_0} \varepsilon_{i\alpha} = \sum_{i=j} d_i = l_j \tag{6.7}$$

是一生中共有 j 个或 j 个以上孩子的妇女总数。l_j 也等于 l_0 个妇女所生的第 j 产孩子的总数。

设 $x_{i\alpha}$ 为第 α 个妇女在生产第 i 个孩子时的年龄,$x_{w\alpha}$ 是她生殖期结束时的年龄。则向量 $(\varepsilon_{0\alpha}, \varepsilon_{1\alpha}, \cdots)'$ 的似然函数为

$$f_\alpha = \prod_{j=0} \left[\prod_{i=0}^{j-1} e^{-r_i w_{i\alpha}} r_i \theta(x_{i+1}, \alpha) \right]^{\varepsilon_{j\alpha}} e^{-r_j w_{j\alpha}^* \varepsilon_{j\alpha}} \tag{12.6.8}$$

其中 j 的上限是样本中妇女的最高产次,量

$$w_{i\alpha} = \int_{x_{i\alpha}}^{x_{i+1,\alpha}} \theta(\tau) d\tau \tag{12.6.9}$$

是第 α 个妇女 i 产时的待产时间①,而

$$w_{j\alpha}^* = \int_{x_{j\alpha}}^{x_{w\alpha}} \theta(\tau) d\tau \tag{12.6.10}$$

是第 j 产后该妇女尚存的生殖时期长度。对于 l_0 个(12.6.4)式的向量构成的样本,似然函数为(12.6.8)式中 f_α 的乘积,

$$L = \prod_{\alpha=1}^{l_0} f_\alpha \tag{12.6.11}$$

其对数

$$\log L = \sum_{\alpha=1}^{l_0} \sum_{j=0} \left\{ \sum_{i=0}^{j-1} \left[-\varepsilon_{j\alpha} r_i w_{i\alpha} + \varepsilon_{j\alpha} \log r_i + \varepsilon_{j\alpha} \log \theta(x_{i+1,\alpha}) \right] - \varepsilon_{j\alpha} r_j w_{j\alpha}^* \right\} \tag{12.6.12}$$

---

① 译者注:这里的"时间"是在变换了时间尺度的意义下而言,这变换就是对 $\theta(\tau)$ 的积分;这里的待产时间不是指日历上的 $x_{i\alpha}$ 到 $x_{i+1,\alpha}$ 的一段间隔。

求 $\log L$ 关于 r_i 的导数,并令其等于 0,得到似然方程

$$-\sum_{a=1}^{l_0}\varepsilon_{ia}w_{ia}^* - \sum_{a=1}^{l_0}\sum_{j=i+1}^{l_0}\varepsilon_{ja}w_{ia} + \sum_{a=1}^{l_0}\sum_{j=i+1}^{l_0}\varepsilon_{ja}\frac{1}{r_i} = 0 \qquad (12.6.13)$$

最大似然估计为

$$r_i = \frac{l_{i+1}}{\sum_{a=1}^{l_0}\varepsilon_{ia}w_{ia}^* + \sum_{a=1}^{l_0}\sum_{j=i+1}^{l_0}\varepsilon_{ja}w_{ia}} \qquad (12.6.14)$$

(12.6.14)式分母中的第一个和式

$$\sum_{a=1}^{l_0}\varepsilon_{ia}w_{ia}^* = \sum_{a=1}^{l_0}\varepsilon_{ia}\int_{x_{ia}}^{x_{wa}}\theta(x)dx \qquad (12.6.15)$$

是 i 产之后停止生殖的 d_i 个妇女尚存生殖期之和,而分母第二项中的每一个和式

$$\sum_{a=1}^{l_0}\varepsilon_{ja}w_{ia} = \sum_{a=1}^{l_0}\varepsilon_{ja}\int_{x_{ia}}^{x_{i+1,a}}\theta(x)dx \qquad (12.6.16)$$

是有 j 个孩子的 d_j 个妇女在 i 产时的待产时间。由于一个妇女在其一生中所具有的孩子总数可能与早期生产时的年龄以及待产时间有关,公式(12.6.16)中的 w_{ia} 可能因 j 值的不同而异。换言之,待产时间是年龄(x)、产次(i)和未来生殖数(j)的函数。由(12.6.14)式可以看出,产次 i 时的生育率是第 i 产次的妇女随后生第 $i+1$ 胎的孩子数与这些妇女待产时间之和的比值。

将(12.6.14)式的分母记为 L_i,

$$L_i = \sum_{a=1}^{l_0}\varepsilon_{ia}w_{ia}^* + \sum_{a=1}^{l_0}\sum_{j=i+1}^{l_0}\varepsilon_{ja}w_{ia} \qquad (12.6.17)$$

(12.6.14)式便可写为

$$r_i = \frac{l_{i+1}}{L_i} \qquad (12.6.18)$$

若在区间 $(x_{ia}, x_{i+1,a})$ 内 $\theta(x)$ 关于 x 是常数,不妨设为 1,则(12.6.15),(12.6.16)和(12.6.17)变为

$$\sum_{a=1}^{l_0}\varepsilon_{ia}w_{ia}^* = \sum_{a=1}^{l_0}\varepsilon_{ia}(x_{wa}-x_{ia}) \qquad (12.6.15a)$$

$$\sum_{a=1}^{l_0}\varepsilon_{ja}w_{ia} = \sum_{a=1}^{l_0}\varepsilon_{ja}(x_{i+1,a}-x_{ia}), \qquad j=i+1,\cdots$$

$$(12.6.16a)$$

$$L_i = \sum_{a=1}^{l_0} \varepsilon_{ia}(x_{wa} - x_{ia}) + \sum_{a=1}^{l_0} \sum_{j=i+1} \varepsilon_{ja}(x_{i+1,a} - x_{ia})$$

$$(12.6.17a)$$

设对于 $j=i,i+1,\cdots$，$x_{i\cdot j}$ 为 d_j 个妇女第 i 产时的平均年龄，x_i 为 l_i 个妇女第 i 产时的平均年龄，$x_{w\cdot j}$ 为 d_j 个妇女生殖期结束时的平均年龄，于是

$$x_{i\cdot j} = \frac{\sum_{a=1}^{l_0} \varepsilon_{ja} x_{ia}}{d_j}, \qquad j=i,i+1,\cdots \qquad (12.6.19)$$

$$x_i = \sum_{j=i}^{l_0} \sum_{a=1}^{l_0} \frac{\varepsilon_{ja} x_{ia}}{l_i} = \sum_{j=i} \frac{d_j x_{i\cdot j}}{l_i}, \qquad i=0,1,\cdots \quad (12.6.20)$$

$$x_{w\cdot j} = \frac{\sum_{a=1}^{l_0} \varepsilon_{ja} x_{wa}}{d_j}, \qquad i=0,1,\cdots$$

$(12.6.17a)$ 中第 i 产妇女的待产时间 L_i 可改写为

$$L_i = d_i(x_{w\cdot i} - x_{i\cdot i}) + \sum_{j=i+1} d_j(x_{i+1\cdot j} - x_{i\cdot j}) \qquad (12.6.21)$$

或

$$L_i = d_i(x_{w\cdot i} - x_i) + l_{i+1}(x_{i+1} - x_i), \qquad i=0,1,\cdots$$

$$(12.6.22)$$

然而在大多数人口统计的研究中，往往没有记录平均年龄 $x_{i\cdot j}$，而只记录平均年龄 x_i。为此，将 $(12.6.22)$ 式代入 $(12.6.14)$ 便得到生育率的一个简单公式

$$r_i = \frac{l_{i+1}}{d_i(x_{w\cdot i} - x_i) + l_{i+1}(x_{i+1} - x_i)}, \qquad i=0,1,\cdots \quad (12.6.23)$$

第 i 产妇女将继续生产的概率可用一个比值

$$\hat{p}_i = \frac{l_{i+1}}{l_i}, \qquad i=0,1,\cdots \qquad (12.6.24)$$

来估计，$(12.6.23)$ 和 $(12.6.24)$ 式意味着再产概率 $\hat{p}_i$ 和产次别生育率 r_i 之间的一个重要关系

$$\hat{p}_i = \frac{(x_{w\cdot i} - x_i) r_i}{1 + (x_{w\cdot i} - x_{i+1}) r_i}, \qquad i=0,1,\cdots \qquad (12.6.25)$$

可用这个关系式以现时人口的 r_i 来计算 $\hat{p}_i$。通常，$x_{w\cdot i}$ 取为所有妇女的 x_w。

对 $(12.6.12)$ 式中的 $\log L$ 求二阶导致，我们还可得到产次别生育率的样本方差

$$S_{r_i}^2 = \frac{l_{i+1}}{L_i^2} \qquad (12.6.26)$$

6.2 生育表的说明 如前一节所述，l_0 个妇女的生育经历可以总结在一张表里。这就是定群生育表。把一个日历年期间全部妇女的生殖经历总结在一张表里就得到现时生育表。这两种类型的表外观相似。本段关于生育表的说明对两种表均适用，我们将借现时生育表来叙述。

这里提出的生育表形式上象普通的寿命表，但每一列的内容、意义以及用处均不同于普通寿命表。表中的元素均以产次为参照，但实际上产次又是妇女年龄的函数。表中诸元素间关系的推导是在假定没有死亡，并假定是一个封闭人口的情形下进行的。参见表 12.2。

表 12.2　1978 年美国白人的生育表

产次（胎次）	第 i 产时妇女的平均年龄	第 i 产妇女的再产概率	第 i 次活产后停止生殖的概率	有 i 次或多于 i 次活产的妇女人数	第 i 次活产后停止生殖的妇女人数	第 i 产妇女的总待产时间	第 i 产后总的生殖跨度*	第 i 产妇女的平均生育率	第 i 次活产后的平均生育率	从第 i 产到完成家庭扩充的期望等待时间**
i	x_i	$\hat{p}_i$	$\hat{q}_i$	l_i	d_i	L_i	T_i	$1000r_i$	$1000R_i$	$\hat{e}_i$
(1)	(2)	(3)	(4)	(5)	(6)	(7)	(8)	(9)	(10)	(11)
0	22.15	0.5979	0.4021	10000	4021	98517	228501	60.7	63.7	2.71
1	23.26	0.8203	0.1797	5979	1074	36249	129984	135.3	66.0	3.41
2	25.89	0.5095	0.4905	4905	2406	51327	93735	48.7	39.2	1.34
3	28.03	0.3402	0.6598	2499	1649	29624	42408	28.7	27.6	0.89
4	29.96	0.2820	0.7180	850	610	9621	12784	24.9	25.2	0.67
5	31.82	0.2441	0.7559	240	181	2477	3163	23.8	25.9	0.52
6	33.37	0.2888	0.7112	59	42	511	686	33.3	33.5	0.57
7	34.67	0.3247	0.6753	17	11	125	175	48.0	34.3	0.68
8+	36.61			6	6	50	50	0		0

*生殖期结束时年龄假设为 $x_i = 45$ 岁；**作者曾就 $\hat{e}_i$ 的值得到 A. Golbeck 的教益。

第 1 列　产次（或胎次）i　产次就母亲而言，而胎次就婴儿而言。如果一个妇女已经生了 i 个孩子，其产次就是 i，因此产次 i 也可以看成一个时期，从第 i 个孩子出生到第 $(i+1)$ 个孩子出生之间的一段时间，或者，如果她从第 i 产之后停止生殖，那么，产次 i 就是从第 i 个孩子出生到生殖期结束时的一段时间。表中的最后一个产次随所研究人口的生育模式而变动。

第 2 列　第 i 个孩子生产时妇女的平均年龄 x_i　在现时生育表中，这就是在所研究的一年中生第 i 胎的妇女的平均年龄。

和通常寿命表中预先固定年龄区间不同,各胎次妇女的平均年龄由所研究人口总体确定,或者由年度人口统计资料确定。这是一个年龄值,不是预先决定的,具有变异性。一个妇女在生育期结束时的年龄记为 x_w。通常,取 45 岁或 50 岁作为 x_w 的数值。

第 3 列 第 i 产妇女的再产概率 $\hat{p}_i$ 已经历 i 次活产的妇女再生第 $(i+1)$ 胎的概率用 $\hat{p}_i$ 来估计。与这个概率有关的时间区间是从 x_i 到 x_w。对于现时生育表,序列 $(\hat{p}_0, \hat{p}_1, \cdots)$ 的数值由该现时人口的人口调查或生命统计资料决定。$\hat{p}_i$ 和生育率 r_i 间的关系式已在 6.1 节(12.6.25)式给出。

第 4 列 妇女在第 i(活)产之后停止生殖的概率 $\hat{q}_i$ 显然,

$$\hat{p}_i + \hat{q}_i = 1 \tag{12.6.27}$$

第 5 列 在人口总体中有 i 个或更多活产的妇女数 l_i 对现时生育表,这一列的第一个数字 l_0 是任意的一个基数,只是规定一个参与人类生殖的理论人口。其后的各数值 (l_i) 表示这个理论上的初始定群 l_0 个妇女中有 i 个或更多个活产的妇女人数。等价地,这也是有可能生第 $(i+1)$ 个孩子的妇女人数。$(l_1, l_2, \cdots)$ 的数值只是相对于基数 l_0 才有意义。基数总取某个方便的值,诸如 $l_0 = 10000$,该列中的其他数值便可由下式递推计算,

$$l_{i+1} = l_i \hat{p}_i, \qquad i = 0, 1, \cdots \tag{12.6.28}$$

序列 $\{l_0, l_1, l_2, \cdots\}$ 对产次 $\{0, 1, 2, \cdots\}$ 作图,提供一条"生存曲线",它反映了生过一些孩子之后,仍然"有生殖活动"的妇女所占的比例。对任意 i,l_i 也是 l_0 个妇女中生第 i 个孩子的数目。

第 6 列 在第 i 次活产之后停止生殖的妇女人数 d_i 任何一个 d_i 也是初始人口中最终共有 i 个孩子的妇女人数。d_i 可计算如下:

$$d_i = l_i - l_{i+1}, \qquad i = 0, 1, \cdots \tag{12.6.29}$$

或

$$d_i = l_i \hat{q}_i, \qquad i = 0, 1, \cdots \tag{12.6.30}$$

$(d_0, d_1, \cdots)$ 合在一起构成该妇女人口中最终孩子人数的频数分布。

第 7 列 在第 i 产妇女的总待产时间 L_i 产次为 i 的妇女人数 (l_i) 和在较高胎次 j 停止生育的妇女人数之间有一个明显的关系

$$l_i = \sum_{j=i} d_j \tag{12.6.31}$$

待产时间和未来生殖之间互有联系。设 $x_{i \cdot j}$ 为 d_j 个妇女第 i 产时的平均年龄,$x_{w \cdot i}$ 为 d_i 个妇女生殖期结束时的平均年龄,则 d_j 个妇女的待产时间为

$$d_j(x_{i+1 \cdot j} - x_{i \cdot j}), \qquad j = i+1, \cdots \qquad (12.6.32)$$

而 l_i 个妇女的总待产时间为

$$L_i = d_i(x_{w \cdot i} - x_{i \cdot i}) + \sum_{j=i+1} d_j(x_{i+1 \cdot j} - x_{i \cdot j}) \qquad (12.6.21)$$

因为第 2 列中的平均年龄 x_i 是 $x_{i \cdot j}$ 的加权平均数（参见（12.6.20）式），(12.6.21)式可以改写为

$$L_i = d_i(x_{w \cdot i} - x_i) + l_{i+1}(x_{i+1} - x_i) \qquad (12.6.22)$$

这是计算 L_i 的基本公式。

第 8 列　第 i 产之后总的生殖跨度 T_i　这是第 i 产妇女尚存生殖能力的时间之和。T_i 的计算公式为

$$T_i = L_i + L_{i+1} + \cdots \qquad (12.6.33)$$

第 9 列　第 i 产妇女的生育率 r_i　r_i 是产次为 i 的妇女在待产时间里每人每年生产的平均孩子数，或

$$r_i = \frac{l_{i+1}}{L_i} \qquad (12.6.34)$$

这一列描写生育率随产次的变化。r_i 的倒数

$$\frac{1}{r_i} = \frac{L_i}{l_{i+1}} \qquad (12.6.35)$$

是一个第 i 产妇女等待生产第 $(i+1)$ 个孩子的平均时间。

第 10 列　在第 i 次活产之后的平均生育率 R_i　对任一个 i，R_i 是从产次 i 开始的累积生育率。尤其要指出，这是产次为 i 和高于 i 的妇女每人每年再生孩子的个数。公式为

$$R_i = \frac{l_{i+1} + l_{i+2} + \cdots}{T_i} \qquad (12.6.36)$$

需注意，每个 R_i 也是产次别生育率 r_j 的加权平均，即

$$R_i = \sum_{j=i} \frac{L_j}{T_i} r_j \qquad (12.6.37)$$

R_i 的倒数也是一个胎次为 i 或高于 i 的妇女等待再生一个孩子的平均时间，

$$\frac{1}{R_i} = \frac{T_i}{l_{i+1} + l_{i+2} + \cdots}, \qquad i = 0, 1, \cdots \qquad (12.6.38)$$

第 11 列　在第 i 产到完成家庭扩充的期望等待时间 $\hat{e}_i$　由下式计算：

$$\hat{e}_i = \frac{1}{l_i} \sum_{j=i} d_j(x_j - x_i), \qquad i = 0, 1, \cdots \qquad (12.6.39)$$

虽然一个妇女将生产的孩子数是不确定的,而且相继两胎的时间间隔也是因人而异的,但是用寿命表方法可以估计一个妇女完成她的家庭扩充所需的时间。

6.3 现时人口再产概率的计算 根据一个现时人口的人口调查或生命统计资料构造生育表需要预先计算各胎次所对应的再产概率。表 12.3 记录了计算 $\hat{p}_i$ 所必需的信息。我们通过美国 1978 年白人的资料来说明。

表 12.3 1978 年美国白人再产概率的计算

产 次 (胎次) i (1)	第 i 产妇女 人 数[1] (千人) P_i (2)	第 i 胎活产 人 数[2] b_i (3)	第 i 产妇女 平均年 龄[2] x_i (4)	第 i 产妇女 平均生育率 (千分数) $1000r_i$ (5)	第 i 产妇女 再产概率 $\hat{p}_i$ (6)
0	18923		22.15*	60.7	0.5979
1	6497	1148966	23.26	135.3	0.8203
2	8166	878834	25.89	48.7	0.5095
3	5028	397777	28.03	28.7	0.3402
4	2231	144158	29.96	24.9	0.2820
5	1032	55472	31.82	23.6	0.2441
6	362	24322	33.37	33.4	0.2888
7	249	12095	34.67	42.7**	0.3247
8+	80	14039	36.61		
合计	42568	2675663		62.9	

来源:1) Bureau of the Census, U. S. Department of Commerce, Current Population Reports, Population Characteristics, Series P—230, No. 341, October, 1978, Table7, pp. 34—35

2) National Center for Health Statistics, U. S. Department of Health Services, Vital. Statistics of the United States, 1978, Vol. 1—Natality, Table 1—57

* 在所研究年中产次为 0 的妇女的平均年龄。

** 42.7＝14039/(249＋80)。

第 1 列 产次 i

第 2 列 在生殖期内产次为 i 的妇女人数 P_i 这个数也是产次为 i 的妇女等待下一个孩子总待产时间的估计值。

第 3 列 胎次为 i 的活产数 b_i

第 4 列 第 i 产时妇女的平均年龄 x_i

第 5 列 第 i 产妇女的生育率 r_i 根据定义

$$r_i = \frac{\text{第}(i+1)\text{胎的孩子数}}{\text{产次为}\,i\,\text{的妇女总的待产时间}} \qquad (12.6.40)$$

我们可用(2)、(3)列中的信息从下式来计算 r_i

$$r_i = \frac{b_{i+1}}{P_i} \qquad (12.6.41)$$

第6列　再产概率 $\hat{p}_i$　再产概率 $\hat{p}_i$ 和产次别生育率 r_i 间的关系式是构造现时生育表的基础。如 6.1 节所述,这关系式就是

$$\hat{p}_i = \frac{(x_{w\cdot i} - x_i) r_i}{1 + (x_{w\cdot i} - x_{i+1}) r_i} \qquad (12.6.25)$$

利用第(5)列给出的 $r_i = b_{i+1}/P_i$,我们可以对每个胎次 i 计算 $\hat{p}_i$。

在表 12.3 中,对每个胎次 i,孩子数 b_i,妇女人数 P_i 和平均年龄 x_i 均取自美国公布的人口调查和生命统计资料,而第(5)列中的生育率 r_i 和第(6)列中的再产概率则分别由(12.6.41)和(12.6.25)两式计算

注记 1　人们常假定所有妇女生殖期的终点为同一个年龄值,如 $x_w = 45$ 或 50 岁。这样,(12.6.25)式中的 $x_{w\cdot i}$ 便可代之以 x_w。

注记 2　现时人口的生育表反映该人口的生殖经历。表中的每个元素是该人口相应指标的估计值。尤其是,表 12.2 第(9)列中的产次别生育率 r_i 等于表 12.3 第(5)列中相应的产次别生育率 r_i,或

$$\frac{l_{i+1}}{L_i} = r_i = \frac{b_{i+1}}{P_i} \qquad (12.6.42)$$

我们可以直接证明这一等价性。利用(12.6.22)式,

$$\frac{l_{i+1}}{L_i} = \frac{l_{i+1}}{d_i(x_{w\cdot i} - x_i) + l_{i+1}(x_{i+1} - x_i)} \qquad (12.6.43)$$

右端分子分母同除以 l_i;再利用(12.6.24)式中 $\hat{p}_i$ 的定义,我们有

$$\frac{l_{i+1}}{L_i} = \frac{\hat{p}_i}{(x_{w\cdot i} - x_i) - \hat{p}_i(x_{w\cdot i} - x_{i+1})} \qquad (12.6.44)$$

对 $\hat{p}_i$ 使用(12.6.25)式,对 r_i 使用(12.6.41)式,上式右端简化为 b_{i+1}/P_i。(12.6.42)式得证。

类似地,我们还有

$$R_i = \frac{b_{i+1} + b_{i+2} + \cdots}{P_i + P_{i+1} + \cdots} \qquad (12.6.45)$$

6.4　小结和讨论　人类生殖过程由一系列生育率 $(r_0\theta(x), r_1\theta(x), \cdots)$ 决定,这些生育率在所研究人口总体的妇女生殖期内普遍适用。每个 r_i 是产

次 i 的函数,而 $\theta(x)$ 是生产时妇女年龄 x 的函数。由于有效的避孕方法和现代计划生育实践被普遍接受,产次已经取代妇女的年龄而成为生育的主要决定因素。

鉴于这一新发展,我们提出了分析生育过程的一种生育表,其中,一个孩子的出生确定一个区间的起点,而妇女的年龄则作为时间轴上的一个衡量尺度。这种生育表包括一些量,如再产概率、待产时间和生育率等。这些量均对应于特定的产次,但实际上也是妇女年龄的函数。

生育表可以用于一个定群作前瞻性研究,也可以用于一个现时人口作横断面研究。无论哪一种情形,它都能概括描述一个女性人口的生殖经历,而仅仅需要极少的资料和计算量。这种生育表所需要的资料是各产次生产孩子的数目,各产次妇女的平均年龄,各产次妇女的人数。表 12.2 所示的生育表总共含有 11 列,应用时可以只采用服务于特定目的的部分项目。

7. 习题

1. 利用 (12.3.6) 和 (12.3.7) 中 $\nu_i\theta(x)$ 和 $\nu_{ii}\theta(x)$ 的定义证明处于阶段 i 年龄为 x_i 的个体将进入阶段 $(i+1)$ 的概率 p_i 由 (12.3.8) 式给出,并证明当积分存在时,这个概率简化为 (12.3.9) 式。

2. 由 (12.3.12) 式中的密度函数 $h_i(\tau)$ 推导在阶段 i 等待时间的分布函数 $H_i(\tau)$。

3. 验证 (12.3.22) 式,并由此推导 (12.3.23) 的密度函数 $f_{i+1}(t)$。

4. 推导密度函数 $f_{i+2}(t)$。

5. 证明对于互不相同的数 $\lambda_1,\cdots,\lambda_s$,

(1) $\displaystyle\sum_{i=1}^{s}\frac{1}{\prod\limits_{\substack{j=1\\ j\neq i}}^{s}(\lambda_i-\lambda_j)}=0$

(2) $\displaystyle\sum_{i=1}^{s}\frac{1}{\prod\limits_{\substack{j=1\\ j\neq i}}^{s}(\lambda_i-\lambda_j)\lambda_i}=(-1)^{s-1}\frac{1}{\prod\limits_{i=1}^{s}\lambda_i}$

(3) $\displaystyle\sum_{i=1}^{s}\frac{1}{\prod\limits_{\substack{j=1\\ j\neq i}}^{s}(\lambda_i-\lambda_j)\lambda_i^2}=(-1)^{s-1}\frac{1}{\prod\limits_{i=1}^{s}\lambda_i}\left(\sum_{i=1}^{s}\frac{1}{\lambda_i}\right)$

6. 证明 (12.3.24) 中的密度函数 $f_j(\tau)$。

7. 推导(12.3.26)式中的分布函数 $F_{Y_i}(t)$。

8. 证明(12.3.27)中的 $F_{Y_i}(\infty)=1$。

9. 3.6 节指出,在阶段 j 停留的时间 Z_j 遵从指数分布,写出它的密度函数,并验证之。根据密度函数求期望 $E(Z_j)$ 和 $E(Z_j^2)$。将你的结果同(12.3.32)作比较。

10. 验证协方差 $Cov(\varepsilon_{ia},\varepsilon_{ij})$ 和方差 $Var(\varepsilon_{ia})$ 间的关系,并证明(12.3.36)式。

11. 利用第 5 题中最后的一个等式证明(12.3.31)中的期望寿命等同于(12.3.38)中的期望寿命。

12. 证明(12.3.42)式中 Y_i 的方差公式。

13. 分别证明(12.4.9)和(12.4.10)中的期望 $E(L_i|l_j)$ 和方差 $Var(L_i|l_j)$。

14. 验证(12.6.8)中 $(\varepsilon_{0a},\varepsilon_{1a},\cdots)$ 的似然函数 f_a。

15. 由似然函数(12.6.11)推导(12.6.14)式中第 i 产生育率 r_i。

16. 由(12.6.17a)推导出关于 L_i 的公式(12.6.22)。

17. 由(12.6.23)和(12.6.24)推导关于再产概率 $(\hat{p}_i)$ 和产次别生育率 (r_i) 间的关系式(12.6.25)。

18. 验证(12.6.42)中的论断,即生育表中的生育率等于由现时人口的人口调查和生命统计资料计算出的生育率。

19. 证明:表 12.2 第 10 列中的生育率 R_i 也可从现时人口中的活产数和妇女人数来确定:

$$R_i=\frac{b_{i+1}+b_{i+2}+\cdots}{P_i+P_{i+1}+\cdots} \tag{12.6.45}$$

20. 审核第 6 节表 12.2 和表 12.3 关于生育表的计算。

21. 从你自己选用的现时人口的人口调查和生命统计资料求出生人数 b_i,第 i 胎时妇女的平均年龄 x_i 和妇女的产次 i, $i=0,1,\cdots$。象表 12.3 那样,利用这些数据计算生育率 r_i 和再产概率 $\hat{p}_i$;并像表 12.2 那样作一个生育表,讨论你所观察到的内容。

某些国家和地区的终寿区间成数 a_i

表1 奥地利(1969年)

年龄区间	终寿区间成数 a_i			年龄区间	终寿区间成数 c_i		
$x_i \sim x_{i+1}$	男和女	男	女	$x_i \sim x_{i+1}$	男和女	男	女
0~1	0.12	0.12	0.12	45~50	0.54	0.54	0.53
1~5	0.37	0.37	0.37	50~55	0.52	0.53	0.52
5~10	0.47	0.47	0.47	55~60	0.53	0.54	0.53
10~15	0.51	0.51	0.49	60~65	0.54	0.53	0.54
15~20	0.58	0.58	0.55	65~70	0.53	0.52	0.54
20~25	0.48	0.49	0.48	70~75	0.52	0.50	0.53
25~30	0.51	0.50	0.54	75~80	0.51	0.50	0.51
30~35	0.53	0.53	0.53	80~85	0.48	0.57	0.49
35~40	0.53	0.52	0.53	85~90	0.45	0.44	0.45
40~45	0.52	0.51	0.54	90~95	0.40	0.40	0.40

表2 加利福尼亚(1970年)

年龄区间 $x_i \sim x_{i+1}$	终寿区间成数 a_i	年龄区间 $x_i \sim x_{i+1}$	终寿区间成数 a_i
0~1	0.09	40~45	0.54
1~5	0.41	45~50	0.53
5~10	0.44	50~55	0.53
10~15	0.54	55~60	0.52
15~20	0.59	60~65	0.52
20~25	0.49	65~70	0.51
25~30	0.51	70~75	0.52
30~35	0.52	75~80	0.51
35~40	0.53	80~85	0.50

表3 加拿大(1968年)

年龄区间	终寿区间成数 a_i			年龄区间	终寿区间成数 a_i		
$x_i \sim x_{i+1}$	男和女	男	女	$x_i \sim x_{i+1}$	男和女	男	女
0~1	0.11	0.11	0.12	45~50	0.53	0.53	0.53
1~5	0.41	0.42	0.40	50~55	0.54	0.54	0.54
5~10	0.45	0.45	0.44	55~60	0.54	0.53	0.54
10~15	0.54	0.54	0.53	60~65	0.53	0.53	0.53
15~20	0.57	0.59	0.53	65~70	0.53	0.52	0.53
20~25	0.48	0.47	0.51	70~75	0.52	0.51	0.53
25~30	0.50	0.49	0.53	75~80	0.52	0.51	0.53
30~35	0.52	0.52	0.52	80~85	0.50	0.49	0.51
35~40	0.53	0.53	0.53	85~90	0.47	0.46	0.48
40~45	0.54	0.54	0.54				

表 4　哥斯达黎加(1963 年)

年龄区间 $x_i \sim x_{i+1}$	终寿区间成数 a_i			年龄区间 $x_i \sim x_{i+1}$	终寿区间成数 a_i		
	男和女	男	女		男和女	男	女
0~1	0.28	0.27	0.28	40~45	0.53	0.54	0.52
1~5	0.29	0.29	0.28	45~50	0.53	0.51	0.55
5~10	0.40	0.42	0.38	50~55	0.53	0.53	0.52
10~15	0.49	0.50	0.50	55~60	0.54	0.55	0.53
15~20	0.55	0.55	0.55	60~65	0.53	0.55	0.51
20~25	0.53	0.53	0.54	65~70	0.54	0.56	0.52
25~30	0.53	0.51	0.55	70~75	0.53	0.52	0.54
30~35	0.51	0.51	0.51	75~80	0.51	0.52	0.51
35~40	0.49	0.51	0.48	80~85	0.50	0.50	0.50

表 5　芬兰(1968 年)

年龄区间 $x_i \sim x_{i+1}$	终寿区间成数 a_i			年龄区间 $x_i \sim x_{i+1}$	终寿区间成数 a_i		
	男和女	男	女		男和女	男	女
0~1	0.09	0.08	0.09	40~45	0.55	0.54	0.55
1~5	0.38	0.41	0.34	45~50	0.53	0.52	0.54
5~10	0.49	0.48	0.49	50~55	0.54	0.54	0.53
10~15	0.52	0.53	0.50	55~60	0.53	0.53	0.54
15~20	0.53	0.53	0.54	60~65	0.53	0.53	0.54
20~25	0.51	0.52	0.51	65~70	0.52	0.51	0.53
25~30	0.51	0.52	0.48	70~75	0.52	0.51	0.53
30~35	0.52	0.51	0.52	75~80	0.51	0.49	0.52
35~40	0.54	0.54	0.53	80~85	0.47	0.47	0.48

表 6　法兰西(1969 年)

年龄区间 $x_i \sim x_{i+1}$	终寿区间成数 a_i			年龄区间 $x_i \sim x_{i+1}$	终寿区间成数 a_i		
	男和女	男	女		男和女	男	女
0~1	0.16*	0.15*	0.17*	45~50	0.54	0.54	0.54
1~5	0.38	0.39	0.36	50~55	0.52	0.52	0.52
5~10	0.46	0.47	0.45	55~60	0.53	0.53	0.53
10~15	0.54	0.55	0.52	60~65	0.53	0.52	0.53
15~20	0.56	0.56	0.55	65~70	0.53	0.52	0.54
20~25	0.51	0.50	0.51	70~75	0.52	0.51	0.53
25~30	0.51	0.51	0.52	75~80	0.51	0.50	0.52
30~35	0.53	0.53	0.54	80~85	0.49	0.48	0.50
35~40	0.53	0.53	0.52	85~90	0.46	0.45	0.47
40~45	0.53	0.53	0.53	90~95	0.41	0.39	0.42

*法兰西(1969)人口的 a_0 值较大是由于未记录出生后不足 3 天而死亡的婴儿数，a_0 的计算没有包括这些婴儿的死亡年龄。

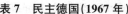

表 7　民主德国(1967 年)

年龄区间 $x_i \sim x_{i+1}$	终寿区间成数 a_i			年龄区间 $x_i \sim x_{i+1}$	终寿区间成数 a_i		
	男和女	男	女		男和女	男	女
0~1				45~50	0.54	0.55	0.54
1~5	0.38	0.38	0.38	50~55	0.52	0.53	0.52
5~10	0.46	0.46	0.46	55~60	0.54	0.54	0.54
10~15	0.52	0.53	0.51	60~65	0.54	0.53	0.54
15~20	0.56	0.58	0.54	65~70	0.53	0.53	0.54
20~25	0.50	0.50	0.51	70~75	0.52	0.51	0.53
25~30	0.52	0.51	0.53	75~80	0.51	0.49	0.52
30~35	0.52	0.52	0.53	80~85	0.48	0.47	0.49
35~40	0.52	0.52	0.52	85~90	0.43	0.43	0.43
40~45	0.54	0.54	0.54	90~95	0.39	0.39	0.39

表 8　联邦德国(1969 年)

年龄区间 $x_i \sim x_{i+1}$	终寿区间成数 a_i			年龄区间 $x_i \sim x_{i+1}$	终寿区间成数 a_i		
	男和女	男	女		男和女	男	女
0~1	0.10	0.10	0.11	45~50	0.51	0.51	0.51
1~5	0.39	0.39	0.38	50~55	0.58	0.58	0.57
5~10	0.46	0.46	0.46	55~60	0.54	0.54	0.54
10~15	0.52	0.51	0.52	60~65	0.54	0.53	0.54
15~20	0.57	0.58	0.54	65~70	0.52	0.52	0.53
20~25	0.52	0.51	0.53	70~75	0.52	0.51	0.53
25~30	0.51	0.51	0.51	75~80	0.51	0.49	0.52
30~35	0.52	0.52	0.53	80~85	0.49	0.47	0.49
35~40	0.54	0.54	0.55	85~90	0.44	0.43	0.45
40~45	0.53	0.53	0.53	90~95	0.39	0.38	0.40

表 9　匈牙利(1967 年)

年龄区间 $x_i \sim x_{i+1}$	终寿区间成数 a_i			年龄区间 $x_i \sim x_{i+1}$	终寿区间成数 a_i		
	男和女	男	女		男和女	男	女
0~1	0.10	0.10	0.11	40~45	0.53	0.52	0.53
1~5	0.35	0.35	0.33	45~50	0.54	0.54	0.53
5~10	0.45	0.47	0.42	50~55	0.53	0.53	0.52
10~15	0.52	0.51	0.54	55~60	0.54	0.54	0.54
15~20	0.55	0.57	0.52	60~65	0.53	0.53	0.54
20~25	0.51	0.52	0.50	65~70	0.53	0.52	0.54
25~30	0.52	0.52	0.53	70~75	0.52	0.51	0.53
30~35	0.52	0.51	0.52	75~80	0.50	0.50	0.51
35~40	0.53	0.52	0.55	80~85	0.48	0.47	0.48

表 10　爱尔兰(1966 年)

年龄区间 $x_i \sim x_{i+1}$	终寿区间成数 a_i			年龄区间 $x_i \sim x_{i+1}$	终寿区间成数 a_i		
	男和女	男	女		男和女	男	女
0～1	0.13	0.12	0.13	45～50	0.50	0.50	0.50
1～5	0.33	0.39	0.37	50～55	0.53	0.53	0.52
5～10	0.47	0.47	0.46	55～60	0.52	0.53	0.52
10～15	0.48	0.48	0.46	60～65	0.52	0.52	0.53
15～20	0.55	0.56	0.54	65～70	0.52	0.51	0.53
20～25	0.51	0.50	0.53	70～75	0.52	0.52	0.53
25～30	0.51	0.50	0.53	75～80	0.49	0.49	0.50
30～35	0.52	0.52	0.51	80～85	0.48	0.48	0.48
35～40	0.55	0.56	0.54	85～90	0.45	0.44	0.46
40～45	0.54	0.55	0.54	90～95	0.39	0.38	0.40

表 11　北爱尔兰(1966 年)

年龄区间 $x_i \sim x_{i+1}$	终寿区间成数 a_i			年龄区间 $x_i \sim x_{i+1}$	终寿区间成数 a_i		
	男和女	男	女		男和女	男	女
0～1	0.13	0.13	0.14	40～45	0.53	0.54	0.53
1～5	0.36	0.38	0.35	45～50	0.56	0.57	0.55
5～10	0.45	0.47	0.41	50～55	0.54	0.54	0.54
10～15	0.50	0.49	0.52	55～60	0.55	0.54	0.55
15～20	0.58	0.59	0.56	60～65	0.54	0.53	0.55
20～25	0.52	0.54	0.48	65～70	0.52	0.52	0.53
25～30	0.51	0.53	0.49	70～75	0.52	0.51	0.53
30～35	0.52	0.50	0.56	75～80	0.50	0.49	0.51
35～40	0.53	0.51	0.55	80～85	0.50	0.49	0.51

表 12　意大利(1966 年)

年龄区间 $x_i \sim x_{i+1}$	终寿区间成数 a_i			年龄区间 $x_i \sim x_{i+1}$	终寿区间成数 a_i		
	男和女	男	女		男和女	男	女
0～1	0.16	0.15	0.17	35～40	0.53	0.53	0.53
1～5	0.35	0.36	0.35	40～45	0.53	0.53	0.53
5～10	0.46	0.47	0.45	45～50	0.54	0.54	0.54
10～15	0.53	0.54	0.53	50～55	0.54	0.54	0.53
15～20	0.53	0.53	0.52	55～60	0.54	0.54	0.54
20～25	0.51	0.51	0.50	60～65	0.53	0.53	0.54
25～30	0.52	0.51	0.53	65～70	0.52	0.52	0.53
30～35	0.53	0.52	0.54	70～75	0.52	0.51	0.53

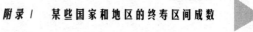

表 13   荷兰(1968 年)

年龄区间 $x_i \sim x_{i+1}$	终寿区间成数 a_i			年龄区间 $x_i \sim x_{i+1}$	终寿区间成数 a_i		
	男和女	男	女		男和女	男	女
0～1	0.11	0.11	0.11	45～50	0.55	0.55	0.54
1～5	0.41	0.43	0.39	50～55	0.54	0.54	0.53
5～10	0.47	0.47	0.45	55～60	0.54	0.54	0.53
10～15	0.51	0.50	0.53	60～65	0.53	0.52	0.54
15～20	0.54	0.55	0.52	65～70	0.53	0.52	0.54
20～25	0.49	0.48	0.51	70～75	0.52	0.51	0.53
25～30	0.51	0.50	0.53	75～80	0.51	0.50	0.52
30～35	0.51	0.51	0.51	80～85	0.49	0.49	0.50
35～40	0.54	0.54	0.54	85～90	0.46	0.46	0.47
40～45	0.53	0.53	0.53	90～95	0.42	0.42	0.42

表 14   挪威(1968 年)

年龄区间 $x_i \sim x_{i+1}$	终寿区间成数 a_i			年龄区间 $x_i \sim x_{i+1}$	终寿区间成数 a_i		
	男和女	男	女		男和女	男	女
0～1	0.12	0.10	0.14	45～50	0.54	0.53	0.54
1～5	0.44	0.46	0.42	50～55	0.53	0.54	0.53
5～10	0.45	0.46	0.42	55～60	0.53	0.53	0.54
10～15	0.56	0.55	0.60	60～65	0.54	0.54	0.53
15～20	0.55	0.56	0.52	65～70	0.54	0.53	0.55
20～25	0.51	0.50	0.52	70～75	0.53	0.52	0.54
25～30	0.48	0.48	0.50	75～80	0.51	0.50	0.52
30～35	0.54	0.55	0.55	80～85	0.50	0.49	0.50
35～40	0.54	0.55	0.54	85～90	0.47	0.46	0.47
40～45	0.56	0.56	0.56	90～95	0.42	0.41	0.43

表 15   冲绳(1960 年)

年龄区间 $x_i \sim x_{i+1}$	终寿区间成数 a_i			年龄区间 $x_i \sim x_{i+1}$	终寿区间成数 a_i		
	男和女	男	女		男和女	男	女
0～1	0.32	0.32	0.31	40～45	0.52	0.51	0.52
1～5	0.38	0.37	0.40	45～50	0.53	0.53	0.54
5～10	0.45	0.47	0.45	50～55	0.52	0.52	0.52
10～15	0.50	0.51	0.48	55～60	0.52	0.52	0.52
15～20	0.50	0.51	0.49	60～65	0.53	0.52	0.54
20～25	0.51	0.53	0.49	65～70	0.53	0.53	0.53
25～30	0.52	0.51	0.53	70～75	0.52	0.52	0.53
30～35	0.51	0.52	0.50	75～80	0.52	0.52	0.52
35～40	0.50	0.48	0.52	80～85	0.50	0.50	0.50

表 16　巴拿马(1968 年)

年龄区间 $x_i \sim x_{i+1}$	终寿区间成数 a_i			年龄区间 $x_i \sim x_{i+1}$	终寿区间成数 a_i		
	男和女	男	女		男和女	男	女
0～1	0.23	0.23	0.24	35～40	0.48	0.47	0.50
1～5	0.33	0.33	0.33	40～45	0.49	0.49	0.50
5～10	0.44	0.44	0.44	45～50	0.51	0.51	0.52
10～15	0.49	0.49	0.50	50～55	0.53	0.53	0.53
15～20	0.54	0.53	0.56	55～60	0.52	0.52	0.52
20～25	0.53	0.52	0.54	60～65	0.52	0.52	0.52
25～30	0.49	0.49	0.49	65～70	0.52	0.53	0.52
30～35	0.48	0.48	0.49	70～75	0.44	0.44	0.45

表 17　葡萄牙(1960 年)

年龄区间 $x_i \sim x_{i+1}$	终寿区间成数 a_i			年龄区间 $x_i \sim x_{i+1}$	终寿区间成数 a_i		
	男和女	男	女		男和女	男	女
0～1	0.26	0.25	0.27	45～50	0.53	0.53	0.53
1～5	0.27	0.27	0.27	50～55	0.53	0.54	0.53
5～10	0.42	0.44	0.41	55～60	0.54	0.53	0.54
10～15	0.50	0.50	0.50	60～65	0.54	0.53	0.54
15～20	0.53	0.54	0.52	65～70	0.54	0.53	0.55
20～25	0.53	0.52	0.54	70～75	0.53	0.52	0.54
25～30	0.52	0.52	0.52	75～80	0.52	0.51	0.53
30～35	0.52	0.52	0.52	80～85	0.48	0.47	0.49
35～40	0.52	0.53	0.52	85～90	0.45	0.44	0.46
40～45	0.53	0.53	0.53	90～95	0.39	0.38	0.40

表 18　罗马尼亚(1965 年)

年龄区间 $x_i \sim x_{i+1}$	终寿区间成数 a_i			年龄区间 $x_i \sim x_{i+1}$	终寿区间成数 a_i		
	男和女	男	女		男和女	男	女
0～1	0.23	0.22	0.24	35～40	0.53	0.52	0.53
1～5	0.33	0.34	0.32	40～45	0.52	0.52	0.53
5～10	0.46	0.47	0.43	45～50	0.54	0.55	0.53
10～15	0.51	0.51	0.51	50～55	0.53	0.53	0.53
15～20	0.56	0.56	0.54	55～60	0.54	0.54	0.54
20～25	0.51	0.51	0.51	60～65	0.53	0.53	0.53
25～30	0.51	0.51	0.52	65～70	0.54	0.52	0.55
30～35	0.51	0.51	0.50	70～75	0.51	0.51	0.52

表 19 苏格兰(1968 年)

年龄区间 $x_i \sim x_{i+1}$	终寿区间成数 a_i			年龄区间 $x_i \sim x_{i+1}$	终寿区间成数 a_i		
	男和女	男	女		男和女	男	女
0~1	0.13	0.13	0.23	40~45	0.54	0.54	0.54
1~5	0.40	0.42	0.38	45~50	0.54	0.55	0.54
5~10	0.44	0.44	0.43	50~55	0.53	0.54	0.52
10~15	0.53	0.53	0.53	55~60	0.54	0.54	0.53
15~20	0.56	0.57	0.55	60~65	0.53	0.53	0.54
20~25	0.49	0.48	0.52	65~70	0.52	0.52	0.53
25~30	0.51	0.51	0.52	70~75	0.51	0.50	0.52
30~35	0.53	0.53	0.53	75~80	0.50	0.49	0.51
35~40	0.54	0.53	0.54	80~85	0.49	0.47	0.50

表 20 西班牙(1965 年)

年龄区间 $x_i \sim x_{i+1}$	终寿区间成数 a_i			年龄区间 $x_i \sim x_{i+1}$	终寿区间成数 a_i		
	男和女	男	女		男和女	男	女
0~1				40~45	0.54	0.53	0.54
1~5	0.38	0.39	0.37	45~50	0.54	0.54	0.54
5~10	0.46	0.47	0.46	50~55	0.54	0.54	0.54
10~15	0.53	0.53	0.52	55~60	0.54	0.54	0.54
15~20	0.55	0.56	0.53	60~65	0.54	0.53	0.55
20~25	0.54	0.53	0.55	65~70	0.54	0.53	0.55
25~30	0.51	0.50	0.52	70~75	0.53	0.52	0.54
30~35	0.52	0.52	0.52	75~80	0.52	0.51	0.53
35~40	0.53	0.53	0.53				

表 21 斯里兰卡(1952 年)

年龄区间 $x_i \sim x_{i+1}$	终寿区间成数 a_i		年龄区间 $x_i \sim x_{i+1}$	终寿区间成数 a_i	
	男	女		男	女
0~1*	0.28	0.35	45~50	0.54	0.53
1~5	0.46	0.45	50~55	0.53	0.53
5~10	0.53	0.53	55~60	0.53	0.53
10~15	0.55	0.42	60~65	0.53	0.53
15~20	0.49	0.55	65~70	0.53	0.53
20~25	0.51	0.54	70~75	0.52	0.52
25~30	0.52	0.53	75~80	0.50	0.45
30~35	0.53	0.54	80~85	0.42	0.35
35~40	0.53	0.54	85~90	0.35	
40~45	0.54	0.53			

* a_0 值是根据印度 1941~1950 人口经历估计的。

表 22 瑞典(1966 年)

年龄区间 $x_i \sim x_{i+1}$	终寿区间成数 a_i			年龄区间 $x_i \sim x_{i+1}$	终寿区间成数 a_i		
	男和女	男	女		男和女	男	女
0～1	0.08	0.08	0.08	45～50	0.54	0.55	0.53
1～5	0.44	0.44	0.45	50～55	0.54	0.55	0.53
5～10	0.45	0.44	0.48	55～60	0.54	0.54	0.53
10～15	0.53	0.52	0.55	60～65	0.53	0.53	0.54
15～20	0.56	0.57	0.53	65～70	0.54	0.53	0.55
20～25	0.51	0.50	0.53	70～75	0.53	0.52	0.54
25～30	0.52	0.53	0.51	75～80	0.52	0.51	0.53
30～35	0.53	0.52	0.55	80～85	0.50	0.49	0.50
35～40	0.52	0.53	0.51	85～90	0.46	0.45	0.47
40～45	0.53	0.53	0.54	90～95	0.42	0.41	0.42

表 23 瑞士(1968 年)

年龄区间 $x_i \sim x_{i+1}$	终寿区间成数 a_i			年龄区间 $x_i \sim x_{i+1}$	终寿区间成数 a_i		
	男和女	男	女		男和女	男	女
0～1	0.10	0.10	0.11	45～50	0.55	0.55	0.55
1～5	0.36	0.37	0.36	50～55	0.54	0.54	0.53
5～10	0.45	0.45	0.45	55～60	0.54	0.55	0.53
10～15	0.52	0.54	0.47	60～65	0.54	0.53	0.54
15～20	0.57	0.58	0.52	65～70	0.53	0.53	0.54
20～25	0.49	0.48	0.49	70～75	0.52	0.52	0.53
25～30	0.49	0.50	0.48	75～80	0.51	0.50	0.52
30～35	0.51	0.53	0.49	80～85	0.50	0.49	0.51
35～40	0.54	0.54	0.53	85～90	0.47	0.45	0.48
40～45	0.53	0.53	0.54	90～95	0.41	0.39	0.42

表 24 美国(1970 年)

年龄区间 $x_i \sim x_{i+1}$	终寿区间成数 a_i			年龄区间 $x_i \sim x_{i+1}$	终寿区间成数 a_i		
	男和女	男	女		男和女	男	女
0～1	0.09	0.09	0.09	40～45	0.54	0.54	0.53
1～5	0.40	0.40	0.39	45～50	0.54	0.54	0.53
5～10	0.46	0.47	0.45	50～55	0.53	0.53	0.53
10～15	0.55	0.56	0.53	55～60	0.53	0.53	0.53
15～20	0.54	0.55	0.53	60～65	0.52	0.52	0.53
20～25	0.51	0.51	0.52	65～70	0.52	0.51	0.53
25～30	0.51	0.50	0.52	70～75	0.51	0.51	0.53
30～35	0.52	0.52	0.53	75～80	0.51	0.50	0.52
35～40	0.53	0.53	0.53	80～85	0.49	0.48	0.50

表 25　南斯拉夫(1968 年)

年龄区间 $x_i \sim x_{i+1}$	终寿区间成数 a_i			年龄区间 $x_i \sim x_{i+1}$	终寿区间成数 a_i		
	男和女	男	女		男和女	男	女
0～1	0.23	0.22	0.24	45～50	0.54	0.54	0.54
1～5	0.29	0.31	0.28	50～55	0.52	0.52	0.52
5～10	0.45	0.46	0.43	55～60	0.54	0.54	0.55
10～15	0.51	0.51	0.52	60～65	0.53	0.53	0.54
15～20	0.53	0.54	0.53	65～70	0.54	0.53	0.55
20～25	0.51	0.52	0.50	70～75	0.52	0.51	0.53
25～30	0.51	0.52	0.50	75～80	0.49	0.49	0.50
30～35	0.52	0.53	0.52	80～85	0.49	0.48	0.49
35～40	0.53	0.53	0.53	85～90	0.45	0.45	0.46
40～45	0.53	0.52	0.53	90～95	0.38	0.38	0.38

表 26　日本(1975 年)

年龄区间 $x_i \sim x_{i+1}$	终寿区间成数 a_i			年龄区间 $x_i \sim x_{i+1}$	终寿区间成数 a_i		
	男和女	男	女		男和女	男	女
0～1	0.14	0.14	0.15	40～45	0.53	0.54	0.53
1～5	0.39	0.40	0.38	45～50	0.53	0.52	0.54
5～10	0.44	0.44	0.44	50～55	0.53	0.53	0.54
10～15	0.52	0.52	0.52	55～60	0.54	0.54	0.54
15～20	0.56	0.56	0.55	60～65	0.54	0.54	0.54
20～25	0.51	0.50	0.51	65～70	0.57	0.53	0.54
25～30	0.50	0.50	0.51	70～75	0.53	0.52	0.54
30～35	0.52	0.52	0.51	75～80	0.52	0.51	0.53
35～40	0.54	0.54	0.53	80～85	0.50	0.48	0.50

由 E. Miyaoka 计算。

附录 II 寿命表的 Excel 计算程序[①]

根据本书第 6 和第 7 章提供的方法,译者编写了完全寿命表和简略寿命表的 Excel 计算程序。详细的编写方法可参见宇传华主编的《Excel 与数据分析》(第 3 版),2013 年,第 324-336 页。

为了使用该程序,需要按如下步骤进行:

1. 从网络下载程序,完全寿命表程序网址为 www.hstathome.com/lt1.xls,简略寿命表程序网址为 www.hstathome.com/lt2.xls 。

2. 打开下载的 Excel 程序后,会在页面上方显示"受保护的视图",在该行字的后面点击"启用编辑"。

3. 为了加快编辑的速度,建议将下载文件另存为本地 Excel 文档。

4. 将你的数据取代 Excel 工作表中蓝颜色字体的数据,便可自动根据新数据作寿命表的计算。

所需数据可以通过键盘输入,也可以通过复制粘贴拷入相应格子之中。只要输入数据,寿命表的其他结果,如死亡概率、期望寿命等便可随即输出。

该程序最大年龄组可以到 100 岁(一般情况下是 85 岁),最小年龄组不限。我们实际编到了第 104 行,程序自动识别与"⋯年中人口""⋯死亡数"相对应的格子中是否有数值,随即自动显示所需要的行。简略寿命表 Excel 程序正好一页,但完全寿命表有若干页。有两种方法使屏幕往下走,以显示其他部分:第一,按 PgUp 或 PgDn 键;第二,在 Excel 界面的右侧按垂直滚动条,或滚动鼠标的上下滑轮。

如果读者需要查看各列所依据的公式,请将鼠标放在 Excel 工作表的单元格上,公式便可自动显示在 Excel 的"编辑栏"里。

Excel 程序设有工作表保护密码,目的是让读者只能改变应该修改的数值,对于不应该修改的公式尽量保护起来。其密码是"0",给出所需密码后可以解除保护。

[①] 译者注:原书附录 II−1 是由 Robert Chiang 用 Fortran IV 语言编写的程序。为便于当今读者使用,这里以译者编写的 Excel 程序取代之。

1. 完全寿命表

需要输入的数据内容如下：

(1)年龄区间$(x,x+1)$内年中人口(P_x)，位于 Excel 工作表的第 E 列；

(2)年龄区间$(x,x+1)$内死亡数(D_x)，位于 Excel 工作表的第 F 列；

(3)终寿年成数(a'_x)，即年龄 x 的所有死亡者，在年龄区间$(x,x+1)$中的平均存活年数，位于 Excel 工作表的第 H 列单元格 H4—H8 中。一般，5 岁以下，特别是婴儿的终寿年成数变化较大；但 5 岁以后基本趋于平稳。所以，本程序设定了 5 个可变的终寿年成数，其余则设为 0.5。如果有更多终寿年成数不等于 0.5，可将黑色字体 0.5 修改成其他数字。

2. 简略寿命表

需要输入的数据内容如下：

(1)年龄区间$(x,x+n)$内年中人口(P_x)，位于 Excel 程序的第 E 列；

(2)年龄区间$(x,x+n)$内死亡数(D_x)，位于 Excel 程序的第 F 列；

(3)终寿区间成数(a_x)，即年龄区间$(x,x+n)$内的所有死亡者，在该区间内的平均存活时间与 n 之比。位于 Excel 程序的第 H 列。

以下 Excel 界面分别为根据 1970 年美国加利福利亚州人口与死亡数据计算的完全寿命表(见第 6 章的表 6.1 和表 6.2)和简略寿命表(见第 7 章的表 7.1 和表 7.2)。

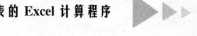

简略寿命表（根据第七章所给方法及数据编写）

年龄区间(岁) x~x+1	x	组距 i	区间(x,x+1)内 年中人口 P_x	区间(x,x+1)内 死亡数 D_x	区间(x,x+1)内 死亡率 M_x	续寿区间因数 a_i	区间(x,x+1)内 死亡概率 $\hat{q}_x$	x岁时 存活数 l_x	区间(x,x+1)内 死亡数 d_x	区间(x,x+1)内 生活时间 L_x	x岁后 生活时间 T_x	x岁时 期望寿命 $\hat{e}_x$
0~1	0	1	340483	6234	0.018309	0.09	0.018009	100000	1801	98361	7195231	71.95
1~5	1	4	1302198	1049	0.000806	0.41	0.003216	98199	316	392051	7096870	72.27
5~10	5	5	1918117	723	0.000377	0.44	0.001883	97883	184	488900	6704809	68.50
10~15	10	5	1963681	735	0.000374	0.54	0.001870	97699	183	488075	6215919	63.62
15~20	15	5	1817379	2054	0.001130	0.59	0.005638	97516	550	486454	5727844	58.74
20~25	20	5	1740966	2702	0.001552	0.49	0.007729	96966	749	482921	5241390	54.05
25~30	25	5	1457614	2071	0.001421	0.51	0.007079	96217	681	479416	4758468	49.46
30~35	30	5	1219389	1964	0.001611	0.52	0.008022	95536	766	475840	4279052	44.79
35~40	35	5	1149999	2588	0.002250	0.53	0.011193	94769	1061	471354	3803213	40.13
40~45	40	5	1208550	4114	0.003404	0.54	0.016888	93709	1583	464903	3331858	35.56
45~50	45	5	1245903	6722	0.005395	0.53	0.026639	92126	2454	454863	2866955	31.12
50~55	50	5	1083852	8948	0.008256	0.53	0.040493	89672	3631	439827	2412091	26.90
55~60	55	5	933244	11942	0.012796	0.52	0.062075	86041	5341	417386	1972264	22.92
60~65	60	5	770770	14309	0.018565	0.52	0.088863	80700	7171	386289	1554878	19.27
65~70	65	5	620805	17088	0.027526	0.51	0.128993	73529	9480	344417	1168590	15.89
70~75	70	5	484431	19149	0.039529	0.52	0.184559	64048	11562	292493	824173	12.87
75~80	75	5	342097	21325	0.062336	0.51	0.270386	52486	14192	227663	531680	10.13
80~85	80	5	210953	20129	0.095419	0.5	0.385206	38295	14751	154596	304017	7.94
85~	85		142691	22483	0.157564		1.000000	23543	23543	149421	149421	6.35

参 考 文 献

Adlakha, A. [1972]. Model life tables: An empirical test of their applicability to less developed countries *Demography*, **9**, 589—601.

Armitage, P. [1959]. The comparison of survival curves. *J. Royal Statist. Soc.*, **A122**, 279—300.

Arriage, E. E. [1968]. New Life Tables for Latin American Populations in the Nineteenth and Twentieth Centuries. *Monograph Series* **No. 3**, Institute of International Studies, University of California, Berkele.

Bailar, B. A. [1976]. Some Sources of error and their effect on census statistics. *Demography*, **13**, 273—286.

Barclay, G. W. [1958]. *Techniques of Population Analysis*. Wiley, New York.

Barlow, R. E. and F. Proschan [1965]. *Mathematical Theory of Reliability*. Wiley, New York.

Bartholomew, D. J. [1963]. The sampling distribution of an estimate arising in life testing. *Technometrics*, **5**, 361—74.

Berkson, J. and L. Elvebeck [1960]. Competing exponential risks, with particular reference to smoking and lung cancer. *J. Amer. Statist. Assoc.*, **55**, 415—428

Berkson, J. and R. P. Gage [1950]. Calculation of survival rates for cancer. *Proc.*, *Staff Meetings*, *Mayo Clinic*, **25**, 270—86.

Berkson, J. and R. P. Gage [1932]. Survival curve for cancer patients following treatment. *J. Amer. Statistic. Assoc.*, **47**, 501—515.

Birnbaum, Z. W. [1979]. On the mathematics of competing risks, *Vital and Health Statistics*, *Series 2*, No. 77, pp. 1—58, National Center for Health Statistics.

Boag, J. W. [1949]. Maximum likelihood estimates of the proportion of patients cured by cancer therapy. *J. Royal Statist. Soc.*, **11**, 15—53.

Borel, E. [1934]. *Les Probabilités et la Vie*. Presses Universitaires de France.

Braun, H. I. [1980]. Regression-like analysis of birih interval sequence. *Demography*, **17**, 207—223.

Breslow, N. [1974]. Covariance analysis of censored survial data. *Biometrics*, **30**, 89—99.

Brownlee, J. [1913]. The relationship between 'corrected' death rates and life table death rates. *Journal of Hyniene*, **XIII**, 178—190.

Brownlee, J. [1922]. The use of death rates as a measure of hygienic conditions, *Mddical Research Council Special Report Series*, **670**, H. M. Stationery Office, London.

Campbell, H. [1965]. Changes in mortality trends in England and Wales, 1931—1961. *Vital and Health Statistics*, Series **3**, No. 3.

Canadian Department of National Health and Welfare and the Dominion Bureau of Statistics [1960]. *Illness and health Care in Canada*, *Canadian Sickness Survey*, 19510—1951. The Queen's Printer and Controller of Stationery, Ottawa.

Chase, C. C. [1967]. International comparison of perinatal and infant mortality. *Vital and Health Statistics*, Series **3**, No. 6, 1—97. U. S. Dept. of Health, Education and Welfare, Public Health Service.

Chiang, C. L. [1960a]. A stochastic study of the life table and its applications: I. Probability distributions of the biometric functions. *Biometrics*, **16**, 618—635.

Chiang, C. L. [1960b]. A stochastic study of the life table and its applications: II. Sample variance of the observed expectation of life and other biometric functions. *Human Biol.*, **32**, 221—238.

Chiang C. L. [1961a]. A stochastic study of the life table and its applications: III. The follow-up study with the consideration of competing risks. *Biometrics* **17**, 15—78.

Chiang, C. L. [1961b]. Standard error of the age-adjusted death ratio. *Vital Statistics*, *Special Reports Selected Studies*, **47**, 275—285. National Center for Health Statistics.

Chinag, C. L. [1967]. Variance and covariance of life table functions estimated from a sample of deaths. *Vital and Health Statistics*, Ser. 2, No. 20, 1—8. National Center for Health Statistics.

Ching, C. L. [1968]. *Introduction to Stochastic Processes in Biostatistics*. Wiley, New York.

Chiang, C. L. [1972]. On constructing current life tables. *J. Am. Statist. Assoc.*, **67**, 538 —541.

Chiang, C. L. [1978]. *The Life Table and Mortality Analysis*, World Health Organization, Geneva.

Chiang, C. L. [1979]. Survival and stages of disease. *Math. Biosci.*, **43**, 159—171.

Chiang, C. L. [1980]. *An Introduction to Stochastic Processes and their Applications*. R. E. Krieger, Huntington, New York.

Chiang, C. L. and R. Chiang [1982]. The family life cycle revisited. *Proceedings*, *World Health Organization Conference on Family Life Cycle Methodology*.

Chiang, C. L. and B. J. van den Berg [1982]. A fertility tbale for the analysis of human reproduction. *Mathematical Biosciences*, 62. 237—251.

Chu, G., C. Langhauser, J. Fortman, P. Schoenfeld, and F. Belzer [1973]. A survival analysis of patients undergoing dialysis or renal transplantation. *Trans. Amer. Soc. Artificial Internal Organs*, **10**, 126—129.

Coale, A. J. and P. Demeny [1966]. *Regional Life Tables and Stable Populations*. Princeton University Press, Princeton, New Jersey.

Coale, A. and T. J. Trussel [1974]. Model fertility tables: Variations in age structure of childbearing in human populations. *Population Index*, **40**, 186—192.

Cohen, J. [1965]. Routine morbidity statistics as a tool for defining public health priorities. *Isr. J. Med. Sci.*, **1**, 457.

Cornfield, J. [1951]. A method of estimating comparative rates from clinical data. Aplications to cancer of the lung, breast and cervix. *J. Natl. Cancer Inst.*, **11**, 1269—1275.

Cutler, S. J. and F. Ederer [1958]. Maximum utilization of the life table method in analyzing survival. *J. Chron Dis.*, **8**, 699—712.

Das Gupta, A. S. [1954]. Accuracy index of census age distributions. *Proc., World Population Conference*, **4**, United Nations, New York.

Das Gupta, A. A., et al. [1965]. Population Perspective of Thailand. *Sankhya*, *Series*, *B*, **27**, 1—46.

David, H. A., and M. L. Modeschberger [1978]. *The Theory of Competing Risks*. O. Griffin, London.

Demeny, P. [1965]. Estimation of vital rates for populations in the process of destablization. *Demography*, **2**, 516—530.

Densen, P. M. [1950]. Long-time follow-up in morbidity studies: the definition of the group to be followed. *Human Biol.*, 22, 233.

Derksen, J. B. D. [1948]. The calculation of mortality rates in the construction of life tables. A mathemtical statistical study. *Population Studies*. **1**, 457.

Devroede, G. and W. F. Taylor [1976]. On calculating cancer risk and survival of ulcerative colitis patitents with the life table method, *Gastroenterology*, **71**, 505—509.

Doering, G. R. and A. L. Forbes [1939]. Adjusted death rates. *Proceedings of the National Academy of Science*, **25**, 461—467.

Doll, R. and P. Cook [1967]. summarizing indices for comparison or cancer incidence data. *Internal. J. Cancer*, **2**, 269—279.

Doll, R. and A. B. Hill [1952]. A study of the etiology of carcinoma of the lung. *Brit. J. Med.*, **2**, 1271.

Dorn, H. [1950]. Methods of analysis for follow-up studies. *Human Biol.*, **22**, 238—248.

Drolette, M. E. [1975]. The effect of incomplete follow-up. *Biometrics*, **31**, 135—144.

Dublin, L. I. and A. J. Lotka [1925]. On the true rate of natural increase. *Journal American Statistical Association*, **20**, 205—339.

Dublin, L. I. and A. J. Lotka [1937]. Uses of the life table in vital statistics. *J. Amer. Publ. Hlth. Assoc.*

Dublin, L. I., A. J. Lotka, and M. Spiegelman [1949]. *Length of Life: A Study of the Life Table.* Ronald Press, New, York.

Duda, R. and G. Duda [1967]. Life tables of the population of the city of Jassy. *Rev. Med. Chir. Soc. Med. Nat. Iasi.*, **73**, 673—80.

Eaton, W. W. [1974]. Mental hospitalization as a reinforcement process. *Amer. Sociol. Rev.*, **39**, 252—260.

Elandt-Johnson, R. C. [1973]. Age-at-onset distribution in chronic diseases. A life table approach to analysis of family data. *J. Chronic Dis.*, **26**, 529—45.

El-Badry, M. A. [1969]. Higher female than male mortality in some countries of South Asia: A digest. *J. Amer. Statist. Assoc.*, **64**, 1234—1244.

Elvebeck, L. [1958]. Estimation of survivorship in chronic disease: The actuarial method. *J. Amer. Statist. Assoc.*, **53**, 420—440.

Elvebeck, L. [1966]. Discussion of 'indices of mortality and tests of their statistical significance'. *Hum. Biol.* **38**, 322—324.

Epstein, B. and M. Sobel [1953]. Life testing. *J. Amer. Statist. Assoc.*, **48**, 486—502.

Fabia, J. and M. Drolette [1970]. Life tables up to age 10 for mongols with and without congenital heart defect. *J. Ment. Defic. Res.*, **14**, 235—42.

Feichtinger, G. and H. Hansluwka [1976]. The impact of mortality on the life cycle and the family in Austrial. *WHO Technical Report Series* No. 587, 51—78. World Health Organization, Geneva.

Feichtinger, G. [1977]. Methodische problems der familienlebenszyklus-statistik. *Festschrift* zum **60**. Geburtstag. W. Krelles. Moher, Tubingen.

Fisher, L. and P. Kanarek [1974]. Presenting censored survival data when censoring and survival times may not bo independent. *Reliability and Biometry* (Proschan and Serfling, eds.) *SIAM*, 291—320, Philadelphia.

Fleiss, J. L. [1973]. *Statistical Methods for Rates and Proportions.* wiley, New York.

Fleiss, J. L., D. L. Dunner, F. Stallone, and R. R. Fieve [1976]. The life table. A method for analyzing longitudinal studies. *Arch. Gen. Psychiatry*, **33**, 107—12.

Flinn, M. W. [1970]. *British Population Growth*, 1700—1850. Macmillan, London.

Frechet, M. [1947]. Sur les expressions analytique de la mortalite variables pour la vie entiere. *J. Societe de Statistique de Paris*, **88**, 261—285.

French, F. E. and J. M. Bierman [1962]. Probability of fetal mortality. *Public Health Reports*, **77**, 835—847.

Frost, W. H. [1933]. Risk of persons in familiar contact with pulmonary tuberculosis.

Amer. J. Publ. Hlth., **23**, 426—432.

Frumkin, G. [1954]. Estimation de la qualite des statistiques demographiques. *Proceedings of the World Population Conference* , **4**, United Nations, New York.

Fukushima, N. Z. [1974]. A study on the method of constructing abrideged life tables and the interpolation for individual years of life. *J. Med. Sci.*, **20**, 11—48.

Gehan, E. A. [1969]. Estimating survival functions from the life table. *J. Chron. Dis.*, **21**, 629—44.

George, L. and A. P. Norman [1971]. Life tables for cystic fibrosis. *Arch. Dis. Child*, **46**, 139—43.

Gershenson, H. [1961]. *Measurement of Mortality*. Society of Actuaries, Chicago.

Gille, H. [1949]. The demographic history of the Northern European countries in the eighteenth century. *Population Studies*, **3**, 3—65.

Gini, C. [1924]. Premieres recherches sur la fecundabilite de la femme. *Proceedings of the International Mathematics Congress*, 889—892, Toronto.

Glick, P. C. and R. Parke [1965]. New approach in studying the life cycle of the family. *Demography*, **2**, 187—202.

Glover, J. W. [1921]. *United States Life Tables*, 1890, 1901, 1910 *and* 1901 — 1910. Bureau of the Census, Washington.

Gompertz, B. [1825]. On the nature of the function expressive of the law of human mortality. *Phil. Trans. Royal Soc.*, **155**, 513—593.

Graunt, J. [1662]. *Natural and Political Observations Made upon the Bills of Mortality*. Reprinted by the Johns Hopkins Press, Baltimore, 1939.

Greenwood, M., et al. [1922]. Discussion on the value of life—tables in statistical research. *J. Boyal Statist. Soc.*, **85**, 537—560.

Greenwood, M. [1926]. A report on the natural duration of cancer. *Reports on Public Health and Medical Subjects*, **33**, 1—26. H. M. Stationery Office.

Greenwood, M. [1942]. Medical statistics from Greaunt to Farr. *Biometrika*, **32**, 101—127, 203—225.

Grenander, U. [1956]. On the theory of mortality measurement. *Skandinavisk Aktuarietidskrift* , **39**, 1—55.

Greville, T. N. E. [1943]. Short methods of constructing abridged life tables. *Record Amer. Inst. Actuaries*, **32**, 29—43.

Greville, T. N. E. [1946]. *United States Life Tables and Actuarial Tables*, 1939—41. National Office of Vital Statistics.

Gurunanjappa, B. S. [1969]. Life tables for Alaska natives. *Public Health Rep.*, **84**, 65—69.

Haenszel, W. [1950]. A standardized rate for mortality defined in units of lost years of life. *J. Amer. Publ. Hlth. Assoc.*, **40**, 17—26.

Haenszel , W. (ed.) [1966]. Epidemiological approaches to the study of cancer and other chronic diseases. *Nat. Cancer Instit.*, *Monograph No.* **19**.

Hajnal, J. [1950]. Rates of dissolution of marriages in England and Wales, 1938 — 39. *Papers of the Royal Commission on Population*, **2**, 178—187. H. M. Stationery Office, London.

Hakama, M. [1970]. Age adjustment of incidence rates in cancer epidemiology. *Acta Path. Microb. Scand.*, *Suppl.* **231**.

Halley, E. [1693]. An estimate of the degress of the mortality of mankind, drawn from curious tables of the births and funerals at the city of Breaslau. *Philos. Trans. Royal Soc.*, **17**, 596—610, London.

Hanse, M. H., W. N. Hurwitz, and M. A. Bershad [1961]. Measurement errors in censuses and surveys. *Bulletin of the Int. Statist. Inst.*, **38**, Part 2, 359—374, Tokyo.

Hansluwka, H. [1976]. Mortality and the life cycle of the family. Some implications of recnet research. *World Health Statistics Beport*, **29**, 220—227.

Harris, T. E., P. Meier, and J. W. Tukey [1950]. Timiing of the distribution of events between observations *Human Biol.*, **22**, 249—270.

Heiss, F. [1933]. Diefamilienstatistik im fragenprogramm der volkzahlungen. *Jahrbucher fur Nationalokonomic und Statistik*. 138 Band-II Folge, Band 83.

Henery, L. [1972]. *On the Measurement of Human Fertility*. Selected Writings. Translated and edited by M. C. Sheps and E. Lapierre-Admcyk. New York: Elsevier.

Hickey, J. J. [1952]. Survival Studies of banded birds. *U. S. Fish Wildlife Ser. Spec. Sci. Reports Wildlife* , **15**, 1—177

Hill, A. B., [1966]. *Principles of Medical Statistics*. Oxford Univ. Press, New York.

Hoem, J. M. [1970]. Probabilistic fertility models of the life table type. *Theor. Popul. Biol.*, **1**, 12—38.

Hoem, J. M. [1971]. On the interpretation of certain vital rates as averages of underlying forces of transition *Theor. Popul. Biol.*, **2**, 454—458.

Hoem, J. M. [1975]. The construction of increment-decrement life table; A comment on articles by R. Schoen and V. Nelson. *Demography*, **12**, 661—4.

Hogg, R. V. and A. T. Craig [1965]. *Introduction to Mathematical Statistics* (2nd ed). Macmillian, New York.

Holford, T. R. [1976]. Life tables with concomitant information. *Biometrics*, **32**, 587—97.

Hyrenius, H. and J. Quist [1970]. Life table tecnique for the working ages. *Demography*, **7**, 393—9.

Irwin, A. C. [1976]. Life tables as 'predictors' of average longevity. *Can. Med. Assoc.*, **114**, 539—41.

Irwin, J. O. [1949]. The standard error of an estimate of expectation of life *J. Hygiene*, **47**, 188—189.

Jacobson, P. H. [1964]. Cohort survival for generations since 1840. *Milbank Memorial Fund Quarterly*.

Jordan, C. W., Jr. [1967]. *Life Contingencies* (2nd ed.). Society of Actuaries, Chicago.

Kalton, G. [1968]. Standardization: A technique to control for extraneous variables. *Appl. Statist.*, **17**, 118—136.

Kaplan, E. L. and P. Meier [1958]. Nonparametric estimation from incomplete observations. *J. Amer. Statist. Assoc.*, **53**, 457—481.

Kendall, M. C. and A. Stuart [1961]. *The Advanced Theory of Statistics*, Vol. 2, Griffin, London.

Keyfitz, N. [1966]. A life table that agrees with the data. *J. Amer. Statist. Assoc.*, **61**, 305—312.

Keyfitz, N. [1968]. *Introduction of the Mathematics of Population*. Addison-Wesley, Reading, Massachusetts.

Keyfitz, N. [1970]. Finding probabilities from observed rates, or how to make a life table. *The American Statistician*, **24**, 28—33.

Keyfitz, N. and W. Flieger [1968]. *World Population: An Analysis of Vital Data*. Univ. of Chicage Press, Chicago, Illinois.

Kilpatrick, S. J. [1963]. Mortality comparisons in socio-economic groups. *Appl. Statist.*, **12**, 65—86.

King, G. [1914]. On a short method of constructing an abridged mortality table. *J. Inst. Actuaries*, **48**, 294—303.

Kitagawa, E. M. [1964]. Standardized comparisons in population research. *Demography*, **1**, 296—315.

Kitagawa, E. M. [1966]. Theoretical considerations in the selection of a mortality index and some empirical comaparisons. *Hum. Biol.*, **38**, 293—308.

Kloetzel, K. and J. C. Dias [1968]. Mortality in Chagas' disease: Life-table for the period 1949—1967 in an unselected population. *Rev. Inst. Med. Trop. Sao Paulo*, **10**, 5—8.

Krall, J. M., V. A. Uthoff and J.B. Harley [1975]. A step-up procedure for selecting variables associated with survival. *Biometrics*, **31**, 49—57.

Krieger, G. [1967]. Suicides in San Mateo County. *California Medicine*, **107**, 153—155.

Krishnan, P. [1971]. Divorce tables for females in the United States: 1960. *J. of Marriage and the Family*, **33**, 318—320.

Kruegel, D. L. and J. M. Peck [1974]. Maryland abridged life tables by color and sex: 1969
—1971. Md. State Med. J., **23**, 49—55.

Kuzma, J. W. [1967]. A comparison of two life table methods. *Biometrics*, **23**, 51—64.

La Bras, H. [1973]. Parents, grand—parents, bisaieux. *Population*, **28**, 9—38.

Lew, E. A. and F. Seltzer [1970]. Uses of the life table in public health. *Milbank Memorial
Fund Quarteryly*, **48**, Suppl., 15—37.

Linder, F. E. and R. D. Grove [1959]. Techniques of vital statistics. Reprint of Chapter I-
IV. *Vital Statistics Rates in the United States*, 1900—1940. *U. S. Government Printing
Office, Washington, D. C.*

Littell, A. S. [1952]. Estimation of the T-year survival rate from follow-up studies over a
limited period of time. *Human Biol.*, **24**, 87—116.

Lopez, A. [1961]. *Problems in Stable Population Theory*, Office of Population Research,
Princeton University, Princeton, New Jersey

Makeham, W. M. [1860]. On the law of mortality and the construction of annuity tables. *J.
Inst. Actuaries*, **8**, 301—310.

Mantel, N. [1974]. Branching experiments: A generalized application of the life-table meth-
od. *Proceedings of SIMS Conference on Epidemiology* (D. Ludwing, K. L. Cooke,
ed.),69—74. Society for Industrial and Applied Mathematics, Philadelphia.

Mantel, N. and C. R. Stark [1968]. Computation of indirect-adjusted rates in the presence of
confounding. *Biometrics*, **24**, 997—1005.

Mattial, A. ank K. Rosendahl [1969]. Factors affecting life expectancy. *Acta. Socio-Med.
Scand.* **1**, Suppl. 1, 51.

McCann, J. C. [1976]. A technique for estimating life expectancy with crude vital rates.
Demography, **13**, 259—72.

Medsger, T. A., Jr., A. T. Masi, G. P. Rodnan, T. G. Benedek, and H. Robinson [1971].
Survival with systemic sclerosis (scleroderma). A life-table analysis of clinical and demo-
graphic factors in 309 patients. *Ann. Intern. Med.*, **75**, 369—76.

Medsger, T. A., Jr. and A. T. Masi [1973]. Survivl with scleroderma. II. A life-table analy-
sis of clinical and demographic factors in 358 male U. S. veteran patients. *J. Chronic Dis.*,
26, 647—60.

Medsger, T.A., Jr., H. Robinson, and A. T. Masi [1971]. Factors affecting survivorship in
polymyositis. A life-table study of 124 patients. *Arthritis Rheum.*, **14**, 249—58.

Menken, J. A. and M. C. Sheps [1972]. The sampling frame as a determinant of observed
distributions of duration variables. *Population Dynamics*, T. N. E. greville, ed. New
York: Academic Press, 57—87.

Merrell, M. and L. E. Shulman [1955]. Determination of prognosis in chronic disease, illustrated by systemic lupus erythematosus. *J. Chron. Dis.*, **1**, 12—32.

Miller, R. S. and J. L. Thomas [1958]. The effect of larval crowding and body size on the longevity of adult, Drosophila Melanogaster. *Ecology*, **39**, 118—125.

Mitra, S. [1973]. On the efficiency of the estimates of life table functions. *Demography*, **10**, 421—426.

Mould, R. F. [1976]. Calculation of survival rates by the life table and other methods. *Clin. Radiol.*, **27**, 33—8.

Muhsam, H. V. [1976] Family and demography, *J. Comparative Family Studies*, VII, No. 2.

Mukherjee, S. P. and S. K. Das [1975]. Abridged life tables for rural West Bengal, 1969. *Indian J. Public Health*, **19**, 3—9.

Murie, A. [1944]. The wolves of Mount McKinley. *Fauna of the Ntional Parks of the U. S. Fauna Series*, 5, U. S. Dept. of Interior, National Park Service, Washington D. C.

Myers, R. J. [1959]. Statistical measures in the marital life cycles of men and women. *Internationaler Bevolkerungskongres*, 229—233. Union Internationale pur l'etude Scientific de la Population, Wien.

Myers, R. J. [1964]. Analysis of mortality in the Soviet Union according to 1958—59 life tables. *Transactions, Society of Actuaries*.

Nanjo, Z. [1974]. A study on the method of constructing abridged life tables and the interpolation for individual years of life. *Tukushima J. Med. Sci.*, **20**, 11—48.

National Center for Health Statistics [1974]. *Vital Statistics of the United States*, 1970, Volume 2, Mortality. U. S. Government Printing Office, Washington, D. C.

National Office of Vital Statistics [1959]. Method of constructing the 1949—51. national, divisional, and state life tables. *Vital Statistics—Special Reports*, **41**, 1959.

Neidhardt, F. O. [1971]. Estimation of survival in life table methods, applied to a sample of prostatectomies. *Nord. Med.*, **85**, 129—30.

Neumann, H. G. [1970]. Evaluation of the results of intrauterine contraception. Two yea r analysis of the Rostock. studies by means of the life table method of Tietze and Potter. *Geburtshilfe Frauenheilkd*, **30**, 537—47.

Oechsli, F. W. [1975]. A population model based on a life table that includes marriage and parity. *Theor. Popul. Biol.*, **2**, 229—45.

Oleinick, A. and N. Mantel [1970]. Family studies in systemic lupus erythematosus. II. Mortality among siblings and offspring of index cases with a statistical appendix concerning life table analysis. *J. Chronic Dis.*, **22**, 617—24.

Oster, J., M. Mikkelsen, and A. Nielsen [1975]. Mortality and life—table in Down's syndrome. *Acta. Paediatr. Scand.*, **64**, 322—6.

Oficina Sanitaria Panamericana [1940]. Consultas. *Boletin de la Oficina Sanitaria Panamericana*, **19**, 283—285.

Pachal, T. K. [1975]. A note on the relation between expectation of life at birth and life table mortality rate for the age group 0—4 years. *Indian J. Public Health*, **19**, 9—10.

Padley, R. [1959]. Cause of death statements in Ceylon: A study in levels of diagnostic reporting. *Bulletin of the World Health Organization*, **20**, 677—695.

Park, C. B, [1955]. Statistical observations on death rates and causes of death in Korea. *Bulletin of the World Health Organization*, **13**, 69—108.

Pascua, M. [1952]. Evolution of mortality in Europe during the twentieth century. *Epidemiological and Vital Statistics Report* (World Health Organization), 5, 4—8.

Paynter, R. A. [1947]. The fate of banded Kent Island Herring Gulls. *Bird Banding*, **18**, 156—170.

Pearl, R. [1940]. *Introduction to Medical Biometry and Statistics*, W. B. Saundners, Philadelphia and London.

Pearl, R. and J. R. Miner [1935]. Experimental studies of the duration of life XIV. The comparative mortality of certain lower organisms. *Rev. Biol.*, **10**, 60—79.

Pearson, K. [1902]. On the change in expectation of life in man during a period of circa 2000 years. *Biometrika*, **1**, 261—264.

Pressat, R. [1972]. *Demographic Analysis*. Translated by J. Matras. Aldine-Atherton, New York.

Rao, C. R. [1954]. Information and accuracy attainable in the estimation of statistical parameters. *Bull. Calcutta Math. Soc.*, **37**, 81—91.

Reed, L. H. and M. Merrill [1939]. A short method for constructing and abridged life table. *Amer. J. Hygiene*, **30**, 33—62.

Reid, D. D. and G. A. Rose [1964]. Assessing the comparability of mortality statistics. *Brit. Med. J.*, **2**, 1437—1439.

The Registrar-General's Decennial Supplement, England and Wales, 1921 [1933]. Part III, *Estimates of Population, Statistics of Marriages, Births, and Deaths*, 1911 — 1920, xxxiii-lxix. H. M. Stationery Office, London.

Registrar-General's Statistical Review of England and Wales for the year 1934 [1936]. *New Annual Series*, No. 14, H. M. Stationery Office, London.

Registrar-General's Statistical Review of England and Wales for the year 1937 [1940]. *New Annual Series*, No. 17, H. M. Stationery Office, London.

Robinson, M. J. and A. P. Norman [1975]. Life tables for cystic fibrosis. *Arch. Dis. Child.*, **50**, 962—5.

Bodriquez, G. and J. Hobcraft [1980]. Illustrative analysis: Life table analysis of birth inter-

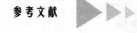

vals in Columbia. *World Fertility Survey Reports* #16.

Ryder, N. B. [1973]. Influence of changes in the family cycle upon family life—Reproductive behavior and the family life cycle. *Symposium on Population and the Family*, Honolulu.

Ryder, N. B. [1976]. Methods in measuring the family life cycle. Session 2.2 of the Mexico Conference of the IUSSP. *IUSSP Newsletter* No. 5, 25—26.

Sadic, J. L. [1970]. An evaluation of demographic data pertaining to the non-white population of South Africa. *South African J. Econ.*, **38**, 1—34.

Santas, J. L. [1972]. Evaluation of the mortality ratio and life expectancy levels in the State of Sao Paulo, Brazil in 1970. *Rev. Saude Publica*, **6**, 269—72.

Schwartz, D. and P. Lazar [1963]. Taux de mortalite par une cause donnee de deces en tenant compte des autres causes de deces ou de disparition. Unite de Recherche Statistiques de l'Insitut National d'Hygiene, Ministere de la Sante Publique, France.

Saveland, W. and P. C. Glick [1969]. First marriage decrement tables by color and sex for the United States in 1958—60. *Demography*, **6**, 243—260.

Schoen, R. [1975]. Constructing increment-decrement life tables. *Demography*, **12**, 313,324.

Schoen, R. and V. E. Nelson [1974]. Marriage, divorce and mortality: A life table analysis. *Demography*. **11**, 267—290.

Seigel, D. G. [1975]. Life table rates and person month ratios as summary statistics for contraceptive trials. *J. Steriod Biochem.*, **6**, 933—6.

Sewell, W. E. [1972]. Life table analysis of the results of coronary surgery. *Chest*, **61**, 481.

Shapiro, S., E. W. Jones and P. M. Densen [1962]. A life table of Pregnancy terminations and correlated fetal loss. *Milbank Memorial Fund Quarterly*, **40**, 7—45.

Shapiro, S., E. R. Schlesinger and R. E. I. Nesbitt [1968]. *Infant, Perinatal, Maternal and Childhood Mortality in the United States* American public Health Association, Vital and Health Statistics Monographs, Harvard University Press, Cambridge, Mass.

Sheps, M. C. [1958]. Shall we count the living or the dead? *New Eng. J. Med.*, **259**, 1210—14.

Sheps, M. C. [1959]. An examination of some methods of comparing several rates or proportions. *Biometrics*, **15**, 87—97.

Sheps, M. C. [1961]. Marriage and mortality. Amer. J. Publ. Hlth., **51**, 547—55.

Sheps, M. C. and J. A, Menken [1973]. *Mathematical Models of Conception and Birth.* Chicago: University of Chicago Press.

Sirken, M. G. [1964]. Comparisons of two methods of constructing abridged life tables by reference to a 'standard' table. *Vital and Health Statistics*, Series 2, No. 4, 1—11. National Center for Health Statistics, U. S. Dept. of Health, Education and Welfare.

Smith, D. and N. Keyfitz [1977]. *Mathematical Demography*— Selected papers. Springer-Verlag, New York.

Snow, F. C. [1920]. An elementary rapid methods of constructing an abrided life table. Supplement to the 75th Annual Report of the Registrar General of Births, Death, and Marriages in England and Wales. Part II. Abridged Life Tables.

Spiegelman, M. [1968]. *Introduction to Demography* (revised edition). Cambridge, Harvard University Press.

Spiegelman, M. and H. H. Marks [1966]. Empirical testing of standards for the age adjustment of death rates by the direct method. *Hum. Biol.*, **38**, 280—92.

Srinvasan, K. [1966]. An application of a probability model to the study of interlive birth intervals. *Sankhya*, **28B**:175—192.

Stark, C. R. and N Mantel [1966]. Effects of Maternal age and birth order on the risk of mongolism and leukemia. *J. Natl. Cancer Inst.*, **37**, 687—693.

Stolnitz, G. J. [1956]. *Life Tables from Limited Data*: *A Demographic Approack*. Office of population Research, Princeton University, Princeton, New, Jersey,

Suchindran, C. M., N. K. Namboodir, and K. West [1979]. Increment-decrement tables for human reproduction. *J. Biosocial Sci.*, II (4). 443—456.

Sullivan, J. M. [1971]. A review of Taiwanese infant and child mortality statistics 1961—1968. *Taiwan Population Studies Working Paper* **No.10**. Ann Arbor. University of Michigan Population Studies Center.

Swartout, H. O. and R. G. Webster [1940]. To what degree are mortality statistics dependable? *Amer. J. Publ. Hlth.*, **30**, 811—815.

Taylor, W. F. [1964]. On the methodology of measuring the probability of fetal death in a prospective study. *Hum. Biol.*, **36**, 86—103.

Thylstrup, A. and I. Rolling [1975]. The life table method in clinical dental research. *Community Dent. Oral Epidemiol.*, **3**, 5—10.

United Nations, Department of Economic and Social Affairs [1955]. *Manuals on methods of estimating population*, ST/SOA/Sor. A. Population Studies No. 23 Manual II. *Methods of appraisal of quality of basic data for population estimates*. United Nations, New York.

United Nations, Department of Economic and Social Affairs [1958]. *Handbook of population census methods*. Ser. E, No. 5, Rev. 1, Vol. I. *General aspects of a population census*. United Nations, New York.

United Natious, Department of Economic and Social Affiars [1967]. *Manuals on methods of estimating population*, ST/SOA/Ser. A manual TV. Methods of estimating basic demographic measures from incomplete data.

United Nations Statical Office. Department of Economic and Social Affiars [1955]. *Handbook of Vital Statistics Methods*. Ser. F., No. 7, United Nations, New York.

Unitd Nations Statistical Office, Department of Economic and Social Affairs [1971]. *Demographic Yearbook*, 1970, 22nd edition, United Nations, New York.

van den Berg, B. J. and J. Yerushalmy [1969]. Studies on convulsions in young children. I. Incidence of febrile and nonfebrile convulsions by age and other factors. *Pediatric Research* **3**, 298—304.

Walker, A. E., H. K. Leuchs, H. Lechtape-Gruter, W. F. Caveness and C Kretschmann [1971]. The life expectency of head injured men with and without epilepsy. *Zentralb. Neurochir.*, **32**, 3—9.

Weibull, W. [1939]. A statitical theory of the strength of material. *Ing. Vetenskaps Akad. Handl.*, **151**.

Weiss, K. M. [1973]. A method for approximating age-specific fertility in the construction of life tables for anthropological populations. *Human Biology*, **45**, 195—210.

Westergaard, H. [1916]. Scope and methods of statistics. *J. Amer. Statist. Assoc.*, **15**, 260 —264.

Wiesler, H. [1954]. Une methods simple pour la construction de table de mortalite abredees. *World Population Conference*, Vol. IV, United Nations, New York.

Wilson, E. G. [1938]. The standard deviation for sampling for life expectancy. *J. Amer. Staatist. Assoc.*, **33**, 705—708.

World Health Organization [1967]. The accuracy and comparability of death statistics. *Chronicle*, **21**, 11—17.

World Health Organization [1965]. *World Health Statistic Annual*. Geneva, Switzerland.

World Health Organization [1977]. *World Health Statistic Annual*. Geneva, Switzerland.

Yerushalmy. J. [1951]. A mortality index for use in place of the age-adjusted death rate. *Amer. J. Publ. Hlth.*, **41**, 907—922.

Yerushalmy, J. [1969]. The California Child Health and Development Studies. Study design, and some illustrative findings on congenital heart disease. *Excerpta Medica International Congress Series No. 204. Congenital Malformations. Proc., Third International Conference*, The Hague, the Netherlands, 299—306.

Yule, G, U. [1924]. A mathematical theory of evolution based on the conclusion of Dr. J. C. Willis, *F. B. S. Phil Trans. Royal Soc.* (London), **B213**, 21—87.

Yule, G. U. [1934] On some points relatin to vital statistics. more especially statistics of occupational mortality. *J. Royal Statist. Soc.*, **97**, 1—84.

Zahl, S. [1955]. A Markov process model for follow-up studies. *Hum. Biol.*, **27**, 90—120.

中英文名词对照

Brass 模型	Brass's model
Cramer-Rao 下界	Cramer-Rao lower bound
Drolette 估计量	Drolette's estimator
Fisher 一致性	Fisher's consistency
Fisher-Neyman 分解准则	Fisher-Neyman factorization criterion
Kaplan-Meier 估计量	Kaplan-Meier estimator
Kauai 妊娠研究	Kauai pregnancy study
Markov 过程	Markov process
Pascal 塔	Pascal pyramid
P-值	P-value
χ^2 分布	chi-square distribution
χ^2 检验	chi-square test
χ^2 值	chi-square value
保险公司	insurance Co.
保险精算法	actuarial method
比较死亡率	comparative mortality rate（C. M. R.）
必然事件	sure event
变量	variable
标准差	standard deviation
标准化死亡率比	standardized mortality ratio（S. M. R.）
标准人口	standard population
标准误	standard error
标准正态随机变量	standard normal random variable
病例致死率	case fatality rate
病人的退出	withdrawal of patients
补事件	complement of an event
不可能事件	impossible event
产次别	parity specific
产妇死亡率	maternal mortality rate
产前的	antenatal

常量	constant
乘法定理	multiplication theorem
乘积	product
充分统计量	sufficient statistics
充分性	sufficiency
抽样比例	sampling fraction
出生次序	birth order
出生后死亡率	post neonatal mortality rate
有序变量	ordinal variable
存活比例	proportion of survivors
存活概率	survival probability
存活人数（存活数）	number of survivors
单侧	one-sided
单值	single-valued
等待时间	waiting time
等价平均死亡率	equivalent average death ratio (E. A. D. R.)
第二类错误	type II error
第一类错误	type I error
定群寿命表	cohort life table
定义	definition
独立	independence
独立事件	independent event
对立假设	alternative hypothesis
多项分布	multinomial distribution
二项分布	binomial distribution
二项概率	binomial probability
二项随机变量	binomial random variable
二值变量	dichotomous variable
发病力	force of mobility
方差	variance
非正规随机变量	improper random variable
分布	distribution
分类变量	categorical variable
分配律（分布律）	distributive law
复合事件	composite event
宫颈癌	cervical cancer

估计量	estimator
观察期望寿命	observed expectation of life
果蝇	drosophila melanogaster
函数	function
合并的样本	pooled sample
互不相容	mutual exclusion
回顾性研究	retrospective study
婚姻期	duration of marriage
基数	base
疾病的阶段	stages of disease
疾病-死亡过程	illness-death process
加法定理	addition theorem
家庭生活周期	family life cycle
假设检验	hypothesis testing
间接校正法	indirect method of adjustment
简略寿命表	abridged life table
渐近	asymptotic
渐近方差	asymptotic variance
渐近正态性	asymptotic normality
阶段	stage
解除婚约	dissolution of marriage
竞争风险	competing risk
离散变量	discrete variable
连续变量	continuous variable
联合国模型	United Nation's model
联合频率分布	joint frequency distribution
两两	pair wise
列联表	contingency table
临界值	critical value
零相关	zero correlation
领年金者	annuitants
流产比	abortion ratio
率的校正	adjustment of rates
密度函数	density function
男性人口	male population
年龄别	age-specific

年龄别死亡率	age-specific death rate
年龄校正率	age-adjusted rate
年龄校正死亡率	age-adjusted death rate
年龄-原因别	age-cause specific
年中人口	mid-year population
女性人口	female population
平均	average
期望	expectation
期望频数	expected frequencies
期望寿命	expectation of life（life expectancy）
前瞻性研究	prospective study
强度函数	intensity function
人口子集	subpopulation
丧偶者	widowhood
生存曲线	survival curve
生活时间	life time
生命指数（生-死比）	vital index（birth-death ratio）
生态学研究	ecological studies
生物统计函数	biometric functions
生育表	fertility table
生育率	fertility rate
生殖期末	end of reproductive period
示性函数	indicator function
似然函数	likelihood function
寿命表	life table
寿命表函数	life table function
寿命表死亡率	life table death rate（L. T. D. R.）
双侧	two-sided
孀鳏期	duration of widowhood
死亡百分比	proportionate mortality
死亡定律	mortality law
死亡概率	probability of death
死亡率	death rate
死亡率表	bills of mortality
死亡强度函数	mortality intensity function
死亡指数	mortality index（M. I.）

四格表	two by two table (four-fold table)
随访人口	follow-up population
随访研究	follow-up studies
随机变量之差	difference of random variables
随机变量之和	sum of random variables
随机过程	stochastic processes
随机实验	random experiment
胎儿寿命表	antenatal life table
胎儿死亡	fetal death
条件方差	conditional variance
条件期望	conditional expectation
统计估计	statistical estimation
统计理论	statistical theory
统计量	statistic
统计推断	statistical inference
统计学意义	statistical significance
完全寿命表	complete life table
围产期死亡率	perinatal mortality
未来存活时间	future life time
瓮模型	urn scheme
无返回抽样	sampling without replacement
无偏	unbiased
误用	misuse
先天异常性	congenital abnormality
现时寿命表	current life table
相对风险	relative risk
相对死亡指数	relative mortality index (R. M. I.)
校正死亡率	adjusted death rate
协方差	covariance
新生儿死亡率	neonatal mortality rate
血型	blood type
样本标准差	sample standard deviation
样本方差	sample variance
样本均数	sample mean
一致性	consistency
医学随访研究	medical follow-up studies

婴儿死亡率	infant death probability
硬币投掷	coin tossing
优良性	optimality
有返回抽样	sampling with replacement
元素	element
原假设	null hypothesis
原因别	cause-specific
再产比	parity progression ratio
正态分布	normal distribution
直接校正法	direct method of adjustment
职业别	occupation-specific
指数分布	exponential distribution
指数函数	exponential function
置信区间	confidence interval
置信系数	confidence coefficient
置信限	confidence limit
中心极限定理	central limit theorem
终寿年成数	fraction of last year of life
终寿区间成数	fraction of last age interval of life
转移序列	sequence of transitions
自杀者	suicides
总死亡率（粗死亡率）	crude death rate (C. D. R)
组合因子（二项系数）	combinatorial factor
最大似然方程	maximum likelihood equation
最大似然估计	maximum likelihood estimator
最小方差	minimum variance